国家出版基金资助项目
现代数学中的著名定理纵横谈丛书
丛书主编　王梓坤

ABEL-RUFFINI THEORM

Abel-Ruffini 定理

王鸿飞　编著

哈尔滨工业大学出版社
HARBIN INSTITUTE OF TECHNOLOGY PRESS

内容简介

本书是一位大学分析学教授在学习伽罗瓦理论时的心得体会,以还原历史的视角,从一元方程的求根公式讲起,配以大量的简单例子帮助初学者通过自学掌握伽罗瓦理论这一抽象代数中的经典内容.

本书适合于高等学校数学及相关专业师生使用,也适合于数学爱好者参考阅读.

图书在版编目(CIP)数据

Abel-Ruffini 定理/王鸿飞编著. —哈尔滨:哈尔滨工业大学出版社,2018.1
(现代数学中的著名定理纵横谈丛书)
ISBN 978-7-5603-6541-1

Ⅰ.①A… Ⅱ.①王… Ⅲ.①伽罗瓦理论 Ⅳ.①O153.4

中国版本图书馆 CIP 数据核字(2017)第 073157 号

策划编辑	刘培杰 张永芹
责任编辑	张永芹 刘家琳
封面设计	孙茵艾
出版发行	哈尔滨工业大学出版社
社　　址	哈尔滨市南岗区复华四道街 10 号　邮编 150006
传　　真	0451-86414749
网　　址	http://hitpress.hit.edu.cn
印　　刷	牡丹江邮电印务有限公司
开　　本	787mm×960mm　1/16　印张 24　字数 247 千字
版　　次	2018 年 1 月第 1 版　2018 年 1 月第 1 次印刷
书　　号	ISBN 978-7-5603-6541-1
定　　价	88.00 元

(如因印装质量问题影响阅读,我社负责调换)

代数方程式根式求解的发展者

阿尔·花剌子模(约783—850)　冯塔纳(1499—1557)　卡丹(1501—1576)

韦达(1540—1603)　拉格朗日(1736—1813)　鲁菲尼(1765—1822)

高斯(1777—1855)　阿贝尔(1802—1829)　伽罗瓦(1811—1832)

这群学者曾为代数方程式根式求解的发展奉献出无比的智慧和学识,谨于此致敬最高礼赞!

⊙ 代 序

读书的乐趣

你最喜爱什么——书籍.

你经常去哪里——书店.

你最大的乐趣是什么——读书.

这是友人提出的问题和我的回答. 真的,我这一辈子算是和书籍,特别是好书结下了不解之缘. 有人说,读书要费那么大的劲,又发不了财,读它做什么? 我却至今不悔,不仅不悔,反而情趣越来越浓. 想当年,我也曾爱打球,也曾爱下棋,对操琴也有兴趣,还登台伴奏过. 但后来却都一一断交,"终身不复鼓琴". 那原因便是怕花费时间,玩物丧志,误了我的大事——求学. 这当然过激了一些. 剩下来唯有读书一事,自幼至今,无日少废,谓之书痴也可,谓之书橱也可,管它呢,人各有志,不可相强. 我的一生大志,便是教书,而当教师,不多读书是不行的.

读好书是一种乐趣,一种情操;一种向全世界古往今来的伟人和名人求教的方法,一种和他们展开讨论的方式;一封出席各种活动、体验各种生活、结识各种人物的邀请信;一张迈进科学宫殿和未知世界的入场券;一股改造自己、丰富自己的强大力量.书籍是全人类有史以来共同创造的财富,是永不枯竭的智慧的源泉.失意时读书,可以使人重整旗鼓;得意时读书,可以使人头脑清醒;疑难时读书,可以得到解答或启示;年轻人读书,可明奋进之道;年老人读书,能知健神之理.浩浩乎!洋洋乎!如临大海,或波涛汹涌,或清风微拂,取之不尽,用之不竭.吾于读书,无疑义矣,三日不读,则头脑麻木,心摇摇无主.

潜能需要激发

我和书籍结缘,开始于一次非常偶然的机会.大概是八九岁吧,家里穷得揭不开锅,我每天从早到晚都要去田园里帮工.一天,偶然从旧木柜阴湿的角落里,找到一本蜡光纸的小书,自然很破了.屋内光线暗淡,又是黄昏时分,只好拿到大门外去看.封面已经脱落,扉页上写的是《薛仁贵征东》.管它呢,且往下看.第一回的标题已忘记,只是那首开卷诗不知为什么至今仍记忆犹新:

日出遥遥一点红,飘飘四海影无踪.

三岁孩童千两价,保主跨海去征东.

第一句指山东,二、三两句分别点出薛仁贵(雪、人贵).那时识字很少,半看半猜,居然引起了我极大的兴趣,同时也教我认识了许多生字.这是我有生以来独立看的第一本书.尝到甜头以后,我便千方百计去找书,向小朋友借,到亲友家找,居然断断续续看了《薛丁山征西》《彭公案》《二度梅》等,樊梨花便成了我心中的女英雄.我真入迷了.从此,放牛也罢,车水也罢,我总要带一本书,还练出了边走田间小路边读书的本领,读得津津有味,不知人间别有他事.

当我们安静下来回想往事时,往往会发现一些偶然的小事却影响了自己的一生.如果不是找到那本《薛仁贵征东》,我的好学心也许激发不起来.我这一生,也许会走另一条路.人的潜能,好比一座汽油库,星星之火,可以使它雷声隆隆、光照天地;但若少了这粒火星,它便会成为一潭死水,永归沉寂.

抄,总抄得起

好不容易上了中学,做完功课还有点时间,便常光顾图书馆.好书借了实在舍不得还,但买不到也买不起,便下决心动手抄书.抄,总抄得起.我抄过林语堂写的《高级英文法》,抄过英文的《英文典大全》,还抄过《孙子兵法》,这本书实在爱得狠了,竟一口气抄了两份.人们虽知抄书之苦,未知抄书之益,抄完毫末俱见,一览无余,胜读十遍.

始于精于一,返于精于博

关于康有为的教学法,他的弟子梁启超说:"康先生之教,专标专精、涉猎二条,无专精则不能成,无涉猎则不能通也."可见康有为强烈要求学生把专精和广博(即"涉猎")相结合.

在先后次序上,我认为要从精于一开始.首先应集中精力学好专业,并在专业的科研中做出成绩,然后逐步扩大领域,力求多方面的精.年轻时,我曾精读杜布(J. L. Doob)的《随机过程论》,哈尔莫斯(P. R. Halmos)的《测度论》等世界数学名著,使我终身受益.简言之,即"始于精于一,返于精于博".正如中国革命一样,必须先有一块根据地,站稳后再开创几块,最后连成一片.

丰富我文采,澡雪我精神

辛苦了一周,人相当疲劳了,每到星期六,我便到旧书店走走,这已成为生活中的一部分,多年如此.一次,偶然看到一套《纲鉴易知录》,编者之一便是选编《古文观止》的吴楚材.这部书提纲挈领地讲中国历史,上自盘古氏,直到明末,记事简明,文字古雅,又富于故事性,便把这部书从头到尾读了一遍.从此启发了我读史书的兴趣.

我爱读中国的古典小说,例如《三国演义》和《东周列国志》.我常对人说,这两部书简直是世界上政治阴谋诡计大全.即以近年来极时髦的人质问题(伊朗人质、劫机人质等),这些书中早就有了,秦始皇的父亲便是受害者,堪称"人质之父".

《庄子》超尘绝俗,不屑于名利.其中"秋水""解牛"诸篇,诚绝唱也.《论语》束身严谨,勇于面世,"己所不欲,勿施于人",有长者之风.司马迁的《报任少卿书》,读之我心两伤,既伤少卿,又伤司马;我不知道少卿是否收到这封信,希望有人做点研究.我也爱读鲁迅的杂文,果戈理、梅里美的小说.我非常敬重文天祥、秋瑾的人品,常记他们的诗句:"人生自古谁无死,留取丹心照汗青""休言女子非英物,夜夜龙泉壁上鸣".唐诗、宋词、《西厢记》《牡丹亭》,丰富我文采,澡雪我精神,其中精粹,实是人间神品.

读了邓拓的《燕山夜话》,既叹服其广博,也使我动了写《科学发现纵横谈》的心.不料这本小册子竟给我招来了上千封鼓励信.以后人们便写出了许许多多的"纵横谈".

从学生时代起,我就喜读方法论方面的论著.我想,做什么事情都要讲究方法,追求效率、效果和效益,方法好能事半而功倍.我很留心一些著名科学家、文学家写的心得体会和经验.我曾惊讶为什么巴尔扎克在51年短短的一生中能写出上百本书,并从他的传记中去寻找答案.文史哲和科学的海洋无边无际,先哲们的明智之光沐浴着人们的心灵,我衷心感谢他们的恩惠.

读书的另一面

以上我谈了读书的好处,现在要回过头来说说事情的另一面.

读书要选择.世上有各种各样的书:有的不值一看,有的只值看20分钟,有的可看5年,有的可保存一辈子,有的将永远不朽.即使是不朽的超级名著,由于我们的精力与时间有限,也必须加以选择.决不要看坏书,对一般书,要学会速读.

读书要多思考.应该想想,作者说得对吗?完全吗?适合今天的情况吗?从书本中迅速获得效果的好办法是有的放矢地读书,带着问题去读,或偏重某一方面去读.这时我们的思维处于主动寻找的地位,就像猎人追找猎物一样主动,很快就能找到答案,或者发现书中的问题.

有的书浏览即止,有的要读出声来,有的要心头记住,有的要笔头记录.对重要的专业书或名著,要勤做笔记,"不动笔墨不读书".动脑加动手,手脑并用,既可加深理解,又可避忘备查,特别是自己的灵感,更要及时抓住.清代章学诚在《文史通义》中说:"札记之功必不可少,如不札记,则无穷妙绪如雨珠落大海矣."

许多大事业、大作品,都是长期积累和短期突击相结合的产物.涓涓不息,将成江河;无此涓涓,何来江河?

爱好读书是许多伟人的共同特性,不仅学者专家如此,一些大政治家、大军事家也如此.曹操、康熙、拿破仑、毛泽东都是手不释卷,嗜书如命的人.他们的巨大成就与毕生刻苦自学密切相关.

王梓坤

◎ 编者的话

　　五次及五次以上方程式的根式解问题是很多人所感兴趣的,在数学史上,这个问题的解决差不多经历了三个世纪.直到 19 世纪上半叶,经过几代数学家的努力,这个问题才最终因伽罗瓦创设的新理论(所谓伽罗瓦理论)而得到圆满解决.然而遗憾的是,这个理论在大学数学的教育当中却鲜少得到一个充分的阐释,一学期的抽象代数学课程往往是群、环、域等概念介绍完毕也就完事了,代数方程根式解理论以及与之相关的三大尺规作图问题等根本就来不及介绍.

　　另一方面,在现有的中文文献中,关于伽罗瓦理论的讲述有着两种较为极端的情况.一种是(少数)以方程式论为背景的,但往往是蜻蜓点水式的叙述,读者不能得到问题的充分答案;另一种虽然是较为完备的叙述,但完全采用毫无方程式求根背景的抽象代数式的论证,令很多初学者望而却步.

在整个方程式根式解问题的探索过程中,其他一些数学家的工作也是值得注意的:拉格朗日关于代数方程根式解的工作;阿贝尔(Abel)关于一般五次方程根式不可解的证明以及特殊根式可解方程式的研究;高斯关于分圆方程理论的研究;等等.对于这部分内容,在中文文献中都没有做充分的剖析,要么是仅仅提供一些历史性的叙述材料,要么是语焉不详,论证模糊.这对期望了解细节的读者不能不说是一个缺憾.事实上,只有了解这些工作,才能真正排除这样的疑惑:方程式根式解问题的彻底解决,为什么是通过一种初看起来有些奇怪的方式——利用根的置换(群)理论.

所有这些都促成了本书的编辑.本书是由五部分组成的,内容分为12章.

第一部分(第1章与第2章)主要是根式解问题的提出与其发展的简单历史,二项方程式借助三角函数的解法以及二至四次一般方程式的根式解法.

第二部分(第3章与第4章)是为后面的部分做准备的,讨论域上多项式的性质、对称多项式的基本定理以及数域的扩张.

第三部分(第7章)是全书比较独立的一部分,主要讨论阿贝尔和克罗内克关于根式解四次以上方程不可能性的证明(照顾到逻辑性,本书并未严格地按照历史发展的先后来叙述).克罗内克的定理的重要意义在于以较少的篇幅,并且不是特别抽象的方式提供一个(根式解五次及以上代数方程)不可能性的证明,同时还给出了这种方程的具体例子.

第四部分包括第5章、第6章、第8章、第9章、第10章和第11章.前4章主要讨论由拉格朗日创始然后由伽罗瓦发展的关于"利用根的置换理论来解方程式"的理论.这里读者将看到群、不变子群、商群、同态等概念的自然引入过程.同时得出了方程式解为根式的必要条件.第10章主要讲解高斯关于分圆方程式的研究.在这一章,我们没有利用伽罗瓦理论而证明了分圆方程式借助根式的可解性(§3).§4则呈现了分圆方程式的高斯的具体解法.第11章则是两种特殊类型方程式的根式求解,历史上这是阿贝尔所研究过的,并在此基础上得出了方程式解为根式的充分条件.

最后,第五部分(第12章)是关于方程式的伽罗瓦理论的叙述.虽然书的前面部分可以说完全解决了方程式的根式解问题,但编者认为,以抽象的、简捷的方式再来叙述一下是比较合适的.

在编写过程中参阅和引用了较多现有文献.特别是黄缘芳翻译的迪克森的《代数方程式论》,李世雄的《代数方程与置换群》,周畅的博士论文《Bezout 的代数方程理论之研究》(西北大学,2010年),王宵瑜的硕士论文《代数方程论的研究》(西北大学,2011年),赵增逊的硕士论文《Lagrange 的代数方程求解理论之研究》(西北大学,2011年)等.

  本书得以出版,得到了哈尔滨工业大学出版社刘培杰数学工作室的大力支持和帮助,在此向他们表示衷心的感谢.

编 者
2016 年 11 月 19 日
于浙江衢州

目录

第 1 章 方程式解成根式的问题·二项方程式 //1

§1 方程式解成根式的问题·历史的回顾 //1

§2 二项方程式 //9

第 2 章 代数方程式的古典解法 //16

§1 一次、二次方程式 //16

§2 三次方程式 //19

§3 四次方程式 //38

§4 三次方程式的其他解法 //50

§5 契恩豪斯的变量替换法 //53

§6 五次方程式的布灵－杰拉德正规式 //58

第3章 数域上的多项式 //68

§1 数域·数域上的多项式 //68
§2 一元多项式的可除性及其性质 //73
§3 多项式的最大公因式 //81
§4 贝祖定理·韦达公式 //90
§5 数域的代数扩张 //94
§6 数域的有限扩张 //102

第4章 对称多项式 //114

§1 含多个未知量的多项式的基本概念 //114
§2 两个预备定理 //117
§3 问题的提出·未知量的置换 //121
§4 对称多项式·基本定理 //125

第5章 用根的置换解代数方程 //133

§1 拉格朗日的方法·利用根的置换解三次方程式 //133
§2 利用根的置换解四次方程式 //138
§3 求解代数方程式的拉格朗日程序 //141

第6章 置换·群 //147

§1 置换 //147
§2 对称性的描述·置换群的基本概念 //156
§3 一般群的基本概念 //160
§4 子群·群的基本性质 //162

§5 根式解方程式的对称性分析 //166

第7章 论四次以上方程式不能解成根式 //170

§1 方程式解成根式作为域的代数扩张 //170
§2 第一个证明的预备 //173
§3 不可能的第一证明·鲁菲尼—
阿贝尔定理 //187
§4 第二个证明的预备 //193
§5 不可能的第二证明·克罗内克定理 //200

第8章 有理函数与置换群 //209

§1 引言·域上方程式的群 //209
§2 伽罗瓦群作为伽罗瓦预解方程式诸根间的
置换群 //213
§3 例子 //218
§4 根的有理函数的对称性群 //222
§5 有理函数的共轭值(式)·预解
方程式 //225
§6 伽罗瓦群的缩减 //231
§7 伽罗瓦群的实际决定法 //234

第9章 以群之观点论代数方程式的解法 //238

§1 利用预解方程式解代数方程式 //238
§2 预解方程式均为二项方程式的情形 //241
§3 正规子群·方程式解为根式的
必要条件 //244

§4 可解群・交错群与对称群的结构 //248

§5 预解方程式的群 //258

§6 商群 //260

§7 群的同态 //262

第10章 分圆方程式的根式解 //266

§1 分圆方程式的概念 //266

§2 十一次以下的分圆方程式 //272

§3 分圆方程式的根式可解性 //275

§4 高斯解法的理论基础 //280

§5 分圆方程式的高斯解法・十七次的分圆方程式 //284

§6 用根式来表示单位根 //289

第11章 循环型方程式・阿贝尔型方程式 //293

§1 可迁群 //293

§2 循环方程式 //298

§3 阿贝尔型方程式 //305

§4 循环方程式与不变子群・方程式解为根式的充分条件 //311

第12章 抽象的观点・伽罗瓦理论 //315

§1 同构及其延拓 //315

§2 以同构的观点论伽罗瓦群 //320

§3 正规域的性质・正规扩域 //324

§4 代数方程式的群的性质 //329

§5 代数方程式可根式解的充分必要条件 //337

§6 推广的伽罗瓦大定理·充分性的证明 //342

§7 推广的伽罗瓦大定理·必要性的证明 //345

§8 应用 //355

参考文献 //359

方程式解成根式的问题·二项方程式

第 1 章

§1 方程式解成根式的问题·历史的回顾

设有一个 n 次代数方程式

$$a_0 x^n + a_1 x^{n-1} + \cdots + a_n = 0 \,(a_0 \neq 0) \tag{1}$$

它的系数是给定的复数,那么这个方程式恰好有 n 个复根(每个根按其重数计算个数). 这就是著名的代数基本定理[①]. 现在产生一个问题——如何在方程式(1)的系数上施加各种运算来求这些根.

[①] 远在 1629 年,荷兰数学家吉拉尔(Albert Girard,1595—1632)就曾预想任何一个 n 次代数方程式都有 n 个根(实根或虚根). 在 1746 年,法国学者达朗贝尔(Jean le Rond D'Alembert,1717—1783)首先试图证明这个代数基本定理,但是他的证明方法不够严格. 直到 1799 年德国数学家高斯(Carl Friedrich Gauss,1777—1855)才完全地证明了这个定理.

1

Abel-Ruffini 定理

一个复数 a 的 n 次方根的开方运算和解所谓的二项方程式

$$x^n - a = 0 (a \neq 0) \qquad (2)$$

是同一个问题. 在代数学中 $\sqrt[n]{a}$ 这个符号通常理解为二项方程式(2)的一个根,而这个符号常常叫作根式.

于是可施于复数的基本代数运算是四种算术运算,以及开方运算. 所以很自然地提出这样一个问题,即所谓方程式解成根式的问题:把方程式(1)的根用有限次加、减、乘、除、开方运算以其系数表示出来.

在初等代数学的教程中我们已经知道二次方程式的根式解法. 历史上, 早在公元前 1700 年左右, 古代巴比伦人就知道了求解二次方程式的方法. 一般二次方程式的求根法则(公式)也早已出现在公元 9 世纪花剌子模学者穆罕默德·本·穆萨·阿尔·花剌子模(Abu Abdulloh Muhammadibn Musoal-Xorazmiy, 约 780—约 850)的重要著作里, 在这以后漫长的岁月里, 人们一直希望把古代数学家的成果推广到高次方程. 但高于二次的方程式则是另外一回事了. 一般的三次方程式的求解需要远非显然的想法, 这就使得古代数学家的努力都归于无效①.

---

① 大约在 1074 年, 奥马·海亚姆(Omar Khayyam, 1048—1123), 在当今由于诗作而更有名的伊朗数学家, 就用圆锥曲线给出了三次方程式的几何构造.

第1章 方程式解成根式的问题·二项方程式

直到 16 世纪初的意大利文艺复兴时期[①]，这个问题才被意大利的数学家斯齐波·德尔·菲罗(Scipione dal Ferro, 1465—1526) 所解决. 在三次方程式被解出后，一般的四次方程式很快地就被鲁多维科·费拉里 (Ferrari Lodovico, 1522—1565) 解出. 以后几乎有三个世纪之久，人们在做下面的失败的试验，就是想对任何一个五次方程式（也就是带有符号系数的五次方

[①] 在 16 世纪初期，现代的记号是不存在的，所以求根的技艺牵涉到的不仅是数学的技巧，而且要克服语言上的障碍. 用字母来标明变量是韦达(Francis Vieta, 1540—1603, 法国数学家) 在 1591 年发明的，他用辅音来表示常量，用元音来表示变量（用字母表中开始的字母 $a,b,c,\cdots$ 表示常量，用字母表中后面的字母 x,y,z 表示变量，这种现代记号是笛卡儿(Rene Descartes, 1596—1650, 法国哲学家、科学家和数学家) 于 1637 年在他的书 La Géométrie 中引入的），指数记号 $A^2, A^3, A^4, \cdots$ 实际上是戴维·休谟(David Hume, 1711—1776, 苏格兰哲学家) 在 1636 年引入的（他表示为 $A^{ii}, A^{iii}, A^{iv}, \cdots$）. 符号"+""−"$\sqrt{\ }$ 及诸如 a/b 中表示除法的"/"是魏德曼(J. Widman) 在 1486 年引入的. 用符号"×"表示乘法是奥奇德(William Oughtred, 1574—1660) 在 1631 年引入的. 用符号"÷"表示除法是拉恩(J. H. Rahn) 在 1659 年引入的. 符号"="是理科德(Oxford don Robert Recorde) 于 1567 年在他的书 Wherstone Wit 中引入的：

"为避免令人厌烦地重复'等于'一词，我经常在我的著作中用一对平行的或两条相等的线段（即'='）表示它，因为两事物相等".

这些符号并没有被立即采用，而且还有其他类似的记号. 直到下个世纪（即 17 世纪），当笛卡儿的书 La Géométrie 出版后，才使得大多数符号在欧洲变得通用起来.

回到三次方程式，缺乏好的记号确实很不方便. 例如，三次方程式 $x^3 + 2x^2 + 4x - 1 = 0$ 只能大概地如下给出：取某数的 3 次方，加上此数的平方的 2 倍，再加上此数的 4 倍，最后必须等于 1. 复杂情况让人难以接受，并且负数是不允许的，方程式 $x^3 - 2x^2 - 4x + 1 = 0$ 只能用如下形式给出：$x^3 + 1 = 2x^2 + 4x$. 因此根据系数是正的、负的或 0（依我们的记号），三次方程式有许多类型.

程式),找出它的解,而经它的系数用根式表出.我们很难想象,为了解一般的五次方程式,不知耗费多少枉然的精力.我们说这个问题是向人类智慧的一个挑战并不过分.

从拉格朗日开始,问题的本质比较清楚了.著名的法兰西数学家约瑟夫·路易斯·拉格朗日(Joseph-Louis Lagrange,1736—1813)在 1770—1771 年所发表的长文(有 200 多页)《关于代数方程解法的思考》中,他透彻地分析了前人所得的次数低于五的代数方程式的求解方法,发现都可以做适当的变量代换化为求解某些次数较低的辅助方程,进一步他发现这些辅助方程的根都可以表示为原方程式根的函数,由此他将前人各种求解代数方程的方法用根的置换理论统一起来,从而认识到这些表面看起来不同的解法原来都是遵循着同一个基本原理的.并且他指出这些成功了的解法所根据的情况对五次及更高次方程式是不可能发生的.

从菲罗所处的时代到拉格朗日的这篇文章出版时,中间经过了两个半世纪,在这样长的时间里任何人都没有怀疑过用根号解五次及更高次方程式的可能性,也就是说,大家认为可以找到一个表示这些方程式的根的公式,而这个公式像古代的解二次方程式及 16 世纪意大利人解三次及四次方程式一样,只是对这些方程式的系数作加、减、乘、除及求正整数次根诸运算就可得到.仅仅以为是人们没有能有成效地找到正确的然而看来是很诡秘的道路去得出解法.

第1章 方程式解成根式的问题·二项方程式

拉格朗日在他自己的回忆录(全集第三卷第305页)中曾说"用根号解四次以上的方程的问题是不可能解决的问题之一,虽然关于解法的不可能性什么事情也没有证明",在第307页他补充说"由我们的研讨可以看出,用我们所考虑的方法给出五次方程的完全解法是很值得怀疑的".

在拉格朗日的研究中,他引进了式子
$$x_1 + \varepsilon x_2 + \varepsilon^2 x_3 + \cdots + \varepsilon^{n-1} x_n$$
式中 $x_1, x_2, \cdots, x_n$ 是方程的根,ε 是1的任一 n 次方根,并且确定了正是这些式子紧密地联系着用根号解方程,现在我们将这些式子叫作"拉格朗日预解式".

此外,拉格朗日觉察到方程的根的排列理论比方程用根号解的理论有更大的意义,他甚至表达出排列的理论是"整个问题的真正哲学"的看法,正如后来伽罗瓦的研究所指出的那样,他是完全正确的.

继拉格朗日之后,摆在当时数学家面前的问题是:代数的运算是否能够解一个高于四次的方程式①.1798年意大利学者鲁菲尼(Paolo Ruffini,1765—1822)曾经企图证明高于四次的一般方程式不能用代数解,但是他的理由并不充分.

高于四次的一般方程式用代数解的不可能性的

---

① 17世纪时英国数学家詹姆斯·格雷戈里(James Gregory,1638—1675)曾提出猜测:对于 $n > 4$ 的一般 n 次方程是不能用代数方法求解的.

严格证明[①],首先由挪威数学家阿贝尔(Niels Henrik Abel,1802—1829)所给出.在短暂的生命过程中,这是他对于数学各部门成功的深入研究之一.1824 年,阿贝尔自费出版了自己的论文,因为经费上的拮据,这篇论文被非常浓缩地压成了只有六页的小册子.在这个著作中阿贝尔证明了这样一件事:如果方程的次数 $n \geqslant 5$,并且系数 $a_0, a_1, \cdots$ 看成是字母,那么任何一个由这些系数通过加、减、乘、除和开方运算构成的表达式不可能是方程的根.原来一切国家的最伟大的数学家三个世纪以来用根号去解五次或更高次方程之所以不能获得成功,是因为这个问题根本就没有解.

然而这并不是问题的全部,代数方程理论的最美妙之处仍然留在前面,问题在于有多少种特殊形式的方程能够用根号解,而这些方程又恰恰在多方面的应用中是重要的.例如,二项方程 $x^n - a = 0$ 便是这样的方程.阿贝尔找到很广泛的另一类这样的方程,就是所谓的循环方程及更一般的"阿贝尔"方程.由于用圆规直尺作正多边形的问题,高斯[②]详尽地考察了所谓

[①] 事实上,阿贝尔的证明有一个漏洞,后经爱尔兰数学家哈密尔顿(William Rowan Hamilton,1805—1865)补充说明.

[②] 1801 年,高斯的著作《算术研究》出版.这本名著第七章的主要目标即是分圆方程的可解性.这部书是高斯大学毕业前夕开始撰写的,前后花了三年时间.1800 年,高斯将手稿寄给法国科学院,请求出版,却遭到拒绝,于是高斯只好自筹资金出版.

第1章 方程式解成根式的问题·二项方程式

的分圆方程①,也就是形如

$$x^{p-1} + x^{p-2} + \cdots + x + 1 = 0$$

的方程,其中 p 是素数,证明了它们总能归为解一串较低次的方程,并且他找到了这种方程能用二次根号解出的充分与必要条件(这个条件的必要性的证明只是到伽罗瓦时才有了严格的基础).

总之,在阿贝尔的工作之后的情况就是这样,虽然阿贝尔证明了高于四次的一般方程是不能用根号解出的,但是有多少种不同类型的特殊的任何次方程仍然是可以用根号解出呢? 由于这个发现,关于用根号解方程的全部问题是在新的基础上提出来了,应该找出一切能用根号解出的那些方程,换句话说,就是找出方程能用根号解出的充分与必要的条件,这个问题是由天才的法兰西数学家埃瓦里斯特·伽罗瓦(Évariste Galois,1811—1832)解决的,而问题的答案在某种意义下给出了全部问题的彻底的阐明.②

伽罗瓦通过改进数学大师拉格朗日的思想,即设法绕过拉格朗日预解式,但又从拉格朗日那里继承了问题转化的思想,即把预解式的构成同置换群联系起

---

① 拉格朗日曾考虑 $p=11$ 时,分圆方程式 $x^{11}-1=0$ 的根式解问题,但是没有解决这个问题. 范德蒙却完整地证明了 $x^{11}-1=0$ 有根式解,并提出通过归纳法给出各个次数的单位根的表达式的方法. 高斯确实实现了这一点,同时他通过对素数次的分圆方程逐步化简降低方程次数的方法也实现了拉格朗日对任意次方程求解的预想.

② "第五段到第十四段"这部分(关于历史的)优美的叙述主要摘自(苏联)A.D.亚历山大洛夫等人的著作《数学——它的内容、方法和意义(第一卷)》(孙小礼、赵孟养、裘光明等翻译).

来的思想,并在阿贝尔研究的基础上,进一步发展了他的思想,把全部问题转化为置换群及其子群结构的分析.这个理论的大意是:每个方程对应于一个域,即含有方程全部根的域,称为这个方程的伽罗瓦域,这个域对应一个群,即这个方程根的置换群,称为这个方程的伽罗瓦群.伽罗瓦域的子域和伽罗瓦群的子群有一一对应关系;当且仅当一个方程的伽罗瓦群是可解群时,这个方程是根式可解的.

伽罗瓦的成就在于他在数学中第一次引进了非常重要的新的一般概念——群,并用群论彻底解决了根式求解代数方程的问题,而且由此发展了一整套关于群和域的理论,为了纪念他,人们称之为伽罗瓦理论.正是这套理论创立了抽象代数学,把代数学的研究推向了一个新的里程.

伽罗瓦的个性是非常独特的.我们在这里把他的生活略为介绍一下.他报考高等技术学校的入学考试曾经失败两次.1829年伽罗瓦考入了师范学校,但是由于语言和指导人抵触,不久即被斥退(在1830年七月革命之后).之后伽罗瓦参加了当时法国的暴风雨式的政治生活,而且成了一个活跃人物.他不仅是一个热情的共和党,而且也是法皇路易·菲利普(Louis-Philippe de France,1773—1850)的死敌.经过不止一次的被逮捕,结果在决斗上结束了他完美的一生(二十岁的年龄).他不可能对数学这一学科花费很多的时间,然而伽罗瓦在自己的生命中却在数学的一些不同的部门中给出了远远超过他的时代的发明,特

第1章 方程式解成根式的问题·二项方程式

别是给出了代数方程论中最著名的结果. 伽罗瓦的结果并未得到和他同时代的权威学者的赞许,他提交给法国科学院的两篇文章,不但没有得到答复,甚至被认为是一种混乱. 1846 年,在伽罗瓦死后 14 年,他所留下的不算长的手稿才由刘维尔(Joseph Liouville, 1809—1882)首次发表在《关于方程用根号解的条件的记录》中. 在这篇文章中,伽罗瓦从很简单的但是很深刻的想法出发,解开了环绕着用根号解出方程的困难的症结,而这个困难却是伟大的数学家们所毫无成效地奋斗过的.

§2 二项方程式

现在回到二项方程式[①]

$$x^n - a = 0 \quad (a \neq 0)$$

的求解问题.

或者完全同样的,我们来考虑复数 a 开方的问题. 可以从复数的三角形式出发来考察这个问题. 就是说,任意复数可以表为

$$r(\cos\theta + i\sin\theta)$$

其中 r 是它的模,θ 是它的幅角,并且我们有

[①] 本节所讨论的解并非代数解,而是超越(三角)解. 以后我们将会了解到任何二项方程式均能解成根式. 但是由这个三角形式的解预先得出二项方程式的根的一些性质是有必要的,因为这些性质本身对于了解方程式是否能解为根式是有用的.

$$r(\cos \varphi + i\sin \varphi) \cdot s(\cos \psi + i\sin \psi)$$
$$= rs(\cos \varphi \cos \psi - \sin \varphi \sin \psi) +$$
$$i[(\cos \varphi \sin \psi + \sin \varphi \cos \psi)]$$
$$= rs[\cos(\varphi + \psi) + i\sin(\varphi + \psi)]$$

据此,用数学归纳法易证下面的棣莫弗[①]公式

$$[r(\cos \theta + i\sin \theta)]^n = r^n(\cos n\theta + i\sin n\theta) \quad (1)$$

此数的模是 r^n,幅角是 $n\theta$.

现在可以证明下面的定理.

定理 2.1 设 a 是复数, n 是自然数. 在复数域内, 当 $a = 0$ 时, $\sqrt[n]{a}$ 有唯一的值零; 当 $a \neq 0$ 时, $\sqrt[n]{a}$ 有 n 个值. 如果

$$a = r(\cos \alpha + i\sin \alpha)$$

则这 n 个值可由公式

$$a_k = \sqrt[n]{r}\left(\cos \frac{\alpha + 2k\pi}{n} + i\sin \frac{\alpha + 2k\pi}{n}\right) \quad (2)$$

求出, $k = 0, 1, 2, \cdots, n-1$.

证明 由 $0^n = 0$ 及 $x^n = 0$, 得出 $x = 0$, 故知当 $a = 0$ 时, $\sqrt[n]{a}$ 有唯一的值零.

设

$$a = r(\cos \alpha + i\sin \alpha) \neq 0$$

于是 $r \neq 0$ 且幅角 α 被相差 2π 倍数地确定.

假定 $\sqrt[n]{a}$ 在复数域内有值 x, 即 $x^n = a$. 把 x 写成三角形式

---

① 棣莫弗(Abraham De Moivre), 法国－英国数学家. 1667 年 5 月 26 日生于法国维特里勒弗朗索瓦, 1754 年 11 月 27 日卒于英国伦敦.

第1章 方程式解成根式的问题·二项方程式

$$x = r'(\cos\alpha' + i\sin\alpha')(r' > 0)$$

于是，按照棣莫弗公式(1)，有

$$r'^n(\cos n\alpha' + i\sin n\alpha') = r(\cos\alpha + i\sin\alpha)$$

由此得

$$r'^n = r, \quad n\alpha' = \alpha + 2k\pi$$

即

$$r' = \sqrt[n]{r}, \quad \alpha' = \frac{\alpha + 2k\pi}{n}$$

可以认为整数 k 适合条件 $0 \leqslant k \leqslant n-1$. 因为，用 n 去除 k，得 $k = nq + k_1$，此处，q 及 k_1 是整数，且 $0 \leqslant k_1 \leqslant n-1$. 于是

$$\alpha' = \frac{\alpha + 2k\pi}{n} = \frac{\alpha + 2k_1\pi}{n} + 2q\pi$$

但是，因为复数 x 的幅角仅是相差 2π 倍数地被确定，故可以认为它等于 $\frac{\alpha + 2k_1\pi}{n}$，因此

$$x = \sqrt[n]{r}\left(\cos\frac{\alpha + 2k_1\pi}{n} + i\sin\frac{\alpha + 2k_1\pi}{n}\right) \quad (0 \leqslant k_1 \leqslant n-1)$$

我们证明了：如果 $\sqrt[n]{a}$ 的值存在，那么它与等式(2)的 n 个 a_k 之一重合.

很容易证明：等式(2)所确定的所有数 a_k，实际上都是 $\sqrt[n]{a}$ 的值，甚至是对于任意整数 k 都对. 因为

$$a_k^n = (\sqrt[n]{r})^n \left(\cos n \cdot \frac{\alpha + 2k\pi}{n} + i\sin n \cdot \frac{\alpha + 2k\pi}{n}\right)$$

$$= r(\cos\alpha + i\sin\alpha) = a$$

最后，让我们来证明：当 $k = 0, 1, 2, \cdots, n-1$ 时，所有 n 个数 a_k 彼此都不相同. 如果 $k \neq h$，那么，由 $r \neq 0$

Abel-Ruffini 定理

及 $a_k = a_h$,应有

$$\frac{\alpha + 2k\pi}{n} = \frac{\alpha + 2h\pi}{n} + 2m\pi (m \text{ 是整数})$$

由此得

$$k - h = mn$$

但由 $0 \leqslant k \leqslant n, 0 \leqslant h \leqslant n$,应有 $|k-h| < n$,$|mn| < n$,$|m| < 1$,因为 m 是整数,故 $m = 0$. 因此,$k = h$,这是不可能的,定理即被证明.

由等式(2)可以清楚地看出当 $a \neq 0$ 时 $\sqrt[n]{a}$ 的值的几何意义. 因为所有 a_k 的模都是同样的,故表示这些数的点位于圆心在原点、以 $\sqrt[n]{r}$ 为半径的圆周上,相邻的两个数 a_k 和 a_{k+1} 的幅角相差 $\frac{2\pi}{n}$,即表示 a_k 的点位于上面提到的圆的内接正 n 边形的顶点,而且这些顶点之一表示着以 $\frac{\alpha}{n}$ 为幅角的数 a_0,因此其余各点的位置就被唯一确定.

特别重要的情形是求数 1 的 n 次根. 这个根有 n 个值,所有这些值,我们叫作 n 次单位根. 从等式 $1 = \cos 0 + i\sin 0$ 和公式(2),得

$$\sqrt[n]{1} = \cos \frac{2k\pi}{n} + i\sin \frac{2k\pi}{n} \quad (k = 0, 1, \cdots, n-1) \quad (3)$$

由式(3),可知如果 n 是偶数,那么在 $k = 0$ 和 $\frac{n}{2}$ 时得 n 次单位根的实值;如果 n 为奇数,那么只是在 $k = 0$ 时才能得出实值. 在复平面上,n 次单位根排列在单位圆的圆周上而且把圆周 n 等分,其中有一个分点是数 1. 因

此，n 次单位根中那些不是实数的值的位置是关于实轴对称的，也就是说两两共轭.

二次单位根有两个值 1 和 -1，四次单位根有四个值 $1, -1, i$ 和 $-i$. 三次单位根除 1 外，还有

$$\varepsilon_1 = \cos\frac{2\pi}{3} + i\sin\frac{2\pi}{3} = \frac{-1+\sqrt{3}\,i}{2}$$

$$\varepsilon_2 = \cos\frac{4\pi}{3} + i\sin\frac{4\pi}{3} = \frac{-1-\sqrt{3}\,i}{2}$$

定理 2.2 复数 a 的 n 次根的所有值，都可以从它的某一个值乘上所有的 n 次单位根来得出.

因为如果假设 α 是数 a 的 n 次根的某一个值，也就是 $\alpha^n = a$，而 ε 为任何一个 n 次单位根，也就是 $\varepsilon^n = 1$，那么 $(\varepsilon\alpha)^n = \varepsilon^n\alpha^n = a$，也就是 $\varepsilon\alpha$ 是 $\sqrt[n]{a}$ 的一个值. 用 n 次单位根的每一个来乘 α，我们得出 a 的 n 次根的 n 个不同的值，也就是这个根所有的值.

例如，数 -8 的立方根有一个值 -2. 于是，按定理 2.2 知道其他两个根是 $-2\varepsilon_1 = -1 - \sqrt{3}\,i$ 和 $-2\varepsilon_2 = -1 + \sqrt{3}\,i$（参看前面的三次单位根）.

单位根还有以下诸性质：

$1°$ 两个 n 次单位根的乘积仍然是一个 n 次单位根.

因为如果 $\varepsilon^n = 1$ 和 $\eta^n = 1$，那么 $(\varepsilon\eta)^n = \varepsilon^n\eta^n = 1$.

$2°$ n 次单位根的倒数仍然是一个 n 次单位根.

事实上，设 $\varepsilon^n = 1$，那么从 $\varepsilon \cdot \varepsilon^{-1} = 1$ 得出 $\varepsilon^n \cdot (\varepsilon^{-1})^n = 1$，也就是 $(\varepsilon^{-1})^n = 1$.

普遍地说：

3° 每一个 n 次单位根的乘方都是 n 次单位根.

对于 k 的任何倍数 h,每一个 k 次单位根必定也是 h 次单位根. 所以如果我们来讨论所有 n 次单位根,对于 n 的除数 m 来说,其中有些单位根是 m 次单位根. 但是对于每一个 n,都有这样的 n 次单位根存在,它不是一个更低次单位根. 这样的根叫作 n 次本原单位根. 它们的存在可以从式(3)推出: 如果以 ε_k 记对应于值 k 的根值(如 $\varepsilon_0 = 1$), 那么从棣莫弗公式(1),有

$$\varepsilon_1^k = \varepsilon_k$$

故数 ε_1 的小于 n 的每一个乘方都不能等于 1,也就是 $\varepsilon_1 = \cos\dfrac{2\pi}{n} + i\sin\dfrac{2\pi}{n}$ 是一个本原根.

定理 2.3 当且仅当 n 次单位根 ε 的那些乘方 $\varepsilon^k (k=0,1,\cdots,n-1)$ 都不相等,也就是得出所有的 n 次单位根时,ε 才是 n 次本原单位根.

事实上,设 ε 的那些乘方各不相同,很明显 ε 是一个 n 次本原单位根. 反过来,如果 $0 \leqslant k < h \leqslant n-1$ 时, $\varepsilon^k = \varepsilon^h$, 那么 $\varepsilon^{h-k} = 1$, 也就是从不等式 $1 \leqslant h-k \leqslant n-1$, 知道 ε 不是一个本原根.

上面求出的数 ε_1, 一般来说并不是唯一的 n 次本原单位根. 下面的定理决定所有的 n 次本原单位根.

定理 2.4 如果 ε 是一个 n 次本原单位根,那么当且仅当 k 和 n 互素时, ε^k 才是 n 次本原单位根.

事实上,设 d 是 k 和 n 的最大公约数. 如果 $d > 1$, 而且有 $k = dk', n = dn'$, 那么

$$(\varepsilon^k)^{n'} = \varepsilon^{kn'} = \varepsilon^{k'n} = (\varepsilon^n)^{k'} = 1$$

就是说根 ε^k 是一个 n' 次单位根.

另一方面,设 $d=1$ 且同时设数 ε^k 是 m 次单位根, $1 \leqslant m < n$. 那么
$$(\varepsilon^k)^m = \varepsilon^{km} = 1$$
因为数 ε 是 n 次本原单位根,就是说只在它的方次是 n 的倍数时才能等于 1,所以数 km 是 n 的倍数. 但因 $1 \leqslant m < n$,故可推知 k 和 n 不能互素,和假设冲突.

这样一来,n 次本原单位根的个数等于比 n 小而且和 n 互素的正整数的个数. 平常用 $\varphi(n)$[①] 来记这一个数.

如果 p 是一个素数,那么除 1 以外所有 p 次单位根都是本原的. 另一方面,在四次单位根里面,只有 i 和 $-$i 是本原根,而 1 和 -1 都不是本原根.

---

① 在数论中 $\varphi(n)$ 被叫作欧拉函数.

代数方程式的古典解法

第 2 章

§1 一次、二次方程式

我们知道,代数方程可以按照它的次数来分类,其中一次方程最简单,它的一般形式是
$$ax+b=0(a\neq 0)$$
它的解是
$$x=-\frac{b}{a}$$

二次方程的一般形式是
$$ax^2+bx+c=0(a\neq 0) \quad (1)$$
它的解法也不难. 古代巴比伦人很早就会利用配方法来求解了.

首先方程式两端同时除以 a,将 (1) 化为
$$x^2+\frac{b}{a}x+\frac{c}{a}=0$$
配平方

第 2 章　代数方程式的古典解法

$$(x+\frac{b}{2a})^2+\frac{c}{a}-\frac{b^2}{4a^2}=0$$

移项

$$(x+\frac{b}{2a})^2=\frac{b^2-4ac}{4a^2}$$

两边开方再经明显的化简,即得

$$x=\frac{-b+\sqrt{b^2-4ac}}{2a}$$

我们得到了大家所熟知的二次方程式的解的公式.通常这个公式写成这样的形式

$$x=\frac{-b\pm\sqrt{b^2-4ac}}{2a} \qquad (2)$$

$\sqrt{b^2-4ac}$ 可理解为 b^2-4ac 诸二次方根的任何一个值.如此,公式(2)给出方程式(1)的两个根.

现在我们来讨论带复系数的二次方程式,判明它在什么条件下有相异的根并且在什么条件下有重根.

为此须利用韦达公式.为更简单起见可以假设方程式的最高项系数等于1;在相反的情况,我们可以将方程式两边以最高项系数除之.在这假设之下二次方程式成

$$x^2+px+q=0 \qquad (3)$$

的形式.

我们以 x_1 与 x_2 表示方程式(3)的根.于是按照韦达公式,我们有

$$p=-(x_1+x_2), q=x_1 x_2$$

方程式(3)的根 x_1 与 x_2 可用

17

$$x = -\frac{p}{2} \pm \sqrt{\frac{p^2}{4} - q}$$

来确定,并且这时二次方程式的判别式为 $p^2 - 4q$.

由韦达公式出发容易证明:方程式(3)在判别式等于零的时候,也只有在这个时候,才有二重根.

事实上,如果方程式(3)有一个二重根,则这意思是说,这方程式有两个相等的根:$x_1 = x_2$. 由此有

$$p = -(x_1 + x_2) = -2x_1, q = x_1 x_2 = x_1^2$$

并且

$$p^2 - 4q = (-2x_1)^2 - 4x_1^2 = 4(x_1^2 - x_1^2) = 0$$

反之,如果判别式 $p^2 - 4q$ 等于零,则按韦达公式以 p 与 q 用 x_1 与 x_2 表出的式子替代之,得

$$p^2 - 4q = (x_1 + x_2)^2 - 4x_1 x_2 = (x_1 - x_2)^2 = 0$$

由此得 $x_1 - x_2 = 0$,即 $x_1 = x_2$.

如果在特别场合方程式(3)的系数是实数,则借助于判别式可决定出什么时候方程式的根是实数,什么时候方程式的根是虚数. 显然,方程式(3)的根在其判别式 $p^2 - 4q$ 不是负数的情况,也只有在这种情形,才为实数,因为在这种场合 $\frac{p^2}{4} - q = \frac{1}{4}(p^2 - 4q)$ 的平方根有实数值.

补充刚才所讲的可以指出:(i) 方程式(3)如果满足 $\frac{p^2}{4} - q > 0$ 并且系数 p 与 q 都是正数,则有不相同的负实根;(ii) 方程式(3)如果满足 $\frac{p^2}{4} - q > 0$,系数 p 是负数,而系数 q 是正数,则有不同的正实根;(iii) 方

第 2 章　代数方程式的古典解法

程式(3)如果满足 $\dfrac{p^2}{4}-q>0$,而系数 q 是负的,则有一正根和一负根;(iv) 方程式(3)如果满足 $\dfrac{p^2}{4}-q=0$,则只有一个二重实根,其为正为负就由 p 是负是正而定.

所有这些结论都容易由韦达公式证明.

总括情形(i)～(iii)得到:若判别式为正,则 $x^2+px+q=0$ 的正根个数等于数组 $[1,p,q]$ 的变号数[①].

§2　三次方程式

我们预先对任意次的代数方程式
$$a_0 x^n + a_1 x^{n-1} + \cdots + a_n = 0 \quad (a_0 \neq 0) \quad (1)$$
做一个一般性的讨论.

我们来证明,如果把未知量 x 以适当的新未知量 y 替代,则上面的方程式可以变简单一点——可以使未知量的 $n-1$ 次项等于零.这只要令 $x=y+\alpha$,而 α 暂且是一个待定的数.由此我们得到
$$a_0(y+\alpha)^n + a_1(y+\alpha)^{n-1} + \cdots + a_n = 0$$
或者按牛顿二项式定理展开括号并且把各项按 y 的降幂排列,得
$$a_0 y^n + (na_0\alpha + a_1)y^{n-1} + \cdots + (a_0\alpha^n + a_1\alpha^{n-1} + \cdots + a_n) = 0$$

---

① 设 $\{a_0, a_1, \cdots, a_n\}$ 是一个数列,将其中等于零的项去掉,对剩下的数列从左至右依次观察,如果相邻两数异号,则称为一个变号数,变号的总数称为该数列的变号数.

如此,倘若我们要在这个方程式中消去带 y^{n-1} 的那一项,则应该取 α 使 $na_0\alpha + a_1 = 0$. 由此知道应该取 $\alpha = -\dfrac{a_1}{na_0}$.

所以,令 $x = y - \dfrac{a_1}{na_0}$,我们得到一个带未知量 y 的方程式,其中带 y^{n-1} 的一项等于零.

一元三次方程求根公式的推广得益于卡丹(G. Cardano,1501—1576),他是最早公开发表三次方程的求解方法、求根公式,并且几何验证了这种解法. 当然我们不可能将卡丹的原著再现,下面的过程只是展现了他解三次方程的内涵.

对于一般的三次方程
$$x^3 + ax^2 + bx + c = 0 \qquad (*)$$
在此可假设最高项系数等于 1 而不影响一般性. 将这方程式施以上面所讲的化简法——把二次项化为零,因此令 $x = y - \dfrac{a}{3}$,结果得所谓三次方程式的典式
$$y^3 + py + q = 0 \qquad (1)$$
这里 $p = b - \dfrac{1}{3}a^2, q = \dfrac{2a^2}{27} - \dfrac{ab}{3} + c$.

要找方程式(1)的根,我们考虑等式
$$(u+v)^3 = u^3 + v^3 + 3(u+v)uv$$
令 $y = u + v$,引入新的未知量 u, v,则方程(1)变为
$$u^3 + v^3 + (3uv + p)(u+v) + q = 0 \qquad (2)$$
由于 y 是一个未知量,而 u, v 是两个未知量,于是可以

第 2 章 代数方程式的古典解法

对 u,v 再加一个约束条件[①]：$3uv=-p$. 由此方程式 (2) 就简化为

$$u^3+v^3+q=0 \qquad (3)$$

以 $v=\dfrac{-p}{3u}$ 代入，得到

$$u^6+qu^3-\left(\dfrac{p}{3}\right)^3=0$$

令 $t=u^3$，即有

$$t^2+qt-\left(\dfrac{p}{3}\right)^3=0 \qquad (4)$$

即 u^3 是二次方程式 (4) 的一个根.

如果以 $u=\dfrac{-p}{3v}$ 代入 (3)，并做类似的代换，则可知 v^3 亦是方程式 (4) 的一个根.

现在我们解二次方程式 (4)，得

$$u^3=t_1=-\dfrac{q}{2}+\sqrt{\left(\dfrac{q}{2}\right)^2+\left(\dfrac{p}{3}\right)^3}$$

$$v^3=t_2=-\dfrac{q}{2}-\sqrt{\left(\dfrac{q}{2}\right)^2+\left(\dfrac{p}{3}\right)^3}$$

由此有

$$u=\sqrt[3]{-\dfrac{q}{2}+\sqrt{\left(\dfrac{q}{2}\right)^2+\left(\dfrac{p}{3}\right)^3}}$$

$$v=\sqrt[3]{-\dfrac{q}{2}-\sqrt{\left(\dfrac{q}{2}\right)^2+\left(\dfrac{p}{3}\right)^3}}$$

[①] 无论两数的和 $u+v$ 是怎样的，我们永远可以要求它们的积等于一个预先给定的数. 因为如果给定了 $u+v=A$，而我们要求 $uv=B$，那么由 $v=A-u$ 知要求 $u(A-u)=B$，这只要 u 是二次方程式 $u^2-Au+B=0$ 的根就行了.

Abel-Ruffini 定理

并且

$$y = \sqrt[3]{-\frac{q}{2} + \sqrt{(\frac{q}{2})^2 + (\frac{p}{3})^3}} + \sqrt[3]{-\frac{q}{2} - \sqrt{(\frac{q}{2})^2 + (\frac{p}{3})^3}} \quad ① \quad (\mathrm{I})$$

这样我们就得到了卡丹解三次方程式的公式,它是两个立方根的和.每一个立方根都有三个值,由此每一个 u 值和每一个 v 值配合可得 $u+v$ 的九组值,但这九组值只有三组是三次方程式(1)的根.因为只有 u 和 v 满足条件

$$uv = -\frac{p}{3}$$

的三个和 $u+v$ 才是方程式(1)的根.

在这里说一下公式(I)的来源的历史不是没有趣味的事情.16 世纪初叶,意大利数学学者菲罗首先

---

① 我们让读者自己去验证,如果记 $\Delta_1 = -b^2 + 3ac, \Delta_2 = -2b^3 + 9abc - 27a^2d$,那么三次方程式 $ax^3 + bx^2 + cx + d = 0$ 的三个根可以表示为

$$x_1 = -\frac{b}{3a} + \frac{\sqrt[3]{\Delta_2 + \sqrt{4\Delta_1^3 + \Delta_2^2}}}{3\sqrt[3]{2}a} + \frac{\sqrt[3]{\Delta_2 - \sqrt{4\Delta_1^3 + \Delta_2^2}}}{3\sqrt[3]{2}a}$$

$$x_2 = -\frac{b}{3a} - \frac{(1+\sqrt{3}i)\sqrt[3]{\Delta_2 + \sqrt{4\Delta_1^3 + \Delta_2^2}}}{6\sqrt[3]{2}a} - \frac{(1-\sqrt{3}i)\sqrt[3]{\Delta_2 - \sqrt{4\Delta_1^3 + \Delta_2^2}}}{6\sqrt[3]{2}a}$$

$$x_3 = -\frac{b}{3a} - \frac{(1-\sqrt{3}i)\sqrt[3]{\Delta_2 + \sqrt{4\Delta_1^3 + \Delta_2^2}}}{6\sqrt[3]{2}a} - \frac{(1+\sqrt{3}i)\sqrt[3]{\Delta_2 - \sqrt{4\Delta_1^3 + \Delta_2^2}}}{6\sqrt[3]{2}a}$$

第2章　代数方程式的古典解法

解出了不完全三次方程式的一个特别情形($x^3 + mx = n, m, n$ 为正数). 在这个世纪的最后, 数学家都竭力保存着自己发现的秘密, 为了在当时很流行的数学竞赛上一放光辉, 所以菲罗不把他的结果发表也并不奇怪, 但是他把他的方法传授给了他的学生 —— 费奥尔(Antonio Maria Fior). 菲罗去世以后, 塔尔塔利亚[①]声称他解出了三次方程式 $x^3 + 3x = 5$, 这招致费奥尔的怀疑而向塔尔塔利亚提出挑战: 每一方提出30个问题要对方解答. 塔尔塔利亚接受了这个挑战, 并因此召开了当时的大数学家的一个数学竞赛. 在竞赛的前八天塔尔塔利亚发现了解决任意一个不完全三次方程式(即缺二次项的三次方程式)的方法. 竞赛的结果是费奥尔完全失败. 塔尔塔利亚在两个小时内解答了对方提出的一切问题, 但是费奥尔不能回答塔尔塔利亚所提的任何一个问题. 不久以后, 这个消息传到了米兰数学兼物理教授卡丹那里去. 由于卡丹竭力的要求, 塔尔塔利亚同意把他的秘密传授给卡丹, 但是有一个条件, 就是要严守他发现的秘密. 卡丹并没有遵守诺言, 结果在自己的著作《大术》中发表了不完全三次方程式的解法. 虽然在这本传遍欧洲的书中, 卡丹对不完全三次方程式的解法的来源给出了必要的说

---

① 尼科洛·塔尔塔利亚(Niccolò Tartaglia, 1499 年或 1500 年—1557 年)原名尼科洛·冯塔纳(Niccolò Fontana), 意大利数学家, 工程师. 冯塔纳幼年时曾被砍伤头部而留下说话困难的后遗症, 人们因此给他取了绰号"塔尔塔利亚"(Tartaglia, 意为口吃者), 他本人也以此为姓发表文章, 从此被称为尼科洛·塔尔塔利亚.

明，但直到现在，我们还是叫公式（Ⅰ）为卡丹公式.

作为例子，现在我们用卡丹公式来解方程式
$$x^3 + 15x + 124 = 0$$
这个方程式已经是典式，所以可以直接应用卡丹公式. 这里 $p = 15, q = 124$，所以在当前的场合
$$u = \sqrt[3]{-62 + \sqrt{3\,969}} = \sqrt[3]{-62 + 63} = \sqrt[3]{1}$$
我们来找 u 的所有三个数值. 既然
$$u = \sqrt[3]{1} = \sqrt[3]{\cos 0 + i\sin 0}$$
$$= \cos \frac{2\pi k}{3} + i\sin \frac{2\pi k}{3} (k = 0, 1, 2)$$
则
$$u_0 = \cos 0 + i\sin 0 = 1$$
$$u_1 = \cos \frac{2\pi}{3} + i\sin \frac{2\pi}{3} = -\frac{1}{2} + i\frac{\sqrt{3}}{2}$$
$$u_2 = \cos \frac{4\pi}{3} + i\sin \frac{4\pi}{3} = -\frac{1}{2} - i\frac{\sqrt{3}}{2}$$

现在我们来找相应的 v 值，利用等式 $uv = -\dfrac{p}{3} = -5$. 我们有
$$v_0 = -\frac{5}{1} = -5$$
$$v_1 = -\frac{5}{-\dfrac{1}{2} + i\dfrac{\sqrt{3}}{2}} = \frac{5}{2} + i\frac{5\sqrt{3}}{2}$$
$$v_2 = -\frac{5}{-\dfrac{1}{2} - i\dfrac{\sqrt{3}}{2}} = \frac{5}{2} - i\frac{5\sqrt{3}}{2}$$

由此不难找出该方程式的所有三个根

第 2 章　代数方程式的古典解法

$$x_0 = u_0 + v_0 = -4$$
$$x_1 = u_1 + v_1 = 2 + i3\sqrt{3}$$
$$x_2 = u_2 + v_2 = 2 - i3\sqrt{3}$$

回到方程式(1)的求根.设 u_0 是 u 的一个值.我们以 ε 表示 1 的三次原根.于是 u 的其余两个值可以写成下面的形式

$$u_1 = u_0\varepsilon, u_2 = u_0\varepsilon^2$$

由此我们得到相应的 v 值

$$v_0 = -\frac{p}{3u_0}$$

$$v_1 = -\frac{p}{3u_0\varepsilon} = -\frac{p}{3u_0\varepsilon^3}\cdot\varepsilon^2 = -\frac{p}{3u_0}\cdot\varepsilon^2 = v_0\varepsilon^2$$

$$v_2 = -\frac{p}{3u_0\varepsilon^2} = -\frac{p}{3u_0\varepsilon^3}\cdot\varepsilon = -\frac{p}{3u_0}\cdot\varepsilon = v_0\varepsilon$$

这样,方程式(1)的根可以按公式

$$\begin{cases} y_0 = u_0 + v_0 \\ y_1 = u_0\varepsilon + v_0\varepsilon^2 \\ y_2 = u_0\varepsilon^2 + v_0\varepsilon \end{cases} \quad (5)$$

来找,其中 u_0 是 u 的一个值(是哪一个可不论),$v_0 = -\dfrac{p}{3u_0}$,而 ε 是 1 的任何一个三次原根.

如果取 $\cos\dfrac{2\pi}{3} + i\sin\dfrac{2\pi}{3} = -\dfrac{1}{2} + i\dfrac{\sqrt{3}}{2}$ 作 ε,则公式(5)变成这个更便于计算的形式

Abel-Ruffini 定理

$$\begin{cases} y_0 = u_0 + v_0 \\ y_1 = -\dfrac{u_0 + v_0}{2} + i\dfrac{(u_0 - v_0)\sqrt{3}}{2} \\ y_2 = -\dfrac{u_0 + v_0}{2} - i\dfrac{(u_0 - v_0)\sqrt{3}}{2} \end{cases} \quad (5')$$

出现在卡丹公式根号下的式子 $\Delta = \left(\dfrac{q}{2}\right)^2 + \left(\dfrac{p}{3}\right)^3$ 有时候称为方程式(1)[①]的决定式. 我们来看看在 $\Delta = 0$ 及 $\Delta \neq 0$ 的情形得到什么.

如果 $\Delta = \left(\dfrac{q}{2}\right)^2 + \left(\dfrac{p}{3}\right)^3 = 0$，则 $u = \sqrt[3]{-\dfrac{q}{2}}$. 这式子 u 可以稍稍加以化简，即

$$u = \sqrt[3]{\dfrac{\left(-\dfrac{q}{2}\right)^3}{\left(\dfrac{q}{2}\right)^2}} = -\dfrac{q}{2\sqrt[3]{\left(\dfrac{q}{2}\right)^2}}$$

既然 $\left(\dfrac{q}{2}\right)^2 + \left(\dfrac{p}{3}\right)^3 = 0$，则 $\left(\dfrac{q}{2}\right)^2 = -\left(\dfrac{p}{3}\right)^3$. 所以

$$u = -\dfrac{q}{2\sqrt[3]{-\left(\dfrac{p}{3}\right)^3}}$$

由此我们得到下面这个式子作为 u 的一个值

$$u_0 = -\dfrac{q}{2\left(-\dfrac{p}{3}\right)} = \dfrac{3q}{2p}$$

相应的 v_0 的值将等于

[①] 事实上，Δ 与判别式 D 相差一个常数因子 -108，见后文.

第 2 章　代数方程式的古典解法

$$v_0 = -\frac{p}{3u_0} = -\frac{2p^2}{9q} = \frac{6 \cdot \left[-\left(\frac{p}{3}\right)^3\right]}{pq} = \frac{6 \cdot \left(\frac{q}{2}\right)^2}{pq}$$

$$= \frac{3q}{2p} = u_0$$

由公式(5′)我们得到

$$y_0 = u_0 + v_0 = 2u_0 = \frac{3q}{p}$$

$$y_1 = -\frac{2u_0}{2} = -u_0 = -\frac{3q}{2p}$$

$$y_2 = -\frac{2u_0}{2} = -u_0 = -\frac{3q}{2p}$$

所以,如果 $\Delta = 0$,则方程式(1)在 $p \neq 0$ 及 $q \neq 0$ 时有一个单根 y_0 及一个二重根 $y_1 = y_2$. 要找这些根可不采用二次及三次的开方,而按公式

$$y_0 = \frac{3q}{p}, y_1 = y_2 = -\frac{3q}{2p} \tag{6}$$

来计算.

例　解方程式

$$x^3 - 3x^2 - 9x + 27 = 0$$

我们首先来把这个方程式化为典式,因此令 $x = y + 1$. 这样做过以后得到

$$y^3 - 12y + 16 = 0$$

容易看出,在此 $\Delta = \left(\frac{q}{2}\right)^2 + \left(\frac{p}{3}\right)^3 = 0$,并且我们能利用公式(6)

$$y_0 = \frac{3q}{p} = \frac{48}{-12} = -4, y_1 = y_2 = -\frac{48}{-24} = 2$$

我们转向 $\Delta \neq 0$ 这种情形来证明,如果 $\Delta \neq 0$,则

方程式(1) 有三个不同的根.

证明　我们假设其反面:设方程式(1) 有两个根等于同一个数 α;第三个根设为 β. 于是按照韦达公式,我们得到
$$2\alpha + \beta = 0, \alpha^2 + 2\alpha\beta = p, -\alpha^2\beta = q$$
所以,$\beta = -2\alpha$,并且
$$p = -3\alpha^2, q = 2\alpha^3$$
由此
$$\Delta = \left(\frac{q}{2}\right)^2 + \left(\frac{p}{3}\right)^3 = \alpha^6 - \alpha^6 = 0$$
这与条件 $\Delta \neq 0$ 相冲突.

到现在为止我们假设三次方程式的系数是复数. 现在我们来考虑带实系数的三次方程式这一比较常遇见的情形. 我们可以看出这种情形决定式对于研究三次方程式起重要作用.

(A)$\Delta > 0$. 既然在此 $\Delta \neq 0$,则方程式(1) 的所有三个根应该彼此不同. 我们来判明其中有几个实根.

由
$$u = \sqrt[3]{-\frac{q}{2} + \sqrt{\Delta}}$$
这个式子容易看出,在三次根号下的是一个实数,因为 $\Delta > 0$,所以 u 的任何一个值应该是实数. 我们设它是 u_0,于是 v_0 亦将是实数. 由此根据公式(5'),我们断定方程式(1) 只有一个实根,即 $y_0 = u_0 + v_0$. 我们来判明,什么时候这个根是正的,并且什么时候是负的.

设 $p > 0$. 于是

$$\left|-\frac{q}{2}\right|<\sqrt{\Delta}$$

并且 u_0 应该是正的,而 v_0 这个等于实数值

$$\sqrt[3]{-\frac{q}{2}-\sqrt{\Delta}}$$

的数值显然是负的. 其次,在 $q>0$ 时

$$\left|-\frac{q}{2}+\sqrt{\Delta}\right|<\left|-\frac{q}{2}-\sqrt{\Delta}\right|$$

而在 $q<0$ 时

$$\left|-\frac{q}{2}+\sqrt{\Delta}\right|>\left|-\frac{q}{2}-\sqrt{\Delta}\right|$$

如此,倘若 $q>0$,则 $|u_0|<|v_0|$,因此 $y_0=u_0+v_0$ 是负的;倘若 $q<0$,则 $|u_0|>|v_0|$,故 y_0 是正的.

现在假设 $p<0$. 于是

$$\left|-\frac{q}{2}\right|>|\sqrt{\Delta}|$$

并且 u_0 在 $q>0$ 时应该是负的,在 $q<0$ 时应该是正的,而 v_0 这个等于实数值

$$\sqrt[3]{-\frac{q}{2}-\sqrt{\Delta}}$$

的数值亦将在 $q>0$ 时是负的,在 $q<0$ 时是正的. 由此 $y_0=u_0+v_0$ 这个根在 $q>0$ 时是负的,而在 $q<0$ 时是正的.

所以,如果 $\Delta>0$,则方程式(1)只有一个实根,并且在 $q>0$ 时这个根是负的,而在 $q<0$ 时这个根是正的.

(B) $\Delta=0$. 我们知道,在 $\Delta=0, p\neq 0, q\neq 0$ 时,这

个方程式有两个相等的根.因为现在所考虑的是实系数方程式,我们可以给出下面的结论:在 $\Delta=0, p\neq 0, q\neq 0$ 时方程式(1)的所有三个根都是实数,并且其中两个是相等的;换句话说,这个方程式有一个单实根及一个二重实根

$$y_0=\frac{3q}{p}, y_1=y_2=-\frac{3q}{2p}$$

由 $\Delta=\left(\frac{q}{2}\right)^2+\left(\frac{p}{3}\right)^3=0$ 推知 $\left(\frac{p}{3}\right)^3=-\left(\frac{q}{2}\right)^2<0$,由此有 $p<0$. 如此,倘若 $q>0$,则单根 y_0 是负的,而 $y_1=y_2$ 是正的;如果 $q<0$,则 y_0 是正的,而 $y_1=y_2$ 是负的.

在特别情形 $p=q=0(\Delta=0)$ 时,(1)成为二项方程式

$$y^3=0$$

而有一个三重根 0.

(C)$\Delta<0$. 这种情形叫作既约的并且因下面这个关系而值得注意. 既然三次方根在此要由虚数来开方,则 u 与 v 是虚数. 但所有三个根仍为实数. 事实上,既然 $\Delta<0$, 我们可令 $\Delta=-\alpha^2$, 这里 α 是某个正实数. 于是

$$u=\sqrt[3]{-\frac{q}{2}+\alpha i}$$

我们来找根号下面这个式子的模 r 及幅角 φ. 我们有

$$r=\left|\sqrt{\left(-\frac{q}{2}\right)^2+\alpha^2}\right|=\left|\sqrt{\frac{q^2}{4}-\Delta}\right|$$

第 2 章 代数方程式的古典解法

$$= \left| \sqrt{\frac{q^2}{4} - \frac{q^2}{4} - \frac{p^3}{27}} \right| = \left| \sqrt{-\frac{p^3}{27}} \right|$$

$$\cos \varphi = -\frac{q}{2r}, \sin \varphi = \frac{\alpha}{r} > 0$$

如此

$$u = \sqrt[3]{r(\cos \varphi + i\sin \varphi)}$$

$$= |\sqrt[3]{r}| \left(\cos \frac{\varphi + 2k\pi}{3} + i\sin \frac{\varphi + 2k\pi}{3} \right)$$

依次令 $k = 0, 1, 2$,我们得到 u 的所有三个值

$$u_0 = |\sqrt[3]{r}| (\cos \frac{\varphi}{3} + i\sin \frac{\varphi}{3})$$

$$u_1 = |\sqrt[3]{r}| (\cos \frac{\varphi + 2\pi}{3} + i\sin \frac{\varphi + 2\pi}{3})$$

$$u_2 = |\sqrt[3]{r}| (\cos \frac{\varphi + 4\pi}{3} + i\sin \frac{\varphi + 4\pi}{3})$$

我们知道,复数 z 与共轭复数 $\bar{z}$ 的乘积等于 z 的模的平方

$$z\bar{z} = |z|^2$$

因此我们容易来决定 v_0, v_1, v_2. 我们可应用

$$u = |\sqrt[3]{r}| (\cos \frac{\varphi + 2k\pi}{3} + i\sin \frac{\varphi + 2k\pi}{3})$$

这个式子. 我们看出, u 的模等于

$$|\sqrt[3]{r}| = \left| \sqrt[3]{\sqrt{-\frac{p^3}{27}}} \right| = \left| \sqrt{-\frac{p}{3}} \right|$$

由此 u 的模的平方将等于 $-\frac{p}{3}$. 所以 $u\bar{u} = -\frac{p}{3}$. 但 u 与 v 被这个关系联系着: $uv = -\frac{p}{3}$. 这就是说, $v = \bar{u}$, 而我们得到

$$v_0 = \bar{u}_0 = |\sqrt[3]{r}|(\cos\frac{\varphi}{3} - i\sin\frac{\varphi}{3})$$

$$v_1 = \bar{u}_1 = |\sqrt[3]{r}|(\cos\frac{\varphi+2\pi}{3} - i\sin\frac{\varphi+2\pi}{3})$$

$$v_2 = \bar{u}_2 = |\sqrt[3]{r}|(\cos\frac{\varphi+4\pi}{3} - i\sin\frac{\varphi+4\pi}{3})$$

现在方程式(1)的所有根可以毫无困难地找出

$$\begin{cases} y_0 = u_0 + v_0 = 2|\sqrt[3]{r}|\cos\frac{\varphi}{3} \\ y_1 = u_1 + v_1 = 2|\sqrt[3]{r}|\cos\frac{\varphi+2\pi}{3} \\ y_2 = u_2 + v_2 = 2|\sqrt[3]{r}|\cos\frac{\varphi+4\pi}{3} \end{cases} \quad (7)$$

由公式(7)可见,y_0, y_1, y_2 诸根是实数并且彼此相异. 此外,由公式(7)还可以证明,在 $q > 0$ 时方程式(1)有两个正根,而 $q < 0$ 时只有一个正根.

事实上,如果 $q > 0$,则 $\cos\varphi < 0$. 既然 $\sin\varphi > 0$,则 φ 这角应该在第二象限. 由此知 $\frac{\varphi}{3} > \frac{\pi}{6}$ 并且在第一象限,而 $\frac{\varphi+4\pi}{3}$ 在第四象限,因此 y_0 和 y_2 是正的. 如果 $q < 0$,则以同样的方式可以证明,只有 y_0 是正的.

总之,在 $\Delta < 0$ 的情形方程式(1)有三个不同的实根,并且在 $q > 0$ 时有两个根是正的,而 $q < 0$ 时只有一个根是正的.

现在我们进一步指出,Δ 还可用方程式(1)的三个根表示出来. 为此试按(5)与(5')来作出差

$$y_0 - y_1 = \frac{3(u_0 + v_0)}{2} - i\frac{\sqrt{3}(u_0 - v_0)}{2}$$

第 2 章 代数方程式的古典解法

$$y_0 - y_2 = \frac{3(u_0 + v_0)}{2} + \mathrm{i}\frac{\sqrt{3}(u_0 - v_0)}{2}$$

它们的乘积为

$$(y_0 - y_1)(y_0 - y_2) = \frac{9(u_0 + v_0)^2}{4} + \frac{3(u_0 - v_0)^2}{4}$$
$$= 3(u_0^2 + u_0 v_0 + v_0^2)$$

又 $y_1 - y_2 = \mathrm{i}\sqrt{3}(u_0 - v_0)$,今以 $y_1 - y_2$ 乘以这等式的左端,而以 $\mathrm{i}\sqrt{3}(u_0 - v_0)$ 乘以右端

$$(y_0 - y_1)(y_0 - y_2)(y_1 - y_2) = \sqrt{-27}(u_0^3 - v_0^3)$$
$$= 2\sqrt{-27\Delta}$$

最后一步等号是注意到 $u_0^3 - v_0^3 = t_1 - t_2 = 2\sqrt{\Delta}$. 再把这个等式两端分别平方

$$-108\Delta = (y_0 - y_1)^2 (y_0 - y_2)^2 (y_1 - y_2)^2$$

这就得到了 Δ 经由三个根表出的式子.

此外,由于典式(1)的根之差与其原方程式(*)对应根的差相等

$$x_0 - x_1 = y_0 - y_1, x_0 - x_2 = y_0 - y_2, x_1 - x_2 = y_1 - y_2$$

因此 Δ 亦可用原方程式(*)的根表示

$$-108\Delta = (x_0 - x_1)^2 (x_0 - x_2)^2 (x_1 - x_2)^2 \quad (8)$$

此等式的右端正好是方程式(*)的判别式 D[①],又

$$\Delta = \left(\frac{q}{2}\right)^2 + \left(\frac{p}{3}\right)^3, p = b - \frac{1}{3}a^2, q = \frac{2a^2}{27} - \frac{ab}{3} + c$$

---

① 一般地说,设代数方程 $a_0 x^n + a_1 x^{n-1} + \cdots + a_n = 0 (a_0 \neq 0)$ 的 n 个复根为 $\alpha_1, \alpha_2, \cdots, \alpha_n$,则判别式定义为 $D = a_0^{2n-2} \cdot \prod_{1 \leqslant i < j \leqslant n}(\alpha_i - \alpha_j)^2$.

于是 D 用原方程式（*）的系数表示为
$$D = a^2b^2 + 18abc - 4a^3c - 4b^3 - 27c^2$$

由关系式(8)以及前面关于 Δ 的讨论，我们得到：

若三次方程式（*）的系数为实数，则它在 $D > 0$ 时，有三个不同的实根；$D = 0$ 时，有三个实根，且至少有两个相同；$D < 0$ 时，有一个实根和一对共轭复根.

如此，由三次方程式（*）的系数形成的式子——判别式 D，与二次方程式的判别式有类似的作用.

如果实系数方程式（*）的三个根 x_0, x_1, x_2 均为正数，则按韦达定理
$$x_0 + x_1 + x_2 = -a, x_0x_1 + x_1x_2 + x_2x_0 = b$$
$$x_0x_1x_2 = -c$$

应该有
$$a < 0, b > 0, c < 0$$

现在我们证明这个条件对于三个根均为正不但是必要的，同时亦是充分的.

既然 $c < 0$，则方程式（*）的根不能有一个或三个均小于或等于 0，于是三个根有如下两种情形：

第一种情形：一个为正，两个为负；第二种情形：三个均为正.

现在证明，第一种情形不能和我们的条件相符合. 不失一般性，设 x_1, x_2 为负，而 $x_0 > 0$，于是
$$x_0 + x_1 + x_2 = -a > 0$$
或
$$x_0 > -(x_1 + x_2)$$

这样就有

第 2 章　代数方程式的古典解法

$$b = x_0 x_1 + x_1 x_2 + x_2 x_0$$
$$= x_0(x_1 + x_2) + x_1 x_2$$
$$< -(x_1 + x_2)^2 + x_1 x_2$$
$$= -x_1^2 - x_2^2 - x_1 x_2 < 0$$

这与 $b > 0$ 相悖.

仿此,三个根均为负的充分必要条件是
$$a > 0, b > 0, c > 0$$

进一步,如果判别式 $D \geqslant 0$,则可以得到下面关于系数的情况表:

a	−	−	−	+	+	+	−	+
b	+	+	−	−	+	−	−	+
c	−	+	+	+	−	−	−	+
正根个数	3	2	2	2	1	1	1	0

这个结果,可总括成为一个定理:

如果判别式 $D \geqslant 0$,且三次方程式(*)的系数均不等于零,则它的正根个数等于 $\{1, a, b, c\}$ 这一数列的变号数.

按前面的结果,这个定理对于 $c = 0$ 时亦仍可用.

如果 a, b 两个系数中含有 0 而 $c \neq 0$,则必然
$$x_0 + x_1 + x_2 = 0$$
或
$$\frac{1}{x_0} + \frac{1}{x_1} + \frac{1}{x_2} = 0$$

故在 $D \geqslant 0$ 时不能一切根均同号;$c > 0$ 时有一个正根和两个负根;$c < 0$ 时有两个正根和一个负根.

Abel-Ruffini 定理

附注 由公式(7)还可以看出,在既约情形下,已知方程式的解和著名的三等分角问题是密切相关的. 今设 $\angle AOB = \varphi$(图 1),AB 为弧,半径为 1,$OC = \cos \varphi$, 而若能作线段 $OC' = \cos \dfrac{\varphi}{3}$,则亦可作 $\angle AOB' = \dfrac{\varphi}{3}$. 因此,问题在于由 $\cos \varphi$ 之值计算 $\cos \dfrac{\varphi}{3}$ 之值. 为了表示出 $\cos \varphi$ 和 $\cos \dfrac{\varphi}{3}$ 之间的关系,我们考虑

$$\left(\cos \frac{\varphi}{3} + i\sin \frac{\varphi}{3}\right)^3$$

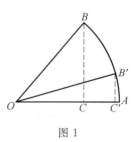

图 1

依二项式展开

$$\left(\cos \frac{\varphi}{3} + i\sin \frac{\varphi}{3}\right)^3 = \cos^3 \frac{\varphi}{3} - 3\cos \frac{\varphi}{3} \sin^2 \frac{\varphi}{3} + i\left(3\cos^2 \frac{\varphi}{3} \sin \frac{\varphi}{3} - \sin^3 \frac{\varphi}{3}\right)$$

而依棣莫弗公式

$$\left(\cos \frac{\varphi}{3} + i\sin \frac{\varphi}{3}\right)^3 = \cos \varphi - i\sin \varphi$$

于是

$$\cos \varphi = \cos^3 \frac{\varphi}{3} - 3\cos \frac{\varphi}{3} \sin^2 \frac{\varphi}{3} = 4\cos^3 \frac{\varphi}{3} - 3\cos \frac{\varphi}{3}$$

第 2 章　代数方程式的古典解法

或

$$\cos^3 \frac{\varphi}{3} - \frac{3}{4} \cos \frac{\varphi}{3} - \frac{1}{4} \cos \varphi = 0$$

如设 $x = 2\cos \frac{\varphi}{3}$，则有

$$x^3 - 3x - 2\cos \varphi = 0$$

于是，$\Delta = \cos^2 \varphi - 1 = -\sin^2 \varphi$ 为负数，故这个方程式有三个实根，可由(7)解之.

在前面的卡丹公式(Ⅰ)具有这一缺点：它在 Δ 为负的情况下把实系数方程式(1)的实根表示成虚数的形式[①]. 对于卡丹与其同时代的人们来说，Δ 小于零的情形对他们来说是难以置信的，因为在那个时候负数开平方认为是不可能的，复数的概念在当时也还没有被引入. 那个时候的数学家，认为在 $\Delta < 0$ 时由这些不可能的运算得出的实数是奇怪的事情. 他们用了许多力量想除去卡丹公式中的虚数性都归于无效. 很久以后，才证明了这个不可能性：实系数方程式(1)的根在 $\Delta < 0$ 的情况下不能以任何方法用根号下带实数的方根表示出来. 由于这个原因，直到今天 $\Delta < 0$ 的情形还叫作既约[②]的情形.

公式(Ⅰ)的另一个缺点在于：它常常使有理根表现为无理数的形式.

---

① 可是这时候，如果利用三角函数表，则 y_0, y_1, y_2 诸根按公式(7)计算起来很容易.

② 注意这里的"既约"与多项式的"既约"(不可约)的区别，这里既约意指不能消去卡丹公式中的虚数性.

我们来举一个例子. 容易验证方程式
$$x^3 - x - 6 = 0$$
有一个有理根 $x_0 = 2$. 既然对所给这个方程式
$$\Delta = \frac{242}{27} > 0$$
则 2 是这个方程式的唯一的实根.

现在我们来看看, 公式（Ⅰ）给出什么. 我们以 u_0, v_0 表示公式（Ⅰ）中三次方根的实数值
$$u_0 = \sqrt[3]{3 + \frac{11}{9}\sqrt{6}}, v_0 = \sqrt[3]{3 - \frac{11}{9}\sqrt{6}}$$
我们看出, u_0 和 v_0 是无理数. 如此, 公式（Ⅰ）对 $x_0 = 2$ 这个根给出一个很复杂的式子
$$x_0 = \sqrt[3]{3 + \frac{11}{9}\sqrt{6}} + \sqrt[3]{3 - \frac{11}{9}\sqrt{6}}$$
（对每个三次方根取实数值）它须近似地来计算, 所以实际上得一个很接近于 2 的数, 而不是 2.

§3 四次方程式

我们先来讲四次方程式
$$x^4 + ax^3 + bx^2 + cx + d = 0 \qquad (1)$$
的一个最早的解法, 这个方法属于卡丹的学生费拉里.

同前一节一样, 我们假设方程式系数是复数（并且特例是实数）.

现在把(1)的左端变化一下, 使它表示为两平方之差的形式. 因此我们写
$$[(x^2)^2 + 2x^2(\frac{ax}{2})] + (bx^2 + cx + d)$$

第 2 章　代数方程式的古典解法

我们来把方括号里的式子做完全平方,因此加上而又减去$(\frac{ax}{2})^2$,有

$$[(x^2)^2+2x^2(\frac{ax}{2})+(\frac{ax}{2})^2]+[(b-\frac{a^2}{4})x^2+cx+d]$$

或

$$(x^2+\frac{ax}{2})^2+[(b-\frac{a^2}{4})x^2+cx+d]$$

然后,我们引入一个辅助量 y,而在最后这式子上加上而又减去下面这个多项式

$$2(x^2+\frac{ax}{2})y+y^2$$

这样我们得到

$$(x^2+\frac{ax}{2}+y)^2+[(b-\frac{a^2}{4})x^2+cx+d-2(x^2+\frac{ax}{2})y-y^2]$$

如此,方程式(1)变为

$$(x^2+\frac{ax}{2}+y)^2-(Ax^2+Bx+C)=0 \quad (2)$$

这里,$A=2y+\frac{a^2}{4}-b, B=ay-c, C=y^2-d$.

现在我们选择 y,使二次三项式 Ax^2+Bx+C 成完全平方.这依赖于下面的命题.

带复系数 A,B,C 的二次三项式 Ax^2+Bx+C 在 $B^2=4AC$ 的时候,并且也只有在这个时候,才成某复系数线性多项式 $\alpha x+\beta$ 的完全平方.

证明　设

$$Ax^2+Bx+C=(\alpha x+\beta)^2$$

39

则
$$Ax^2 + Bx + C = \alpha^2 x^2 + 2\alpha\beta x + \beta^2$$

我们知道,如果两个多项式相等,则 x 的同方幂的系数应该相同. 所以
$$A = \alpha^2, B = 2\alpha\beta, C = \beta^2$$
而 $(2\alpha\beta)^2 = 4\alpha^2\beta^2$,故 $B^2 = 4AC$.

反之,设 $B^2 = 4AC$,则二次三项式可予以变形如下
$$Ax^2 + Bx + C = (\sqrt{A}x)^2 + 2(\sqrt{A}x)\sqrt{C} + (\sqrt{C})^2$$
$$= (\sqrt{A}x + \sqrt{C})^2$$
即 $Ax^2 + Bx + C$ 能表示成线性二项式的平方的形式.

现在我们回到方程式(2). 根据刚才所证明的命题我们试着选取 y,使得
$$B^2 = 4AC$$
或
$$(ay - c)^2 = 4(2y + \frac{a^2}{4} - b)(y^2 - d) \qquad (3)$$

如此我们得到了一个 y 的三次方程式. 方程式(3)就叫作方程式(1)的辅助方程式.

设 y_0 是方程式(3)的一个根. 于是在 $y = y_0$ 时
$$Ax^2 + Bx + C = (\alpha x + \beta)^2$$
因此方程式(2)可改写成如下形式
$$(x^2 + \frac{ax}{2} + y_0)^2 - (\alpha x + \beta)^2 = 0$$
或把平方差分解为和差之积
$$[x^2 + (\frac{a}{2} + \alpha)x + (y_0 + \beta)] \cdot$$

40

第 2 章　代数方程式的古典解法

$$[x^2+(\frac{a}{2}-\alpha)x+(y_0-\beta)]=0$$

由此,解二次方程式

$$\begin{cases} x^2+(\frac{a}{2}+\alpha)x+(y_0+\beta)=0 \\ x^2+(\frac{a}{2}-\alpha)x+(y_0-\beta)=0 \end{cases} \quad (4)$$

我们就得到方程式(1)的所有四个根.

这样,要解方程式(1)无非就是要解一个三次方程式——辅助方程式(3),及一组二次方程式(4).

对于首项系数不为1的四次方程式

$$ax^4+bx^3+cx^2+dx+e=0(a\neq 0) \quad (5)$$

我们可以事先在方程式的两端同时除以最高项系数 a,得到

$$x^4+\frac{b}{a}x^3+\frac{c}{a}x^2+\frac{d}{a}x+\frac{e}{a}=0$$

然后再依照上面的方法来求解.

略去计算过程,我们可以得到方程式(5)的四个根依原方程式的系数表示如下

$$x_1=-\frac{b}{4a}+\frac{1}{2}\sqrt{\frac{3b^2-8ac}{12a^2}+\Phi_1}+$$

$$\frac{1}{2}\sqrt{\frac{3b^2-8ac}{12a^2}-\Phi_2}+$$

$$\frac{1}{2}\sqrt{\frac{3b^2-8ac}{12a^2}-\Phi_3}$$

$$x_2=-\frac{b}{4a}-\frac{1}{2}\sqrt{\frac{3b^2-8ac}{12a^2}+\Phi_1}+$$

$$\frac{1}{2}\sqrt{\frac{3b^2-8ac}{12a^2}-\varPhi_2}-$$

$$\frac{1}{2}\sqrt{\frac{3b^2-8ac}{12a^2}-\varPhi_3}$$

$$x_3=-\frac{b}{4a}+\frac{1}{2}\sqrt{\frac{3b^2-8ac}{12a^2}+\varPhi_1}-$$

$$\frac{1}{2}\sqrt{\frac{3b^2-8ac}{12a^2}-\varPhi_2}-$$

$$\frac{1}{2}\sqrt{\frac{3b^2-8ac}{12a^2}-\varPhi_3}$$

$$x_4=-\frac{b}{4a}-\frac{1}{2}\sqrt{\frac{3b^2-8ac}{12a^2}+\varPhi_1}-$$

$$\frac{1}{2}\sqrt{\frac{3b^2-8ac}{12a^2}-\varPhi_2}+$$

$$\frac{1}{2}\sqrt{\frac{3b^2-8ac}{12a^2}-\varPhi_3}$$

这里

$$\varPhi_1=\frac{\sqrt[3]{\varDelta_2+\sqrt{4\varDelta_1^3+\varDelta_2^2}}+\sqrt[3]{\varDelta_2-\sqrt{4\varDelta_1^3+\varDelta_2^2}}}{3\sqrt[3]{2}\,a}$$

$$\varPhi_2=\frac{(1+\sqrt{3}\mathrm{i})\sqrt[3]{\varDelta_2+\sqrt{4\varDelta_1^3+\varDelta_2^2}}+(1-\sqrt{3}\mathrm{i})\sqrt[3]{\varDelta_2-\sqrt{4\varDelta_1^3+\varDelta_2^2}}}{6\sqrt[3]{2}\,a}$$

$$\varPhi_3=\frac{(1-\sqrt{3}\mathrm{i})\sqrt[3]{\varDelta_2+\sqrt{4\varDelta_1^3+\varDelta_2^2}}+(1+\sqrt{3}\mathrm{i})\sqrt[3]{\varDelta_2-\sqrt{4\varDelta_1^3+\varDelta_2^2}}}{6\sqrt[3]{2}\,a}$$

而

$$\varDelta_1=-c^2-3bd+12ae$$

$$\varDelta_2=-2c^3+9bcd-27ad^2-27b^2e+72ace$$

第2章 代数方程式的古典解法

在解某四次方程式时,最好陆续进行费拉里的变形,而不用上面所准备好的公式. 我们来解下面这个方程式作为一个范例.

例 1 用费拉里的方法解方程式
$$x^4 + 2x^3 + 5x^2 + 6x + 9 = 0$$

首先我们把次数不高于 2 的所有各项移到方程式的右边去而改变其符号
$$x^4 + 2x^3 = -5x^2 - 6x - 9$$
或
$$(x^2)^2 + 2x^2 x = -5x^2 - 6x - 9$$

如果在这方程式两边加 x^2,则在左边得一完全平方
$$(x^2)^2 + 2x^2 x + x^2 = -5x^2 - 6x - 9 + x^2$$
即
$$(x^2 + x)^2 = -4x^2 - 6x - 9$$

现在在所得的方程式的两边加 $2(x^2+x)y + y^2$. 如此左边仍然是完全平方
$$(x^2 + x)^2 + 2(x^2 + x)y + y^2$$
$$= -4x^2 - 6x - 9 + 2(x^2 + x)y + y^2$$
即
$$(x^2 + x + y)^2 = (2y-4)x^2 + (2y-6)x + (y^2-9)$$
(6)

现在我们这样选取 y,使上面的方程式右边成完全平方. 因此 y 应该是三次辅助方程式的根. 要得到三次辅助方程式,须利用 $B^2 = 4AC$ 这个条件. 在当前这个场合 $A = 2y-4, B = 2y-6$,而 $C = y^2-9$. 所以

43

$$(2y-6)^2 = 4(2y-4)(y^2-9)$$

稍加化简后得

$$(y-3)[(y-3)-(2y-4)(y+3)] = 0$$

由此我们看出,可取 3 作 y_0.

回到方程式(6)并且在其中以 $y_0 = 3$ 代替 y

$$(x^2+x+3)^2 = 2x^2$$

或

$$(x^2+x+3)^2 - (\sqrt{2}\,x)^2 = 0$$

即

$$[x^2+(1+\sqrt{2})x+3][x^2+(1-\sqrt{2})x+3] = 0$$

由此得

$$\begin{cases} x^2+(1+\sqrt{2})x+3 = 0 \\ x^2+(1-\sqrt{2})x+3 = 0 \end{cases}$$

解出这两个二次方程式,我们即得到所给这个四次方程式的所有四个根,即

$$x_{1,2} = -\frac{1+\sqrt{2}}{2} \pm i\frac{\sqrt{9-2\sqrt{2}}}{2}$$

$$x_{3,4} = \frac{\sqrt{2}-1}{2} \pm i\frac{\sqrt{9+2\sqrt{2}}}{2}$$

我们再来讲一种解四次方程式(1)的方法,它属于数学家欧拉.这个方法值得注意是因为它直接以三次辅助方程式的根来表出四次方程式的根.

我们首先令 $x = y - \dfrac{a}{4}$,于是完全四次方程式(1)变为四项方程式

$$y^4 + py^2 + qy + r = 0 \qquad (7)$$

与方程式(7)同时我们考虑 z 的三次方程式
$$z^3 - 2yz^2 + mz + n = 0 \qquad (8)$$
这里 y 是方程式(7)的任意一个根,而系数 m 与 n 姑且假设是任意的.

如果方程式(8)的根以 u,v,w 来表示,则按韦达公式将有
$$2y = u+v+w, m = uv+uw+vw, n = -uvw$$
把等式
$$2y = u+v+w \qquad (9)$$
两边平方
$$4y^2 = u^2+v^2+w^2+2(uv+uw+vw) \qquad (10)$$
再把等式(10)两边平方
$$\begin{aligned}16y^4 =\ & (u^2+v^2+w^2)^2 + \\ & 4(uv+uw+vw)(u^2+v^2+w^2) + \\ & 4(u^2v^2+u^2w^2+v^2w^2) + \\ & 8uvw(u+v+w) \qquad (11)\end{aligned}$$

以(9)(10)及(11)诸等式所表出的式子替代方程式(7)中的 y, y^2, y^4,并稍加化简后,得
$$\begin{aligned}& (u^2+v^2+w^2)^2 + 4(uv+uw+vw) \cdot \\ & (u^2+v^2+w^2+2p) + 4p(u^2+v^2+w^2) + \\ & 8(uvw+q)(u+v+w) + \\ & 4(u^2v^2+u^2w^2+v^2w^2) + 16r = 0 \qquad (12)\end{aligned}$$

现在我们这样选取方程式(8)的系数,使方程式(12)尽量简化,即,我们令

$$u^2 + v^2 + w^2 + 2p = 0, uvw + q = 0 ①$$

于是方程式(12)变为

$$u^2 + v^2 + w^2 = p^2 - 4r$$

由此推知,u,v,w 满足下面这组方程式

$$\begin{cases} u^2 + v^2 + w^2 = -2p \\ u^2v^2 + u^2w^2 + v^2w^2 = p^2 - 4r \\ u^2v^2w^2 = q^2 \end{cases} \quad (13)$$

由等式(13)根据韦达公式推知,u^2, v^2, w^2 是下面这个三次方程式的根

$$z^3 + 2pz^2 + (p^2 - 4r)z - q^2 = 0 \quad (14)$$

如果它在此以 $2z' - p$ 替代 z,则变为方程式(7)的三次辅助方程式.

如此,解方程式(14),我们得到它的三个根

$$z_1 = u^2, z_2 = v^2, z_3 = w^2$$

由此有

$$u = \sqrt{z_1}, v = \sqrt{z_2}, w = \sqrt{z_3}$$

根式 $\sqrt{z_1}, \sqrt{z_2}, \sqrt{z_3}$ 的值应该选择得使其满足等式

$$\sqrt{z_1} \cdot \sqrt{z_2} \cdot \sqrt{z_3} = -q \quad (15)$$

显然,两个根式的值可以随意选择,而第三个根式的值必须由等式(15)出发来取.

按所指示的方式选出了根式 $\sqrt{z_1}, \sqrt{z_2}, \sqrt{z_3}$ 的

---

① 容易相信,这种系数选择法是完全可能的. 首先由等式 $uvw + q = 0$ 推知 $n = -uvw = q$. 然后将等式(10)右边的 $u^2 + v^2 + w^2$ 及 $uv + uw + vw$ 以其值 $-2p$ 及 m 替代,得:$4y^2 = -2p + 2m$. 由此有 $m = 2y^2 + p$.

第 2 章　代数方程式的古典解法

值,我们可按公式

$$\begin{cases} 2y_1 = \sqrt{z_1} + \sqrt{z_2} + \sqrt{z_3} \\ 2y_2 = \sqrt{z_1} - \sqrt{z_2} - \sqrt{z_3} \\ 2y_3 = -\sqrt{z_1} + \sqrt{z_2} - \sqrt{z_3} \\ 2y_4 = -\sqrt{z_1} - \sqrt{z_2} + \sqrt{z_3} \end{cases} \quad (16)$$

得到方程式(7)的四个根.

例 2　用欧拉的方法解方程式

$$x^4 - 6x^3 + 10x^2 - 2x - 3 = 0$$

令 $x = y + \dfrac{3}{2}$,结果得到方程式

$$y^4 - \frac{7}{2}y^2 + y + \frac{21}{16} = 0 \quad (17)$$

这里 $p = -\dfrac{7}{2}$,$q = 1$,而 $r = \dfrac{21}{16}$.所以方程式(14)变为

$$z^3 - 7z^2 + 7z - 1 = 0 \quad (18)$$

方程式(18)的根是

$$z_1 = 1, z_2 = 3 + 2\sqrt{2}, z_3 = 3 - 2\sqrt{2}$$

既然 $q = 1 > 0$,则 $\sqrt{z_1}$,$\sqrt{z_2}$,$\sqrt{z_3}$ 可以取正值. 如此

$$2y_1 = 1 + \sqrt{3 + 2\sqrt{2}} + \sqrt{3 - 2\sqrt{2}}$$

$$2y_2 = 1 - \sqrt{3 + 2\sqrt{2}} - \sqrt{3 - \sqrt{2}}$$

$$2y_3 = -1 + \sqrt{3 + 2\sqrt{2}} - \sqrt{3 - 2\sqrt{2}}$$

$$2y_4 = -1 - \sqrt{3 + 2\sqrt{2}} + \sqrt{3 - \sqrt{2}}$$

或因 $\sqrt{3 + 2\sqrt{2}} = 1 + \sqrt{2}$,$\sqrt{3 - 2\sqrt{2}} = 1 - \sqrt{2}$ 而写成

$$2y_1 = 3, 2y_2 = -1, 2y_3 = -1 + 2\sqrt{2}, 2y_4 = -1 - 2\sqrt{2}$$

由此我们容易找到原方程式的根如下

$$x_1=3, x_2=1, x_3=1+\sqrt{2}, x_4=1-\sqrt{2}$$

依公式(16),我们还可以得出下述结论:四次方程式(7)的判别式等于三次方程式(14)的判别式.

事实上,依照(16)作如下的差

$$y_1-y_2=\sqrt{z_2}+\sqrt{z_3}, y_3-y_4=\sqrt{z_2}-\sqrt{z_3}$$
$$y_1-y_3=\sqrt{z_1}+\sqrt{z_3}, y_2-y_4=\sqrt{z_1}-\sqrt{z_3}$$
$$y_1-y_4=\sqrt{z_1}+\sqrt{z_2}, y_2-y_3=\sqrt{z_1}-\sqrt{z_2}$$

相乘后,再平方得

$$(y_1-y_2)^2(y_1-y_3)^2(y_1-y_4)^2 \cdot$$
$$(y_2-y_3)^2(y_2-y_4)^2(y_3-y_4)^2$$
$$=(z_1-z_2)^2(z_1-z_3)^2(z_2-z_3)^2$$

这个等式的左边是方程式(7)的判别式,而右边是方程式(14)的判别式.

如此,四次方程式(7)的判别式为

$$D=4p^2(p^2-4r)^2-36p(p^2-4r)q^2+32p^3q^2-4(p^2-4r)^3-27q^4$$

最后我们来讨论方程式(7)的系数在实数的时候,依照系数的不同,它的根具有怎样的情形.我们来证明:

1° 若 $p<0, p^2-4r>0$,四次方程式(7)有四个实根;

2° $D<0$,四次方程式(7)有两个实根以及一对共轭复数根;

3° $D=0$,四次方程式(7)有一对共轭复根以及一

第 2 章　代数方程式的古典解法

个二重实根；

4° $D>0$，且 $p(p^2-4r)>0$，四次方程式(7)的四个根均为复数.

证明　首先注意到方程式(14)亦具有实系数(因为方程式(7)的系数是实数)，并且它的三个根的乘积因 $z_1z_2z_3=q^2$（依韦达公式）而为正数①，于是方程式(14)的根不外乎如下三种可能：

三个根均为正实数；一个正实根，两个负实根；一个正实根，一对共轭复数根.

现在来证明我们所要的.

1° 既然 $p<0, p^2-4r>0$，于是方程式(14)的系数所构成的数列 $\{1, 2p, p^2-4r, -q^2\}$ 的变号数为 3，这就是说方程式(14)的根出现第一种情形：z_1, z_2, z_3 全为正实数，于是依照公式(16)，四次方程式(7)有四个实根.

2° 既然 $D<0$，则三次方程式应该有一个实根和

---

① 当 $q=0$ 时，四次方程式(7)将成为 y^2 的二次方程式 $y^4+py^2+r=0$. 进一步，如果 $p^2-4r=0$，则四次方程式(7)有两对重根，容易证明这条件（$q=0, p^2-4r=0$）也是必要的. 此时，其两根为
$$\frac{1}{2}\sqrt{-2p}, -\frac{1}{2}\sqrt{-2p}$$
至于这两对根之虚实情况须视 p 为正或负而定.

与此同时，我们让读者自己去证明：四次方程式(7)有三根相等的充分必要条件是
$$p^2-12r=0, 8p^2-27q^2=0$$
此时它的根为
$$\frac{3}{2}\sqrt{-\frac{2p}{3}}, -\frac{1}{2}\sqrt{-\frac{2p}{3}}(三重)$$

两个彼此共轭的复根,并且就我们的三次方程式(14)而言,进一步是第三种情形:一个正实根,一对共轭复数根. 在这种情况下,按(15),我们可以这样决定平方根,使 $\sqrt{z_2}$ 与 $\sqrt{z_3}$ 为共轭复数,而 $\sqrt{z_1}$ 是实数. 于是按公式(16),y_1 与 y_2 为实数,y_3 与 y_4 为共轭复数.

$3°$ $D=0$ 时,三次方程式(14)应该有一个正实根和两个相等的负实根,如此,按公式(16),方程式(7)有一对共轭复根以及一个二重实根.

$4°$ $D>0$ 表明三次方程式(14)有三个不同的实根. 又,$p(p^2-4r)>0$,于是 $[1,2p,p^2-4r,-q^2]$ 的变号数为 1,方程式(14)有一个正实根;按公式(16),方程式(7)的四个根均为复数.

§4 三次方程式的其他解法

自从卡丹的《大术》给出了三、四次方程的解法后,许多数学家开始运用不同的方法进行三、四次方程求解的尝试,其中代表人物有韦达、契恩豪斯、欧拉、贝祖等.

韦达从三角恒等式 $\cos 3A = 4\cos^3 A - 3\cos A$ 出发,采用了一种巧妙的方法去处理三次方程.

若令
$$x = \cos A$$
则有
$$4x^3 - 3x - \cos 3A = 0 \tag{1}$$

第 2 章 代数方程式的古典解法

即

$$x^3 - \frac{3}{4}x - \frac{1}{4}\cos 3A = 0 \qquad (1')$$

设所需解答的方程为 $y^3+py+q=0$，令 $y=ax$，其中 $a=\sqrt{-\dfrac{4p}{3}}$，则 $(1')$ 可变为

$$\left(\sqrt{-\frac{4p}{3}}\right)^3 x^3 + p\sqrt{-\frac{4p}{3}}\, x + q = 0$$

或

$$x^3 - \frac{3}{4}x + \frac{q}{\left(\sqrt{-\dfrac{4p}{3}}\right)^3} = 0 \qquad (2)$$

比较 (1) 与 (2) 可知

$$\cos 3A = \frac{\dfrac{q}{2}}{\sqrt{-\dfrac{p^3}{27}}}$$

通过查表即可求出 $3A$ 的值，进而得到 $\cos A$ 的值，也即是所要求的原方程的根. 韦达的方法不得不说是非常的巧妙，当然这种方法是有别于菲罗的方法的[①].

下面我们再来讲一个求解三次方程式根的方法. 这个方法首先是荷兰学者胡德（J. Hudde，1628—1704）在 1650 年提出的. 后来，由俄国的伟大数学家罗巴切夫斯基（Николáй Ивáнович Лобачéвский，1792—1856）在 1834 年出版的《代数学教程》中重新

---

① 菲罗的技巧是将一个根写成一个和 $u+v$，而韦达的技巧是将一个根写成一个积.

提出.人们有时就把它叫作胡德－罗巴切夫斯基解法.

这个方法的第一步同卡丹的方法一样,是将一般的三次方程式化为典式

$$y^3 + py + q = 0 \tag{3}$$

接着,胡德－罗巴切夫斯基的方法采用了一个很巧妙的替换

$$y = z - \frac{p}{3z} \tag{4}$$

代入(3),得

$$(z - \frac{p}{3z})^3 + p(z - \frac{p}{3z}) + q = 0$$

展开后两端乘以 z^3,再合并同类项,即得

$$z^6 + qz^3 - \frac{p^3}{27} = 0 \tag{5}$$

这是一个关于 z^3 的二次方程式,于是

$$z^3 = -\frac{q}{2} \pm \sqrt{\frac{q^2}{4} + \frac{p^3}{27}} \tag{6}$$

我们不妨在根号前取正号,对上式求立方根,得方程式(5)的三个根

$$z_1, z_2 = z_1\varepsilon, z_3 = z_1\varepsilon^2$$

这里 ε 表示1的三次原根.把这三个值代入等式(4),就得到原方程式的三个根,它们是

$$y_1 = z_1 - \frac{p}{3z_1}$$

$$y_2 = z_1\varepsilon - \frac{p}{3z_1\varepsilon} = z_1\varepsilon - \frac{p}{3z_1}\varepsilon^2$$

第 2 章　代数方程式的古典解法

$$y_3 = z_1\varepsilon^2 - \frac{p}{3z_1\varepsilon^2} = z_1\varepsilon^2 - \frac{p}{3z_1}\varepsilon$$

如果在等式(6)左边的根号前取负号,事实上我们将得出与上面一样的结果.

胡德－罗巴切夫斯基解法的关键是采用了替换(4),如果把这个替换与卡丹方法中的替换相比较,就会发现,原来,它只不过是从 $3uv = -p$ 解出 $v = -\dfrac{p}{3u}$,再代回到 $y = u + v$ 中去的结果.

§5　契恩豪斯的变量替换法[①]

尽管方程理论的研究在17世纪末期并不活跃,但是契恩豪斯[②]在1683年撰写的一份四页的笔记还是为方程理论带来了相当大的进展.这份笔记提出了一种方法来解任意次数的方程,其中涉及的消元方法可以看作是欧拉与贝祖方法的萌芽.

基本的思想是很简单的,首先是发现通过对未知量做一个简单的改变:$y = x + (a_1/n)$,总是可以消去任意方程式的第二项:$x^n + a_1x^{n-1} + \cdots + a_{n-1}x + a_n = 0$.通过对未知量进行更一般的替换,诸如

---

① 本节内容引自周畅的博士论文《Bezout 的代数方程理论之研究》(西北大学,2010 年).

② 恩尔费德・华沙・冯・契恩豪斯(Ehrenfried Walther von Tschirnhaus,1651—1708),德国伯爵.

Abel-Ruffini 定理

$$y = x^m + b_1 x^{m-1} + \cdots + b_{m-1} x + b_m \qquad (1)$$

契恩豪斯的目的是消去所给方程的一些项. 通过对于 m 个参数 $b_1, \cdots, b_{m-1}, b_m$ 的合理选择,未知量的上述变动得到一个关于 y 的方程

$$y^n + c_1 x^{n-1} + \cdots + c_{n-1} x + c_n = 0$$

其中,任意 m 个系数 c_i 可以等于零:这是因为 m 个参数 $b_1, \cdots, b_{m-1}, b_m$ 提供了 m 个自由度,可以用来满足 m 个条件.

尤其是当取 $m = n-1$ 时,除了第一项和最后一项,所有的项都可以消去,因此关于 y 的方程取形式: $y^n + c_n = 0$,由根式可解. 在方程(1) 中代入解 $y = \sqrt[n]{-c_n}$,则通过解一个次数为 $m = n-1$ 的方程 $x^{n-1} + b_1 x^{n-2} + \cdots + b_{n-2} x + b_{n-1} = \sqrt[n]{-c_n}$,可得到次数为 n 的所给方程的解. 通过对次数进行归纳总结,可知任意次数的方程由根式可解.

不过,存在一个主要的障碍,很快就被莱布尼兹[①]注意到了:使得所有系数 $c_1, \cdots, c_{m-2}, c_{m-1}$ 等于零的条件产生了各种次数的关于参数 b_i 的一个方程组,这个方程组相当难解. 事实上,解这个方程组相当于解一个次数为 $(n-1)!$ 的方程,于是,这个方法对于 $n > 3$ 的情形不起作用,除非所得的次数为 $(n-1)!$ 的方程有一些特殊性质,使其可以简化为次数小于 n 的方程,结果就是 $n=4$ 的情形. 所得的六次方程可以看作是因

[①] 戈特弗里德·威廉·莱布尼兹(Gottfried Wilhelm Leibniz, 1646—1716),德国哲学家、数学家.

第 2 章　代数方程式的古典解法

式分解为二次的因式的乘积,这些二次因式的系数是三次方程的解,但是对于 $n>5$,这样的化简并非显而易见.(注意,对于复合数 n,契恩豪斯的方法应用起来是不同的,也可能更为简单:比如 $n=4$ 时,消去 y 和 y^3 的系数可以将关于 y 的方程化简成一个关于 y^2 的二次方程.)

为了更为细致地讨论契恩豪斯的方法,首先介绍关于 y 的方程是如何求得的. 这属于处理消元理论的一般问题的一个特例:问题是从两个方程中消去未知量 x

$$x^n + a_1 x^{n-1} + \cdots + a_{n-1} x + a_n = 0 \qquad (2)$$

$$x^m + b_1 x^{m-1} + \cdots + b_{m-1} x + b_m = y \ (m < n) \quad (3)$$

也即,求方程 $\Phi(y) = 0$,我们称之为"结果方程",它有以下性质:

1. 当 x 和 y 使得方程(2)和(3)成立时,则 $\Phi(y) = 0$;

2. 若 y 使得 $\Phi(y) = 0$,则方程(2)和(3)有一个公共根 x.

上述第二个性质说明,如果 $\Phi(y) = 0$ 可解,则方程(2)的根之一就在方程(3)的根里面.

$\Phi(y)$ 的性质也可改述如下:将方程(2)和(3)看作是关于 x 的方程(其系数属于关于 y 的有理分式域),$\Phi(y) = 0$ 当且仅当多项式

$$P(x) = x^n + a_1 x^{n-1} + \cdots + a_{n-1} x + a_n$$

$$Q(x) = x^m + b_1 x^{m-1} + \cdots + b_{m-1} x + (b_m - y)$$

有一个公共根. 这个问题的解是 $P(x)$ 和 $Q(x)$ 的结式

Abel-Ruffini 定理

$$\Phi(y) = \begin{vmatrix} 1 & a_1 & a_2 & \cdots & & \cdots & a_n & & \\ & 1 & a_1 & a_2 & & \cdots & & a_n & \\ & & \ddots & \ddots & \ddots & & & & \ddots \\ & & & 1 & a_1 & a_2 & \cdots & & a_n \\ 1 & b_1 & b_2 & \cdots & b_{m-1}-y & & & & \\ & 1 & b_1 & b_2 & \cdots & b_{m-1}-y & & & \\ & & \ddots & \ddots & \ddots & & \ddots & & \\ & & & \ddots & \ddots & \ddots & & \ddots & \\ & & & & 1 & b_1 & b_2 & \cdots & b_{m-1}-y \end{vmatrix} \begin{matrix} \\ \\ \}(m 行) \\ \\ \\ \}(n 行) \\ \\ \end{matrix}$$

由于未知量 y 仅出现在后 n 行中,容易验证 $\Phi(y)$ 是一个关于 y 的 n 次多项式.而且,由于行列式是不同行不同列元素乘积的和,所以仅有 k 个因式 b_i 的乘积出现在 y^k 的系数中.因此

$$\Phi(y) = c_0 y^n + c_1 y^{n-1} + \cdots + c_{n-1} y + c_n = 0$$

其中 c_k 是一个关于 $b_1, \cdots, b_{m-1}, b_m$ 的 k 次多项式($c_0 = (-1)^n$).

为了消去 $c_1, \cdots, c_{n-1}, c_n$,现在考虑 $m = n-1$. 前面的讨论表明 $c_1 = \cdots = c_{n-1} = c_n = 0$ 是一个含 $n-1$ 个关于变量 $b_1, \cdots, b_{n-2}, b_{n-1}$ 的次数为 $1, 2, 3, \cdots, n-1$ 的方程的方程组.在这些方程中,可以消去 $n-2$ 个变量,且关于单变量的结果方程的次数是 $1 \cdot 2 \cdot 3 \cdot \cdots \cdot (n-1) = (n-1)!$.这一结论后来被贝祖证明了,但是如果考虑一些例子之后,会发现解上述方程组远非易事.

以三次方程为例,求解方程

$$x^3 + px + q = 0 \quad (p \neq 0) \qquad (4)$$

第2章 代数方程式的古典解法

令
$$y = x^2 + b_1 x + b_2 \qquad (5)$$

根据上述方法从这两方程中消去 x，得到下列关于 y 的结果方程

$$c_0 y^3 + c_1 x^2 + c_2 x + c_3 = 0 \qquad (6)$$

其中 $c_0 = -1$, $c_1 = 3b_2 - 2p$, $c_2 = 4pb_2 - 3qb_1 - 3b_2^2 - pb_1^2 - p^2$, $c_3 = q^2 + p^2 b_2 - qpb_1 + 3qb_2 b_1 - 2pb_2^2 + b_2^3 - qb_1^2 - pb_3 b_1^2$.

于是，为了消去 c_1 和 c_2，可以令 $b_2 = \dfrac{2p}{3}$，且令 b_1 是二次方程的一个根：$pb_1^2 + 3qb_1 - \dfrac{p^2}{3} = 0$，例如，$b_1 = \dfrac{\sqrt{(\frac{p}{3})^3 + (\frac{p}{3})^2} - \frac{q}{2}}{\frac{p}{3}}$. 根据上述对于 b_1 和 b_2 的选取，

令 $A = \sqrt{(\dfrac{p}{3})^3 + (\dfrac{q}{3})^2}$，有

$$c_3 = 2^3 A^3 (\dfrac{3}{p})^3 (A - \dfrac{q}{2})$$

因此，关于 y 的结果方程(6)的一个根是

$$y = 2A(\dfrac{3}{p})^3 \sqrt{A - \dfrac{q}{2}}$$

则所给三次方程(4)的一个根可以通过解二次方程(5)得到，方程(5)现在变为

$$x^2 + \dfrac{3}{p}(A - \dfrac{q}{2}) + \dfrac{2p}{3} = 2A(\dfrac{3}{p})^3 \sqrt{A - \dfrac{q}{2}} \qquad (7)$$

但是，通常这些二次方程的根中仅有一个是所给

的二次方程(4)的一个根.解决(4)的较好方法是求(4)和(7)的公共根,就是它们的最大公因式的根.

令 $B = \sqrt{A - \dfrac{q}{2}}$,如果 $A \neq 0$,由辗转相除法[①]可得下列最大公因式

$$2A(\dfrac{3}{p})^2(B^2 + \dfrac{p}{3})(Bx + \dfrac{p}{3} - B^2)$$

(易知,如果 $A \neq 0$ 和 $p \neq 0$,将有 $B^2 - \dfrac{p}{3} \neq 0$).于是,仅有(4)和(7)的一个公共根,即 $x = \dfrac{B^2 - \dfrac{p}{3}}{B}$.由于

$$B = \sqrt[3]{-\dfrac{q}{2} + \sqrt{(\dfrac{p}{3})^3 + (\dfrac{q}{2})^2}}$$

容易验证

$$\dfrac{-p}{3B} = \sqrt[3]{-\dfrac{q}{2} - \sqrt{(\dfrac{p}{3})^3 + (\dfrac{q}{2})^2}}$$

于是,上述关于 x 的公式与卡丹的公式一致.

如果 $A = 0$,则(7)的左边整除所给的三次多项式,因此(7)的根就是所给方程的根.

§6 五次方程式的布灵－杰拉德正规式

一般五次方程式

---

① 参看第3章§3.

第 2 章 代数方程式的古典解法

$$x^5 + a_1 x^4 + a_2 x^3 + a_3 x^2 + a_4 x + a_5 = 0 \quad (1)$$

的根,不能像四次方程式的根那样,解成根式. 这就意味着,不存在较低次的代数代换消去(1)的四次项、三次项、二次项和一次项而使(1)简化为

$$y^5 + a = 0$$

的形式.

但是存在这样的代数替换,使方程式(1)简化为三项方程式[①]

$$y^5 + my + n = 0 \quad (2)$$

这样的化简方法是由布灵[②]所发现的,后来杰拉德[③]也独立发现了此法,因此式(2)称为布灵－杰拉德正规式. 其化简步骤如下:

(一) 消去四次项

首先令 $x = y - \dfrac{a_1}{5}$,可消去四次方项,得到

$$y^5 + ay^3 + by^2 + cy + d = 0 \quad (3)$$

其中

$$a = \frac{5a_2 - 2a_1^2}{5}, \quad b = \frac{25a_3 - 15a_1 a_2 + 4a_1^3}{25}$$

$$c = \frac{125a_4 - 50a_1 a_3 + 50a_1^2 a_2 - 3a_1^4}{125}$$

---

① 更一般地,存在把 n 次方程化为不含 x^{n-1}, x^{n-2} 和 x^{n-3} 项形式的方法.

② 厄兰德·塞缪尔·布灵(Erland Samuel Bring,1736—1798),瑞典人,伦德大学的一名专业历史教师,数学的业余爱好者.

③ 乔治·伯齐·杰拉德(George Birch Jerrard,1804—1863),英国数学家.

Abel-Ruffini 定理

$$d = \frac{3\,125a_5 - 625a_1a_4 + 125a_1^2a_3 - 25a_1^3a_2 + 4a_1^5}{3\,125}$$

(二) 利用布灵－杰拉德代换消去三次项

接下来,令

$$z = y^2 + py + q \quad (4)$$

把式(4)变换成 $y^2 = z - py - q$ 并代入(3)得

$$y^3(z - py - q) + ay(z - py - q) + b(z - py - q) + cy + d = 0$$

将方程式左边的括号乘开,并合并关于 y 的同类项,我们得到

$$-py^4 + (z-q)y^3 - apy^2 + (az - aq - bp + c)y + d - bq = 0 \quad (5)$$

这样就消除了(3)中的五次幂,对(5)做类似的代换

$$-p(z - py - q)^2 + (z-q)y(z - py - q) - ap(z - py - q) + (az - aq - bp + c)y + d - bq = 0$$

将括号乘开并合并关于 y 的同类项,我们得到

$$[z^2 + (3p^2 - 2q + a)z + p^4 - 3p^2q + ap^2 - cp + q^2 - aq + c]y - 2qz^2 + (4pq - p^3 - pa + b)z + p^3q - 2pq^2 + apq - cq + d = 0$$

或

$$y = \frac{2qz^2 - (4pq - p^3 - pa + b)z - p^3q + 2pq^2 - apq + cq - d}{z^2 + (3p^2 - 2q + a)z + p^4 - 3p^2q + ap^2 - cp + q^2 - aq + c}$$

(6)

将式(6)代入(4)消除未知量 y,得到

$$z^5 + Pz^4 + Qz^3 + Az^2 + Bz + C = 0 \quad (7)$$

在这里

$$P = 2a - 5q$$

第 2 章　代数方程式的古典解法

$$Q = p^2 a + 3bp + 10q^2 - 8qa + a^2 + 2c$$

$$\begin{aligned}A =\ & -10q^3 - 3p^2 qa + 12q^2 a - 3qa^2 + p^3 b -\\ & 9pqb + pab - b^2 + 4p^2 c - 6qc +\\ & 2ac + 5pd\end{aligned}$$

$$\begin{aligned}B =\ & 5q^4 + 3p^2 q^2 a - 8q^3 a + 3q^2 a^2 - 2p^3 qb +\\ & 9pq^2 b - 2pqab + 2qb^2 + p^4 c - 8p^2 qc + 6q^2 c +\\ & p^2 ac - 4qac - pbc + c^2 + 5p^3 d -\\ & 10pqd + 3pad - 2bd\end{aligned}$$

$$\begin{aligned}C =\ & -q^5 - p^2 q^3 a + 2q^4 a - q^3 a^2 + p^3 qb - 3pq^3 b +\\ & pq^2 ab - q^2 b^2 - p^4 qc + 4p^2 q^2 c - 2q^3 c -\\ & p^2 ac + 2q^2 ac + pqbc + p^5 d - 5p^3 qd + 5pq^2 d +\\ & p^3 ad - 3pqad - p^2 bd + 2qbd + pcd - d^2\end{aligned}$$

现在令 $P = Q = 0$,解得

$$p = \frac{-15b + \sqrt{60a^3 + 225b^2 - 200ac}}{10a}, q = \frac{2a}{5}$$

与此同时方程式(7)将简化为缺少四次项与三次项的形式

$$z^5 + Az^2 + Bz + C = 0 \qquad (8)$$

这里 A, B, C 的值只要将 p, q 的值代入前面的表达式中就可以得出.

（三）利用契恩豪斯代换消去二次项

进而我们来证明,对于方程式(8),存在契恩豪斯代换

$$w = z^4 + \alpha z^3 + \beta z^2 + \gamma z + \delta \qquad (9)$$

使得施行这个代换后得到的方程式

$$w^5 + ew^4 + fw^3 + gw^2 + hw + k = 0 \qquad (10)$$

的项 z^4, z^3, z^2 的系数等于 0.

为了确定所需契恩豪斯代换的系数,将(9)写成方程的形式

$$z^4 + \alpha z^3 + \beta z^2 + \gamma z + \delta - w = 0 \quad (11)$$

按照消去法理论,方程式(8)(11)消去未知量 z 即得到方程式(10)

$$\begin{vmatrix} 1 & 0 & 0 & A & B & C & 0 & 0 & 0 \\ 0 & 1 & 0 & 0 & A & B & C & 0 & 0 \\ 0 & 0 & 1 & 0 & 0 & A & B & C & 0 \\ 0 & 0 & 0 & 1 & 0 & 0 & A & B & C \\ 1 & \alpha & \beta & \gamma & \delta-w & 0 & 0 & 0 & 0 \\ 0 & 1 & \alpha & \beta & \gamma & \delta-w & 0 & 0 & 0 \\ 0 & 0 & 1 & \alpha & \beta & \gamma & \delta-w & 0 & 0 \\ 0 & 0 & 0 & 1 & \alpha & \beta & \gamma & \delta-w & 0 \\ 0 & 0 & 0 & 0 & 1 & \alpha & \beta & \gamma & \delta-w \end{vmatrix} = 0$$

展开等式左边的行列式,我们得到

$$w^5 + ew^4 + fw^3 + gw^2 + hw + k = 0$$

其中

$$e = -4B - 3\alpha A + 5\delta \quad (12)$$

$$\begin{aligned} f = & 10\delta^2 - (12\alpha A + 16B)\delta + 3\beta\gamma A + 3\alpha^2 A^2 - \\ & 3\beta A^2 + 2\beta^2 B + 4\alpha\gamma B + 5\alpha AB + \\ & 6B^2 + 5\alpha\beta C + 5\gamma C - AC \end{aligned} \quad (13)$$

$$\begin{aligned} g = & 10\delta^3 - \gamma^3 A + \beta^3 A^2 - 3\alpha\beta\gamma A^2 + 3\gamma^2 A^2 - \alpha^3 A^3 + \\ & 3\alpha\beta A^3 + A^4 + \delta^2(-18\alpha A - 24B) - 4\beta\gamma^2 B + \\ & \alpha\beta^2 AB - 5\alpha^2\gamma AB + 2\beta\gamma AB - \alpha^2 A^2 B + \\ & 2\beta A^2 B + 4\alpha^2\beta B^2 - 4\beta^2 B^2 - 8\alpha\gamma B^2 - \end{aligned}$$

第 2 章　代数方程式的古典解法

$\alpha AB^2 - 4B^2 - 5\beta^2\gamma C - 5\gamma^2 C - 7\alpha^2\beta AC +$

$8\beta^2 AC + \alpha\gamma AC + \alpha A^2 C + 3\alpha^3 BC - 2\alpha\beta BC -$

$11\gamma BC + 8ABC + 5\alpha^2 C^2 + 5\beta^2 C^2 +$

$\delta(9\beta\gamma A + 9\alpha^2 A^2 - 9\beta A^2 + 6\beta^2 B +$

$12\alpha\gamma B + 15\alpha AB + 18B^2 + 15\alpha\beta C +$

$15\gamma C - 12AC)$ 　　　　　　　　　　　（14）

$h = (B^2 - 3ABC)\alpha^4 + (-2\delta A^3 + \gamma A^2 B - \beta AB^2 +$

$2\beta A^2 C + 6\delta BC + B^2 C - 5\gamma C^2 - 2AC^2)\alpha^3 +$

$(9\delta^2 A^2 - 10\gamma\delta AB - 2\delta A^2 B + 2\gamma^2 B^2 + 8\beta\delta B^2 +$

$\gamma AB^2 - 4\beta B^3 + 3\gamma^2 AB - 14\beta\delta AC - 7\beta\gamma BC +$

$11ABC + 5\beta^2 C^2 + 10\delta C^2 + BC^2)\alpha^2 +$

$(-12\delta^3 A - 6\beta\gamma\delta A^2 + 6\beta\delta A^3 +$

$12\delta^2 B + 3\beta\gamma^2 AB + 2\beta^2\delta AB + 15\delta^2 AB -$

$3\beta\gamma A^2 B - 4\beta^2\gamma B^2 - 16\gamma\delta B^2 + 3\beta^2 AB^2 -$

$2\delta AB^2 + 4\gamma B^3 - AB^2 - 10\gamma^2\delta C + 15\beta\delta^2 C +$

$6\beta^2\gamma AC + 2\gamma\delta AC - 6\beta^2 A^2 C + 2\delta A^2 C +$

$\beta^3 BC + 13\gamma^2 BC - 4\beta\delta BC - 10\gamma ABC +$

$3A^2 BC - 3\beta B^2 C - 5\beta\gamma C^2 + 4\beta AC^2 + 5C^3)\alpha +$

$5\delta^4 - 2\gamma^3\delta A + 9\beta\gamma\delta^2 A + 2\beta^3\delta A^2 +$

$6\gamma^2\delta A^2 - 9\beta\delta^2 A^2 - 6\gamma\delta A^3 + 2\delta A^4 +$

$\gamma^4 B - 8\beta\gamma^2\delta B + 6\beta^2\delta^2 B - 16\delta^3 B -$

$\beta^3\gamma AB - 3\gamma^3 AB + 4\beta\gamma\delta AB + 3\gamma^2 A^2 B +$

$4\beta\delta A^2 B - \gamma A^3 B + \beta^4 B^2 + 4\beta\gamma^2 B^2 -$

$8\beta^2\delta B^2 + 18\beta^2 B^2 - 5\beta\gamma AB^2 + \beta A^2 B^2 +$

$2\beta^2 B^2 - 8\delta B^2 + B^4 + 5\beta\gamma^3 C -$

$10\beta^2\gamma\delta C + 15\gamma\delta^2 C - 2\beta^4 AC - 9\beta\gamma^2 AC +$

Abel-Ruffini 定理

$$16\beta^2\delta AC - 12\delta^2 AC + 6\beta\gamma A^2 C - 2\beta A^3 C +$$
$$3\beta^2\gamma BC - 22\gamma\delta BC - 4\beta^2 ABC + 16\delta ABC +$$
$$7\gamma B^2 C - 4AB^2 C - 5\beta^3 C^2 + 5\gamma^2 C^2 + 10\beta\delta C^2 -$$
$$7\gamma AC^2 + 2A^2 C^2 - 6\beta B \qquad (15)$$

$$k = C^3\alpha^5 + (-\delta B^3 + 3\delta ABC + \gamma B^2 C - 2\gamma AC^2 -$$
$$\beta BC^2)\alpha^4 + (\delta^2 A^3 - \gamma\delta A^2 B + \beta\delta AB^2 +$$
$$\gamma^2 A^2 C - 2\beta\delta A^2 C - 3\delta^2 BC - \beta\gamma ABC - \delta B^2 C +$$
$$5\gamma\delta C^2 + \beta^2 AC^2 + 2\delta AC^2 - 5\beta C^3)\alpha^3 +$$
$$(-3\delta^3 A^2 + 5\gamma\delta^2 AB + \delta^2 A^2 B - 2\gamma^2\delta B^2 -$$
$$4\beta\delta^2 B^2 - \gamma\delta AB^2 + 4\beta\delta B^3 - 3\gamma^2\delta AC - 3\gamma^2\delta AC +$$
$$7\beta\delta^2 AC + 2\gamma^3 BC + 7\beta\gamma\delta BC + \gamma^2 ABC - 11\beta\delta ABC -$$
$$4\beta\gamma B^2 C - 5\beta\gamma^2 C^2 - 5\beta^2\Delta c^2 - 5\delta^2 C^2 + 6\beta\gamma AC^2 +$$
$$4\beta^2 BC^2 - \delta BC^2 + 5\gamma C^3 - AC^2)\alpha^2 + (3\delta^4 A +$$
$$3\beta\gamma\delta^2 A^2 - 3\beta\delta^2 A^3 - 4\gamma\delta^3 B - 3\beta\gamma^2\delta AB -$$
$$\beta^2\delta^2 AB - 5\delta^3 AB + 3\beta\gamma\delta A^2 B + 4\beta^2\gamma\delta B^2 +$$
$$8\gamma\delta^2 B^2 - 3\beta^2\delta AB^2 + \delta^2 AB^2 - 4\gamma\delta B^3 +$$
$$\delta BC^3 + 5\gamma^2\delta^2 C - 5\beta\delta^3 C + 3\beta\gamma^3 BC -$$
$$6\beta^2\gamma AC - \gamma\delta^2 AC - 3\beta\gamma^2 A^2 C + 6\beta^2\delta A^2 C -$$
$$\delta^2 A^2 C - 4\beta^2\gamma^2 BC - \beta^3\delta BC - 13\gamma^2\delta BC +$$
$$2\beta\delta^2 BC + 3\beta^2\gamma ABC + 10\gamma\delta ABC - 3\delta A^2 BC +$$
$$4\gamma^2 B^2 C + 3\beta\delta B^2 C - \gamma AB^2 C + 5\beta^3\gamma C^2 +$$
$$5\gamma^3 C^2 + 5\beta\gamma\delta C^2 - 3\beta^3 AC^2 - 7\gamma^2 AC^2 -$$
$$4\beta\delta AC^2 + 2\gamma A^2 C^2 - 7\beta\gamma BC^2 + \beta ABC^2 + 5\beta^2 C^2 -$$
$$5\delta C^3 + BC^3)\alpha - \delta^5 + \gamma^3\delta^2 A -$$
$$3\beta\gamma\delta^3 A - \beta^3\delta^2 A^2 - 3\gamma^2\delta^2 A^2 +$$
$$3\beta\delta^3 A^2 + 3\gamma\delta^2 A^3 - \delta^2 A^4 - \gamma^4\delta B +$$

64

第 2 章 代数方程式的古典解法

$$4\beta\gamma^2\delta^2 B - 2\beta^2\delta^3 B + 4\delta^4 B + \beta^3\gamma\delta AB +$$
$$3\gamma^3\delta AB - 2\beta\gamma\delta^2 AB - 3\gamma^2\delta A^2 C - 2\beta\delta^2 A^2 B +$$
$$\gamma\delta A^3 B - \beta^4\delta B^2 - 4\beta\gamma^2\delta B^2 + 4\beta^2\delta^2 B^2 -$$
$$6\delta^3 B^2 + 5\beta\gamma\delta AB^2 - \beta\delta A^2 B^2 - 2\beta^2\delta B^3 +$$
$$4\delta^2 B^3 - \delta B^4 + \gamma^5 C - 5\beta\gamma^3\delta C +$$
$$5\beta^2\gamma\delta^2 C - 5\gamma\delta^3 C - \beta^3\gamma^2 AC - 3\gamma^4 AB +$$
$$2\beta^4\delta AC + 9\beta\gamma^2\delta AC - 8\beta^2\delta^2 AC + 4\delta^3 AC +$$
$$3\gamma^3 A^2 C - 6\beta\gamma\delta A^2 C - \gamma^2 A^3 C + 2\beta\delta A^3 C +$$
$$\beta^4\gamma BC + 4\beta\gamma^3 BC - 3\beta^2\gamma\delta BC + 11\gamma\delta^2 BC -$$
$$5\beta\gamma^2 ABC + 4\beta^2\delta ABC - 8\delta^2 ABC + \beta\gamma A^2 BC +$$
$$2\beta^2\gamma B^2 C - 7\gamma\delta B^2 C + 4\delta AB^2 C + \gamma B^3 C -$$
$$\beta^5 C^2 - 5\beta^2\gamma^2 C^2 + 5\beta^3\delta C^2 -$$
$$5\gamma^2\delta C^2 - 5\beta\delta^2 C^2 + 3\beta^2\gamma AC^2 + 7\gamma\delta AC^2 -$$
$$\beta^2 A^2 C^2 - 2\delta A^2 C^2 - 2\beta^3\delta BC^2 +$$
$$3\gamma^2 BC^2 + 6\beta\delta BC^2 - 3\gamma ABC^2 - \beta B^2 C^2 -$$
$$5\beta\gamma C^3 + 2\beta AC^2 - C^4 \tag{16}$$

令 $e = 0$,得到

$$\delta = \frac{4B + 3\alpha A}{5}$$

合并式(13)中 γ 的同类项,并将上式 δ 的值代入后将得到

$$(-\frac{3A^2}{5} + \frac{32B^3}{9A^2} - \frac{20BC}{3A})\alpha^2 +$$
$$(-\frac{3AB}{5} + \frac{80B^2 C}{9A^2} - \frac{25C^2}{3A})\alpha -$$
$$\frac{2B^2}{5} + AC + \frac{50BC^2}{9A^2} + (3\beta A + 4\alpha B + 5C)\gamma = 0$$

$$(11-1)$$

在式(11-1)中令 γ 的系数为零,解出 β
$$\beta = -\frac{4\alpha B + 5C}{3A}$$
将其代入式(11-1)中,则得 α 的二次方程式
$$(-\frac{3A^2}{5} + \frac{32B^3}{9A^2} - \frac{20BC}{3A})\alpha^2 +$$
$$(-\frac{3AB}{5} + \frac{80B^2C}{9A^2} - \frac{25C^2}{3A})\alpha -$$
$$\frac{2B^2}{5} + AC + \frac{50BC^2}{9A^2} = 0$$
或
$$(27A^4 + 300ABC - 160B^3)\alpha^2 +$$
$$(27A^3B + 375AC^2 - 400B^2C)\alpha +$$
$$18A^2B^2 - 45A^3C - 250BC^2 = 0 \qquad (11-2)$$
由此 α 确定.

将 δ,β 代入式(14)中,将得到
$$675A^3\gamma^3 + [(3\,375A^2C - 3\,600AB^2)\alpha -$$
$$2\,025A^4 - 4\,500ABC]\gamma^2 + [(675A^3B +$$
$$6\,000B^2C)\alpha^2 + (7\,200A^2B^2 - 4\,050A^3C +$$
$$15\,000BC^2)\alpha + 2\,025A^5 + 9\,675AB^2C +$$
$$9\,735C^3]\gamma + (1\,485A^4C - 3\,843A^3B^2 -$$
$$9\,375ABC^2 - 2\,400B^3C)\alpha - 675A^6 -$$
$$4\,700A^3BC - 108A^2B^3 - 6\,250AC^3 -$$
$$1\,500B^2C^2 = 0.$$
再将(11-2)中解出的 α 代入上式,这是一个关于 γ 的三次方程式,即 γ 可代数解出.

将 $\alpha,\beta,\gamma,\delta$ 代入(15)(16),即可定出系数 h,k.

第 2 章　代数方程式的古典解法

至此原来的方程式
$$x^5 + a_1 x^4 + a_2 x^3 + a_3 x^2 + a_4 x + a_5 x = 0$$
将简化为
$$w^5 + hw + k = 0 \qquad (17)$$

以函数的观点来看,方程(17)的解依赖于两个变量 h 和 k.若再令
$$w = \sqrt[4]{-\frac{h}{5}}\, \xi$$

则方程式可以进一步化简为如下形式
$$\xi^5 - 5\xi - t = 0 \left(\text{其中 } t = \frac{5k}{h\sqrt[4]{-\dfrac{h}{5}}}\right)$$

它的解 ξ 是单一变量 t 的函数.

虽然一般五次方程式可以化为布灵－杰拉德正规式那样简单的形式,但即便如此,也不能以根式求解.

数域上的多项式

第 3 章

§1 数域·数域上的多项式

方程式的求解问题是与所考虑的数的范围紧密相关的. 例如提出问题:方程式 $x^2-2=0$ 有解还是没有解? 在有理数范围内,这一问题的答案是没有解,因为没有一个有理数,它的平方等于 2. 在实数范围内,答案正好相反:这个方程式有解,其解是 $x=\pm\sqrt{2}$. 类似的,方程式 $x^2+1=0$ 在实数范围内无解,但在更大的复数范围内有解.

这些例子说明,第一,求解方程时必须考虑"数的范围",一个方程在某个数集内无解,但在另一个数集内可能有解;第二,为了方程求解的需要,"数的范围"时常要不断地扩大,从而使得某个数集内无解的方程,在一个更大的数集内有解.

第 3 章　数域上的多项式

由于解方程总是需要数的四种算术运算，所以在其中能进行四种算术运算的数集对于讨论方程式的求解问题才有意义. 因此，我们引入下面的重要概念.

设 P 是复数集合的一个子集合，如果 P 之内任意两个数做加、减、乘、除（0 不做除数），其结果仍然落在 P 之内，并且 P 至少含有两个不同的元素，则 P 称为一个数域①.

易见，有理数集 **Q**、实数集 **R**、复数集 **C** 都是数域，分别称为有理数域、实数域和复数域. 由于两个非零整数相除未必还是整数，所以整数集不是一个数域. 除了刚才提及的三个数域，还可以举出很多个其他的数域. 例如，我们来证明实数集的如下真子集

$$\{a+b\sqrt{2} \mid a,b \text{ 为有理数}\}$$

也是一个数域.

事实上

$$(a+b\sqrt{2}) \pm (c+d\sqrt{2}) = (a \pm c) + (b \pm d)\sqrt{2}$$

$$(a+b\sqrt{2})(c+d\sqrt{2}) = (ac+2bd) + (ad+bc)\sqrt{2}$$

最后

$$\frac{a+b\sqrt{2}}{c+d\sqrt{2}} = \frac{ac-2bd}{c^2-2d^2} + \frac{bc-ad}{c^2-2d^2}\sqrt{2} \quad (c+d\sqrt{2} \neq 0)$$

就是说，任何两个形如 $a+b\sqrt{2}$ 的数，它们的和、差、积以及商（除数不为 0）仍然在我们所考虑的集合之中，

---

① 第一次引入数域概念的是阿贝尔与伽罗瓦，但他们都没有使用"数域"这个术语. 第一个使用数域这一名词的是德国数学家戴德金(Julius Wilhelm Richard Dedekind, 1831—1916).

Abel-Ruffini 定理

因而它是一个数域,这个数域记作 $\mathbf{Q}(\sqrt{2})$. 类似的, $\mathbf{Q}(\sqrt{5}) = \{a + b\sqrt{5} \mid a, b \text{ 为有理数}\}$ 也是一个数域.

设 P 是一个数域,由于 P 对减法和除法封闭,这样 $0, 1, -1$ 必在 P 里面;再由数域对加法的封闭性,所有的整数均在 P 中;最后由 P 对除法封闭知,P 含有所有有理数. 换言之,有理数域 $\mathbf{Q}$ 是最小的数域.

所谓域 P 上的代数方程式是指系数 $a_0, a_1, \cdots, a_n$ 属于数域 P 的方程式①

$$a_0 x^n + a_1 x^{n-1} + \cdots + a_n = 0 \, (a_0 \neq 0) \quad (1)$$

这里记号 x 只是一个抽象的符号,通常称为未知元或未知量.

例如方程式 $x^2 + 3x - 1 = 0$ 显然是有理数域上的

---

① 强调方程式系数的范围或者说系数域有什么意义呢?让我们考查一下有理系数二次方程式 $ax^2 + bx + c = 0 \, (a \neq 0)$ 的求根公式: $x_{1,2} = \dfrac{-b \pm \sqrt{b^2 - 4ac}}{2a}$. 可以把它更为明确地记为 $x_{1,2} = f(a, b, c) = \dfrac{-b \pm \sqrt{b^2 - 4ac}}{2a}$. 就是说,方程式的根实际上相当于系数 a, b, c 的一个函数. 这意味着什么?假设一个函数 $f(a, b, c)$ 只是对变量 a, b, c 做加、减、乘和除运算,那么,当 a, b, c 是有理数的时候,函数值 $f(a, b, c)$ 就一定不是无理数(当然分母不能为 0). 这说明,系数及其运算方式控制着求根公式的"输出"范围. 比如,如果只允许加、减、乘、除的运算方式,那么连 $x^2 - 2 = 0$ 这种方程式都不存在求根公式,因为有理数做加、减、乘、除不会得到无理数. 总而言之,如果根在有理数域内,靠四则运算就已经能求解;如果根在有理数域外,我们只有通过开方去拓展有理数域 —— 加入有理数的整数次方根 —— 组成一个新的数域,让方程的根可以算出来. 这就是要出现"根式求解"的原因.

要是系数是复数,按照代数学基本定理,复数域上任何一个方程式的根都是复数,那么就不存在根式无法求解的问题了.

第 3 章　数域上的多项式

方程式,而方程式 $x^2+\sqrt{2}\,x-1=0$ 则是数域 $\mathbf{Q}(\sqrt{2})$ 上的方程式.

如果写出了方程式(1),那么常常想要求出它的根.但是更有意义的是把解方程式(1)的工作换为更为普遍的这一方程式的左端的研究工作.(1)的左端

$$a_0x^n+a_1x^{n-1}+\cdots+a_n(a_0\neq 0) \qquad (2)$$

叫作域 P 上未知量 x 的 n 次多项式.

对于这一名词,必须明确了解,现在的多项式是只指(2)形的表示式,也就是只是系数在域 P 中的未知量 x 的非负整数次幂的和.我们应用符号 $f(x)$,$g(x)$,等等,作为多项式的缩写.

现在我们的目标是详细地研究多项式的性质.我们注意系数在域 P 中有任何次数的未知量 x 的所有多项式的集合,这集合通常用 $P[x]$ 来表示.讨论所有可能的这种多项式,除一次、二次、三次等的多项式外,还有零次多项式,就是域 P 中不为零的元素.域 P 中的零亦算作多项式,这是唯一没有次数定义的多项式.

两个多项式 $f(x)$ 和 $g(x)$ 称作相等的(或恒等):$f(x)=g(x)$,当且仅当在这样的情形,如果有同次数未知量的系数都是彼此相等的.特别的,即使有一个系数不等于零的多项式,都不能等于零,所以用在 n 次方程式(1)的写法中的相等符号和现在的多项式的相等定义毫无关系,结合多项式的"="符号,以后常了解为这些多项式的恒等的意义.

现在我们给出域 P 上多项式的加法和乘法运算的定义.规定两个多项式 $f(x)$ 与 $g(x)$ 的和 $f(x)+$

$g(x)$ 为把 $f(x)$ 与 $g(x)$ 的同次项的系数相加所得到的多项式. 规定 $f(x)$ 与 $g(x)$ 的积 $f(x)g(x)$ 为以 $f(x)$ 的每一项乘 $g(x)$ 的每一项然后合并同次项且以加号相联结所得到的多项式,其中两个单项的乘积由下式确定

$$ax^r \cdot bx^s = abx^{r+s}$$

如前所述,我们把以 P 的元素为系数的 x 的所有多项式构成的集合记为 $P[x]$. 容易验证,$P[x]$ 中的元素对于刚才规定的加法和乘法具有如下性质:

$1°$ 交换性:$f(x)+g(x)=g(x)+f(x)$, $f(x)g(x)=g(x)f(x)$;

$2°$ 结合性:$(f(x)+g(x))+h(x)=f(x)+(g(x)+h(x))$,$(f(x)g(x))h(x)=f(x)(g(x)h(x))$;

$3°$ 分配性:$f(x)(g(x)+h(x))=f(x)g(x)+f(x)h(x)$;

$4°$ 消去性:如果 $f(x)+g(x)=f(x)+h(x)$,则 $g(x)=h(x)$;$f(x)g(x)=f(x)h(x)$ 且 $f(x) \neq 0$,则 $g(x)=h(x)$.

转而来建立数域 P 上未知量 x 的多项式的值这一概念. 它将占有相当重要的地位.

设
$$f(x)=a_0+a_1x+\cdots+a_nx^n$$
是 $P[x]$ 中任意一个多项式. 今以 P 的某一个元素 c 来替代其中的未知量 x. 如此我们得到 P 中下面形式的一个元素
$$d=a_0+a_1c+\cdots+a_nc^n$$

第 3 章 数域上的多项式

这个元素 d 叫作在未知量 $x=c$ 这个值时多项式 $f(x)$ 的值. 我们强调指明,所谓未知元 x 的值我们永远指的是域 P 中的一个元素.

特别的,如果存在域 P 中的元素 a,使得值 $f(a)$ 等于零,则我们就说 a 是多项式 $f(x)$ 的根.

多项式(2)的根我们也常常说是在域 P 上的 n 次代数方程式(1)的根.

代数基本定理即是肯定了,复数域 $\mathbf{C}$ 上的 n 次方程式必有根且个数恰好等于 n.

§2 一元多项式的可除性及其性质

现在我们要研究在某一个域 P 上的多项式是否还具有某些其他的性质. 在多项式集合 $P[x]$ 中含有余式的除法定则首先成立,即成立下述定理:

定理 2.1(除法剩余定理) 设 $f(x)$ 与 $g(x) \neq 0$ 是 $P[x]$ 中的任意两个多项式,那么在 $P[x]$ 中存在这样的两个多项式 $q(x)$ 与 $r(x)$,使得
$$f(x) = g(x)q(x) + r(x)$$
且在 $r(x) \neq 0$ 时 $r(x)$ 的次数小于 $g(x)$ 的次数. 不仅如此,满足这个等式的 $q(x)$ 与 $r(x)$ 还是唯一的.

通常多项式 $q(x)$ 叫作 $g(x)$ 除 $f(x)$ 时的商,而 $r(x)$ 叫作 $g(x)$ 除 $f(x)$ 所得的余式.

证明 设
$$f(x) = a_0 x^n + a_1 x^{n-1} + \cdots + a_n (a_0 \neq 0)$$

$$g(x) = b_0 x^m + b_1 x^{m-1} + \cdots + b_m (b_0 \neq 0)$$

关于这两个多项式的次数有两种可能性: $n < m$,或 $n \geqslant m$.

在第一种情形下,则等式

$$f(x) = g(x)q(x) + r(x)$$

将在 $q(x) = 0, r(x) = f(x)$ 时满足.

对于第二种情形,则按如下方式来处理. 由多项式 $f(x)$ 减去多项式 $g(x)$ 乘以 $\dfrac{a_0}{b_0} x^{n-m}$ 得

$$f(x) - \dfrac{a_0}{b_0} x^{n-m} g(x) = f_1(x)$$

在结果中多项式 $f(x)$ 的最高次项 $a_n x^n$ 消减并且 $f(x)$ 的次数降低

$$f_1(x) = a'_0 x^{n_1} + a'_1 x^{n_1-1} + \cdots + a'_{n_1} (a'_0 \neq 0, n_1 < n)$$

如果 $f_1(x)$ 的次数大于或等于 $g(x)$ 的次数,则我们再重复这降低次数的步骤

$$f_1(x) - \dfrac{a'_0}{b_0} x^{n_1-m} g(x) = f_2(x)$$

如此做下去. 既然 $n, n_1, n_2, \cdots$ 不能无止境地减少下去,则我们最终可以达到一个多项式 $r(x)$,其次数低于 $g(x)$ 的次数. 如此

$$f(x) - \dfrac{a_0}{b_0} x^{n-m} g(x) = f_1(x)$$

$$f_1(x) - \dfrac{a'_0}{b_0} x^{n_1-m} g(x) = f_2(x)$$

$$\vdots$$

$$f_k(x) - \dfrac{a_0^{(k)}}{b_0} x^{n_k-m} g(x) = r(x)$$

第3章 数域上的多项式

把这些等式逐项加起来,再经明显的化简我们得到

$$f(x)-(\frac{a_0}{b_0}x^{n-m}+\frac{a'_0}{b_0}x^{n_1-m}+\cdots+\frac{a_0^{(k)}}{b_0}x^{n_k-m})g(x)=r(x)$$

或

$$f(x)=g(x)q(x)=r(x)$$

这里

$$q(x)=\frac{a_0}{b_0}x^{n-m}+\frac{a'_0}{b_0}x^{n_1-m}+\cdots+\frac{a_0^{(k)}}{b_0}x^{n_k-m}$$

多项式 $q(x)$ 与 $r(x)$ 的系数在此都属于域 P,因为它们是由加、减、乘、除等不超出域范围的运算得来的.

为完成这个证明,剩下只要证明商与余式都是唯一的.

设除 $q(x)$ 与 $r(x)$ 外还存在另一个 $q'(x)$ 及另一个余式 $r'(x)$. 于是

$$f(x)=g(x)q'(x)+r'(x)$$

注意到等式

$$f(x)=g(x)q(x)+r(x)$$

得

$$g(x)q(x)+r(x)=g(x)q'(x)+r'(x)$$

或

$$g(x)(q(x)-q'(x))=r'(x)-r(x)$$

如果 $q(x)\neq q'(x)$,则 $q(x)-q'(x)\neq 0$,因此 $r'(x)-r(x)\neq 0$. 但这样我们就有一荒谬的结果——在等式 $g(x)(q(x)-q'(x))=r'(x)-r(x)$ 的右边的差 $r'(x)-r(x)$ 的次数小于 m,因为 $r'(x)$ 与 $r(x)$ 的次数都小于 m;在左边的乘积 $g(x)(q(x)-q'(x))$ 的

次数则不低于 m. 所以，只有 $q(x) = q'(x)$ 并且 $r'(x) = r(x)$.

在刚才的证明中，那种求商与余式的方法无非就是初等代数中所熟悉的多项式除法. 如此，证明了定理 2.1，我们同时也就顺便给出了这种方法的理由.

设想给定了 $P[x]$ 中的两个多项式 $f(x)$ 与 $g(x)$，假若在集合 $P[x]$ 中存在一个多项式 $h(x)$ 满足 $f(x) = g(x)h(x)$，我们就说多项式 $f(x)$ 可以被 $g(x)$ 整除①. 这时多项式 $f(x)$ 叫作 $g(x)$ 的倍式，而 $g(x)$ 叫作 $f(x)$ 的除式或因式.

带余式的除法法则使我们能发现，究竟 $P[x]$ 中的一个给定的多项式 $f(x)$ 是否能被 $P[x]$ 中的多项式 $g(x)$ 整除.

定理 2.3 要使 $f(x)$ 能被 $g(x)$ 整除，其必要且充分条件是要以 $g(x)$ 除 $f(x)$ 时的余式 $r(x)$ 等于零.

事实上，如果余式 $r(x)$ 等于零，则等式 $f(x) = g(x)q(x) + r(x)$ 变为

$$f(x) = g(x)q(x)$$

这就表示 $f(x)$ 能被 $g(x)$ 整除. 反之，如果 $f(x)$ 能被 $g(x)$ 整除，则有

$$f(x) = g(x)q(x)$$

这里 $q(x)$ 是 $P[x]$ 中的一个多项式. 由此因商式与余式的唯一性推知剩余等于零.

由带余式的除法法则，我们还可以得出一个很重

---

① 或说多项式 $f(x)$ 可以被 $g(x)$ 除尽.

第3章 数域上的多项式

要的与扩域^①有关的结论.

假若 $P[x]$ 中的多项式 $f(x)$ 不能被 $P[x]$ 中的多项式 $g(x)$ 所整除,那么在集合 $P'[x]$ 内,$f(x)$ 也同样不能被 $g(x)$ 所整除,这里 P' 代表 P 的某一扩域.

事实上,因为商式与余式的系数和已知多项式 $f(x),g(x)$ 的系数一样,都同属于域 P,而这个性质不随我们由 $P[x]$ 或 $P'[x]$ 讨论 $f(x)$ 和 $g(x)$ 而起变化.例如,设 P 是有理数域,P' 是实数域.在集合 $P[x]$ 中取多项式

$$f(x)=x^4+x+1, g(x)=x^2+x-1$$

由带余式的除法法则得

$$f(x)=g(x)(x^2-x+2)+(-2x+3)$$

即,在集合 $P[x]$ 内 $f(x)$ 不能被 $g(x)$ 所整除.我们不难证明,在集合 $P'[x]$ 内多项式 $f(x)$ 也同样不能被 $g(x)$ 所整除,也就是说,我们不可能求出一个不仅是具有有理系数而且是具有实数系数的多项式 $h(x)$ 满足等式 $f(x)=g(x)h(x)$.

现在我们讨论 $P[x]$ 内多项式的可除性的下列一些基本性质,这些性质和整数的可除性是相类似的.

$1°$ $P[x]$ 中任何多项式 $f(x)\neq 0$ 恒可被其本身所整除.

事实上,我们能写出这明显的等式

$$f(x)=f(x)\cdot 1$$

而域 P 的单位可以看作是 $P[x]$ 中的一个零次多

---

① 关于扩域的概念参看本章 §5.

项式.

2° 如果 $f(x)$ 与 $g(x)$ 是 $P[x]$ 中的多项式,并且 $f(x)$ 能被 $g(x)$ 所整除,而 $g(x)$ 亦能被 $f(x)$ 所整除,则多项式 $f(x)$ 与 $g(x)$ 彼此所差只在一个零次的多项式

$$f(x) = c \cdot g(x) (c \neq 0)$$

这里 c 是域 P 中的一个元素.

证明 既然 $f(x)$ 能被 $g(x)$ 所整除,而 $g(x)$ 亦能被 $f(x)$ 所整除,则按整除的定义我们可以写出

$$f(x) = g(x)q_1(x), g(x) = f(x)q_2(x)$$

以第二个等式所表出的 $g(x)$ 的式子代入第一个等式,我们得到

$$f(x) = f(x)q_1(x)q_2(x)$$

或约去 $f(x)$,得

$$1 = q_1(x)q_2(x)$$

在这个等式的左边是 1,即一个零次的多项式. 所以,要保证这个等式,必须乘积 $q_1(x)q_2(x)$ 亦是零次的多项式,而这也只有在乘式 $q_1(x)$ 与 $q_2(x)$ 本身的次数都等于零时才可能. 如此, $q_1(x) = c, q_2(x) = d$,这里 c 与 d 都是 P 中的元素,且都异于零. 由此有 $f(x) = cg(x)$,这就是要证明的.

以后两个这样的多项式,如彼此只差一零次的因子,则说它们除一零次因子外是重合的.

3° 如果两个由 $P[x]$ 中取来的多项式 $f_1(x)$ 与 $f_2(x)$ 能被 $P[x]$ 中的第三个多项式 $g(x)$ 所整除,则它们的和 $f_1(x) + f_2(x)$ 与差 $f_1(x) - f_2(x)$ 亦能被

$g(x)$ 所整除.

证明 按整除的定义有
$$f_1(x) = g(x)q_1(x), f_2(x) = g(x)q_2(x)$$
其中 $q_1(x)$ 与 $q_2(x)$ 亦是 $P[x]$ 中的多项式. 把这两个等式相加或相减,就得到
$$f_1(x) \pm f_2(x) = g(x)q(x)$$
这里 $q(x) = q_1(x) \pm q_2(x)$ 亦是此集合 $P[x]$ 中的多项式. 由此我们知道 $f_1(x) \pm f_2(x)$ 能被 $g(x)q(x)$ 所整除.

性质 3° 可推广如下:

4° 如果 $P[x]$ 中的多项式 $f_1(x), f_2(x), \cdots, f_k(x)$ 与能被 $P[x]$ 中的多项式 $g(x)$ 所整除,则 $c_1 f_1(x) + c_2 f_2(x) + \cdots + c_k f_k(x)$ 亦能被 $g(x)$ 所整除,这里 c_i 是域 P 中的任意的元素.

这个性质的证明与性质 3° 相似.

5° 如果 $f_1(x), f_2(x), \cdots, f_k(x)$ 是 $P[x]$ 中的多项式,而 $f_1(x)$ 能被 $P[x]$ 中的一个多项式 $g(x)$ 所整除,则乘积 $f_1(x) f_2(x) \cdots f_k(x)$ 亦能被 $g(x)$ 所整除.

事实上,如果 $f_1(x)$ 能被 $g(x)$ 所整除,则
$$f_1(x) = g(x) q_1(x)$$
这里 $q_1(x)$ 是 $P[x]$ 中的一个多项式.

把这个等式两边以 $f_2(x) f_3(x) \cdots f_k(x)$ 乘之,得
$$f_1(x) f_2(x) \cdots f_k(x) = g(x) q(x)$$
这里 $q(x) = q_1(x) f_2(x) f_3(x) \cdots f_k(x)$ 亦是 $P[x]$ 中的一个多项式. 所以 $f_1(x) f_2(x) \cdots f_k(x)$ 能被 $g(x)$ 所整除.

从性质 $3°$ 和性质 $5°$ 推得下面的性质:

$6°$ 如果 $P[x]$ 中的多项式 $f_1(x), f_2(x), \cdots, f_k(x)$ 能被 $P[x]$ 中的多项式 $g(x)$ 所整除,则 $g_1(x)f_1(x) + g_2(x)f_2(x) + \cdots + g_k(x)f_k(x)$ 亦能被 $g(x)$ 所整除,这里 $g_1(x), g_2(x), \cdots, g_k(x)$ 是 $P[x]$ 中的任意的多项式.

$7°$ 如果 $f(x), g(x)$ 及 $h(x)$ 是 $P[x]$ 中的多项式,并且 $f(x)$ 能被 $g(x)$ 所整除,$g(x)$ 能被 $h(x)$ 所整除,则 $f(x)$ 能被 $h(x)$ 所整除.

要证明这个性质我们仍旧根据多项式可除性的定义. 我们有
$$f(x) = g(x)q_1(x), g(x) = h(x)q_2(x)$$
其中 $q_1(x)$ 与 $q_2(x)$ 是 $P[x]$ 中的多项式. 把 $g(x)$ 以第二个等式表出的式子代入第一个等式,得
$$f(x) = g(x)q(x)$$
这里 $q(x) = q_1(x)q_2(x)$ 是 $P[x]$ 中的一个多项式,即 $f(x)$ 能被 $h(x)$ 所整除.

最后再指出一个性质:

$8° P[x]$ 中的零次多项式是 $P[x]$ 中任何多项式的除式.

事实上,如果 $c \neq 0$ 是域 P 的一个元素并且
$$f(x) = a_n x^n + a_{n-1} x^{n-1} + \cdots + a_0$$
是 $P[x]$ 中的任何一个多项式,则显然
$$f(x) = c\left(\frac{a_n}{c} x^n + \frac{a_{n-1}}{c} x^{n-1} + \cdots + \frac{a_0}{c}\right) = cq(x)$$
这里,$q(x) = \frac{a_n}{c} x^n + \frac{a_{n-1}}{c} x^{n-1} + \cdots + \frac{a_0}{c}$ 是 $P[x]$ 中的一

个多项式.

在整数的集合里有类似的可除性性质. 在那里 1 与 -1 这两个数所占的地位就与零次多项式的地位相似. 即, 如果整数 a 能被整数 b 整除, 而 b 能被 a 整除, 则 a 与 b 两数彼此只差一个乘数 ± 1. 再, 任何整数 a 总能被 ± 1 整除.

§3 多项式的最大公因式

根据带有余式的除法定则还可推出多项式可除性理论与整数可除性理论间还有许多并行的性质.

设 $f(x)$ 与 $g(x)$ 是 $P[x]$ 中的任意两个多项式. 集合 $P[x]$ 中的第三个多项式 $d(x)$, 如果能同时整除 $f(x)$ 与 $g(x)$, 则称 $d(x)$ 为 $f(x)$ 与 $g(x)$ 的公因式.

现在我们要引进两个多项式的最大公因式的概念.

要说明的是, 用多项式 $f(x)$ 与 $g(x)$ 的公因式的次数最大者做它们的最大公因式的定义是不太适宜的. 一方面, 到现在为止我们还不知道 $f(x)$ 与 $g(x)$ 是否会有许多不同的次数最大的公因式, 彼此之间不仅是只有零次因子的差别, 就是说这一定义含有过多的不确定性. 另一方面, 整数 12 和 18 的最大公约数不仅是这两个数的公约数中的最大数, 而且能被其他任何一个公约数所整除; 事实上 12 和 18 的其他公约数是 $1, 2, 3, -1, -2, -3, -6$. 故对多项式这一情形我们给出这样的定义：

定义 3.1　一个公因式 $D(x)$，如果它能整除多项式 $f(x)$ 与 $g(x)$ 的任何公因式，则称为是最大公因式.

亦如在整数的情形一样，我们为写起来简便起见，以 $(f(x),g(x))$ 这个记号表示多项式 $f(x)$ 与 $g(x)$ 的最大公因式.

现在要来证明，$P[x]$ 中任意两个多项式 $f(x)$ 与 $g(x)$ 都必定有最大公因式，并且可用完全确定的方法来找 $P[x]$ 中随便什么多项式 $f(x),g(x)\neq 0$ 的最大公因式.

多项式和整数之间有很多相类似的地方. 特别是辗转相除法（或称为欧几里得除法）以及由此所得出的一切推论可以毫不变化地引入到多项式集合 $P[x]$ 中.

设 $f(x)$ 的次数不低于 $g(x)$ 的次数. 于是我们把 $f(x)$ 以 $g(x)$ 除之；除得的余式与商各以 $r_1(x)$ 与 $q_1(x)$ 表示. 然后再把 $g(x)$ 以余式 $r_1(x)$ 除之，结果得到第二个余式 $r_2(x)$ 与商 $q_2(x)$，如此进行下去. 一般说来，每次都是把前一余式以其下一余式来除. 在这个过程中所得的余式 $r_1(x),r_2(x),\cdots$ 其次数总是递减的. 但非负整数不能无止境地递减下去. 所以这种除法过程不能是无穷的——我们最后总会达到一个余式 $r_k(x)$，它恰好整除了前一余式 $r_{k-1}(x)$. 我们来证明，这最后一个余式 $r_k(x)$ 就是多项式 $f(x)$ 与 $g(x)$ 的最大公因式.

第3章 数域上的多项式

把所有的除法用等式书写出来,就可以得到以下诸式

$$\begin{cases} f(x) = g(x)q_1(x) + r_1(x) \\ g(x) = r_1(x)q_2(x) + r_2(x) \\ \quad\quad \vdots \\ r_{k-2}(x) = r_{k-1}(x)q_k(x) + r_k(x) \\ r_{k-1}(x) = r_k(x)q_{k+1}(x) \end{cases} \quad (1)$$

首先我们来证明,$r_k(x)$ 是多项式 $f(x)$ 与 $g(x)$ 的公因式.试看等式组(1)中的倒数第二式

$$r_{k-2}(x) = r_{k-1}(x)q_k(x) + r_k(x)$$

它的右边能以 $r_k(x)$ 除尽,因为 $r_{k-1}(x)$ 能被 $r_k(x)$ 除尽,而 $r_k(x)$ 能以其本身除尽.所以,左边亦能被 $r_k(x)$ 除尽,即 $r_{k-2}(x)$ 能被 $r_k(x)$ 除尽.再来看更前一等式

$$r_{k-3}(x) = r_{k-2}(x)q_{k-1}(x) + r_{k-1}(x)$$

这里 $r_{k-2}(x)$ 与 $r_{k-1}(x)$ 能被 $r_k(x)$ 除尽,由此可以明白整个右边都能被 $r_k(x)$ 除尽.所以,亦能以 $r_k(x)$ 除尽左边,即 $r_{k-3}(x)$ 能被 $r_k(x)$ 除尽.如此逐步上移,我们最后到达多项式 $g(x)$ 与 $f(x)$ 并且证明 $g(x)$ 与 $f(x)$ 能被 $r_k(x)$ 除尽.

现在剩下只要证明 $r_k(x)$ 是最大公因式.为这目的我们转到第一个等式

$$f(x) = g(x)q_1(x) + r_1(x)$$

并且看看,对某一个公因式 $d(x)$ 能得到什么结论.既然 $f(x)$ 与 $g(x)$ 能被 $d(x)$ 除尽,则 $f(x) - g(x)q_1(x) = r_1(x)$ 亦应能被 $d(x)$ 除尽.同样,考虑等式(1)的第二式

Abel-Ruffini 定理

$$g(x) = r_1(x)q_2(x) + r_2(x)$$

我们推知 $r_2(x)$ 能被 $d(x)$ 除尽,如此进行下去.这样逐步往下推,我们最后达到 $r_k(x)$ 并且知道 $r_k(x)$ 能被 $d(x)$ 除尽.换句话说,我们判明了 $d(x)$ 是多项式 $f(x)$ 与 $g(x)$ 的最大公因式.

但是我们产生了这样一个问题:由辗转相除法所求出的 $f(x)$ 与 $g(x)$ 的最大公因式是不是唯一的,除此之外是否还有另外的最大公因式存在? 假若我们把两个只差一个零次多项式看作一样,那么最大公因式是唯一确定的. 即,成立:

定理 3.1 多项式 $f(x)$ 与 $g(x)$ 的最大公因式除一零次多项式不计外是唯一确定的.

要证明这个结果,不妨设 $D_1(x)$ 与 $D_2(x)$ 是多项式 $f(x)$ 与 $g(x)$ 的两个最大公因式.根据最大公因式的定义,$D_1(x)$ 应能被 $D_2(x)$ 除尽,并且 $D_2(x)$ 亦应能被 $D_1(x)$ 除尽,由此按可除性性质 $2°$ 有 $D_1(x) = cD_2(x)$,这就是所要证明的.

例 1 在有理数域上求多项式
$$f(x) = 2x^5 - 3x^4 - 5x^3 + x^2 + 6x + 3$$
$$g(x) = 3x^4 + 2x^3 - 3x^2 - 5x - 2$$
的最大公因式.

为避免分数系数我们预先以 3 乘 $f(x)$

$$\begin{array}{r|l}
6x^5 - 9x^4 - 15x^3 + 3x^2 + 18x + 9 & 3x^4 + 2x^3 - 3x^2 - 5x - 2 \\
6x^5 + 4x^4 - 6x^3 - 10x^2 - 4x & 2x \\
\hline
-13x^4 - 9x^3 + 13x^2 + 22x + 9 &
\end{array}$$

84

第3章 数域上的多项式

现在为避免分数系数我们把所得的差以 3 乘之. 固然,这样将影响商,但如此所确定出的余式精确到只差一个零次的因子. 所以,我们继续计算下去

$$\begin{array}{r|l} -39x^4-27x^3+39x^2+66x+27 & 3x^4+2x^3-3x^2-5x-2 \\ -39x^4-26x^3+39x^2+65x+26 & -13 \\ \hline -x^3+x+1 & \end{array}$$

如此,我们找到以 $g(x)$ 除 $f(x)$ 的余式

$$r_1(x) = x^3 - x - 1$$

至多只差一零次的因子.

现在以 $r_1(x)$ 来除 $g(x)$. 读者不难证实 $g(x)$ 能被 $r_1(x)$ 除尽. 所以

$$x^3 - x - 1$$

就是多项式 $f(x)$ 与 $g(x)$ 的最大公因式.

读者还要注意下面的重要情形:在某一个已知域上的多项式,有时为了需要,可以看作一个扩域上的多项式. 例如,具有有理系数的多项式 $x^3 + \frac{1}{3}x^2 - \frac{2}{5}x - 1$ 就可以看作实数域上的多项式. 重要的是:两个已知多项式的最大公因式不随它们以 P 为基域或以 P 的扩域 P' 为基域而引起变化. 事实上,辗转相除法无非是累次施用带有余式的除法定则而得来的,在这种除法中所得的商和余式仅由已知多项式的系数而确定,所以这些多项式的系数和已知多项式的系数一样,都同属于域 P.

如此,在刚才所研究的例子中我们求得多项式

$$f(x) = 2x^5 - 3x^4 - 5x^3 + x^2 + 6x + 3$$
$$g(x) = 3x^4 + 2x^3 - 3x^2 - 5x - 2$$

在有理数域上最大公因式等于 $x^3 - x - 1$，但这些多项式在实数域上也仍有 $x^3 - x - 1$ 为最大公因式.

由辗转相除法可得到一系列的推论. 我们来指出其中比较重要的.

定理 3.2 如果 $D(x)$ 是 $P[x]$ 中多项式 $f(x)$ 与 $g(x)$ 的最大公因式，则在此集合 $P[x]$ 中可选出这样一对多项式 $u(x)$ 和 $v(x)$，使得

$$f(x)u(x) + g(x)v(x) = D(x)$$

证明 我们取 (1) 中倒数第二式并且把 $r_{k-1}(x)q_k(x)$ 移到左边去. 于是，注意 $r_k(x) = D(x)$，我们得

$$r_{k-2}(x) - r_{k-1}(x)q_k(x) = D(x)$$

然后由等式

$$r_{k-3}(x) = r_{k-2}(x)q_{k-1}(x) + r_{k-1}(x)$$

定出 $r_{k-1}(x)$，有

$$r_{k-1}(x) = r_{k-3}(x) - r_{k-2}(x)q_{k-1}(x)$$

并且把 $r_{k-1}(x)$ 的值代入 $r_{k-2}(x) - r_{k-1}(x)q_k(x) = D(x)$. 如此得到

$$r_{k-2}(x)(1 + q_k(x)q_{k-1}(x)) - r_{k-3}(x)q_k(x) = D(x)$$

或

$$r_{k-2}(x)u_1(x) + r_{k-3}(x)v_1(x) = D(x)$$

这里

$$u_1(x) = 1 + q_k(x)q_{k-1}(x), v_1(x) = -q_k(x)$$

再，由等式

第 3 章　数域上的多项式

$$r_{k-4}(x) = r_{k-3}(x)q_{k-2}(x) + r_{k-2}(x)$$

定出 $r_{k-2}(x)$ 并带入 $r_{k-2}(x)u_1(x) + r_{k-3}(x)v_1(x) = D(x)$. 如此得到

$$r_{k-3}(x)u_2(x) + r_{k-4}(x)v_2(x) = D(x)$$

如此进行下去，最终得到等式

$$f(x)u_{k-2}(x) + g(x)v_{k-2}(x) = D(x)$$

这就得到了定理中的等式，其中 $u(x) = u_{k-2}(x)$ 而 $v(x) = v_{k-2}(x)$.

在特例，当 $f(x)$ 与 $g(x)$ 互不通约时，等式 $f(x)u(x) + g(x)v(x) = D(x)$ 取

$$f(x)u(x) + g(x)v(x) = c \quad (c \neq 0)$$

这个形式. 我们可以令 $c = 1$，因为这个式子两边可以 c 除之而把

$$\frac{u(x)}{c} \text{ 与 } \frac{v(x)}{c}$$

各看作是 $u(x)$ 与 $v(x)$.

例 2　对有理数域上的多项式

$$f(x) = 2x^5 - 3x^4 - 5x^3 + x^2 + 6x + 3$$
$$g(x) = 3x^4 + 2x^3 - 3x^2 - 5x - 2$$

可选取此域上的这样一对多项式 $u(x)$ 与 $v(x)$，使

$$f(x)u(x) + g(x)v(x) = D(x)$$

这里具有重要意义的不只是余式，累次除法过程中所得的商亦是重要的，所以对每次的约去一数或乘上一数都要顾及. 现在所给这两个多项式 $f(x)$ 与 $g(x)$ 我们在例1中已经处理过. 顾及 $f(x)$ 的以3乘以及多项式 $-13x^4 - 9x^3 + 13x^2 + 22x + 9$ 的以3乘，我

们可以把前例中所得相应结果简写成这些等式的形式
$$3f(x) = g(x) \cdot 2x + (-13x^4 - 9x^3 + 13x^2 + 22x + 9) \tag{2}$$

$$3(-13x^4 - 9x^3 + 13x^2 + 22x + 9)$$
$$= g(x) \cdot (-13) - r_1(x) \tag{3}$$

这里
$$r_1(x) = x^3 - x - 1$$

我们由前例知道,$r_1(x)$ 是多项式 $f(x)$ 与 $g(x)$ 的最大公因式,即 $r_1(x) = D(x)$.

把等式(2)两边同以 3 乘之,然后以等式(3)中
$$3(-13x^4 - 9x^3 + 13x^2 + 22x + 9)$$
的值代入.如此我们得到
$$9f(x) = g(x) \cdot 6x + g(x) \cdot (-13) - r_1(x)$$
或
$$9f(x) = g(x) \cdot (6x - 13) - D(x)$$
由此
$$f(x) \cdot (-9) + g(x) \cdot (6x - 13) = D(x)$$
即我们找到了
$$u(x) = -9, v(x) = 6x - 13$$

最后我们来对定理 3.2 提出一些必要的附注.首先指出,这个定理的逆是不成立的.例如,令
$$f(x) = x, g(x) = x + 1$$
那么以下等式成立
$$(x+1)x + (x-1)(x+1) = 2x^2 + x - 1$$
但 $2x^2 + x - 1$ 显然不是 $f(x)$ 与 $g(x)$ 的最大公因式.但是当等式

$$f(x)u(x)+g(x)v(x)=D(x)$$

成立,且 $D(x)$ 是 $f(x)$ 与 $g(x)$ 的一个公因式时,$D(x)$ 就一定是 $f(x)$ 与 $g(x)$ 的一个最大公因式. 这个事实的证明是简单的,请读者自己来完成.

其次,定理 3.2 中的 $u(x),v(x)$ 并不唯一. 事实上,若 $f(x)u(x)+g(x)v(x)=D(x)$,则对于 $P[x]$ 中的任意多项式 $h(x)$,有

$$f(x)[u(x)+g(x)h(x)]+$$
$$g(x)[u(x)-f(x)h(x)]$$
$$=f(x)u(x)+g(x)v(x)=D(x)$$

但我们可以证明,对于这个等式,满足 $\partial(u(x))<\partial(g(x)),\partial(v(x))<\partial(f(x))$ 的 $u(x),v(x)$ 是存在的,并且还是唯一的.

证明 设 $u(x),v(x)$ 满足

$$f(x)u(x)+g(x)v(x)=D(x) \quad (4)$$

作带余除法

$$\begin{cases} u(x)=g(x)q_1(x)+r_1(x) \\ v(x)=f(x)q_2(x)+r_2(x) \end{cases} \quad (5)$$

并且 $\partial(r_1(x))<\partial(g(x)),\partial(r_2(x))<\partial(f(x))$,将(5)代入式(4)得到

$$D(x)=f(x)(g(x)q_1(x)+r_1(x))+$$
$$g(x)(f(x)q_2(x)+r_2(x))$$

或

$$D(x)=f(x)r_1(x)+g(x)r_2(x)+$$
$$f(x)g(x)(q_1(x)+q_2(x))$$

这里必有 $q_1(x)+q_2(x)=0$,否则上面最后那个等式

的右端多项式的次数将不小于 $\partial(f(x)g(x))$,而左端 $D(x)$ 的次数小于 $\partial(f(x)g(x))$,遂生矛盾. 于是可取 $u'(x)=r_1(x)$,而 $v'(x)=r_2(x)$,并且由于除法剩余定理,$u'(x),v'(x)$ 是唯一的.

这里符号 $\partial(u(x))$ 表示多项式 $u(x)$ 的次数.

§4 贝祖定理·韦达公式

现在我们来研究一个代数中常常遇见的问题——以线性二项式 $x-a$ 来除 $P[x]$ 中多项式 $f(x)$ 的问题,这里 a 与 $f(x)$ 的系数同属于域 P.

既然二项式 $x-a$ 的最高次项系数等于 1,则按除法剩余定理(定理 2.1)我们能写出

$$f(x)=(x-a)q(x)+r \qquad (1)$$

显然,剩余 r 应该是域 P 中的一个元素,因为如果 $r\neq 0$,则 r 的次数应该低于 $x-a$ 的次数.

等式(1)在 x 的任何数值之下都能成立. 我们取 x 的值等于 a,于是

$$f(a)=(a-a)q(a)+r$$

或,既然 $a-a=0$,则

$$f(a)=r$$

由这个等式就得出所谓的贝祖①定理如下:

定理 4.1 域 P 上的一个多项式 $f(x)$ 以同域上

---

① 贝祖(Bezout,Etienne,1730—1783),法国数学家.

第3章 数域上的多项式

的线性二项式 $x-a$ 来除,所得的剩余就等于该多项式在 $x=a$ 时的值.

利用这个定理就可以不必施行以 $x-a$ 来除多项式 $f(x)$ 而能找到剩余.

例 不施行除法,试找出有理数域上的多项式
$$f(x)=3x^4-x^3-2x^2-x+1$$
以 $x+2$ 来除时的剩余.

这里 $x+2=x-(-2)$,即 $a=-2$.如此,按定理 4.1 得下面这个剩余
$$\begin{aligned}r=f(-2)&=3\times(-2)^4-(-2)^3-\\&\quad 2\times(-2)^2-(-2)+1\\&=48+8-8+2+1=51\end{aligned}$$

我们来考虑 $f(x)$ 能被 $x-a$ 除尽的情形,这种情形与多项式的根有密切联系.

定理4.2 要使域 P 中的元素 a 成为多项式 $f(x)$ 的根,其充分且必要的条件是要使 $f(x)$ 能被 $x-a$ 除尽.

证明 如果 $f(x)$ 能被 $x-a$ 除尽,则按可除性定义式
$$f(x)=(x-a)q(x)$$
应该成立.设 $x=a$,我们由这个等式得到 $f(a)=0$,即 a 是多项式 $f(x)$ 的根.

反之,设 a 是多项式 $f(x)$ 的根,于是按贝祖定理,以 $x-a$ 除 $f(x)$ 时的剩余 r 应等于 $f(a)=0$,即 $f(x)$ 能被 $x-a$ 除尽.

转而讨论另一个问题.设在集合 $P[x]$ 中给出首

项系数为 1 的 n 次多项式

$$f(x) = x^n + a_1 x^{n-1} + \cdots + a_n \quad (a_0 \neq 0) \quad (2)$$

且设 $\alpha_1, \alpha_2, \cdots, \alpha_n$ 为其根. 现在将 α_1 添加到系数域 P 上去得到扩域 $P(\alpha_1)$[①],按定理 4.2,可写

$$f(x) = (x - \alpha_1) q_1(x)$$

这里 $q_1(x)$ 是域 $P(\alpha_1)$ 上的多项式,并且次数等于 $n-1$.

第二个根 α_2 显然亦是 $q_1(x)$ 的根,将其添入 $P(\alpha_1)$ 后,可得进一步的分解式

$$f(x) = (x - \alpha_1)(x - \alpha_2) q_2(x)$$

这里 $q_2(x)$ 是域 $P(\alpha_1, \alpha_2)$ 上的多项式,并且次数等于 $n-2$.

继续这个过程,最终我们得出 $f(x)$ 在 $P(\alpha_1, \alpha_2, \cdots, \alpha_n)$ 中可分解为线性因式的乘积

$$f(x) = (x - \alpha_1)(x - \alpha_2) \cdots (x - \alpha_n)$$

展开右边的括号,而后合并同类项,得到

$$\begin{aligned} f(x) = & x^n + [-(\alpha_1 + \alpha_2 + \cdots + \alpha_n)] x^{n-1} + \\ & (\alpha_1 \alpha_2 + \alpha_1 \alpha_3 + \cdots + \alpha_1 \alpha_n + \\ & \alpha_2 \alpha_3 + \cdots + \alpha_{n-1} \alpha_n) x^{n-2} + \cdots + \\ & (-1)^n (\alpha_1 \alpha_2 \cdots \alpha_{n-1} + \\ & \alpha_1 \alpha_2 \cdots \alpha_{n-2} \alpha_n + \cdots + \\ & \alpha_2 \alpha_3 \cdots \alpha_n) x + (-1)^n \alpha_1 \alpha_2 \cdots \alpha_n \end{aligned}$$

比较上式的系数和式(2)的系数,我们得出下面这些

[①] 关于扩域的概念见下一节.

第 3 章 数域上的多项式

等式,叫作韦达公式①,它把多项式的系数经由它的根来表示出来

$$a_1 = -(\alpha_1 + \alpha_2 + \cdots + \alpha_n)$$
$$a_2 = \alpha_1\alpha_2 + \alpha_1\alpha_3 + \cdots + \alpha_1\alpha_n + \alpha_2\alpha_3 + \cdots + \alpha_{n-1}\alpha_n$$
$$a_3 = -(\alpha_1\alpha_2\alpha_3 + \alpha_1\alpha_2\alpha_4 + \cdots + \alpha_{n-2}\alpha_{n-1}\alpha_n)$$
$$\vdots$$
$$a_{n-1} = (-1)^n(\alpha_1\alpha_2\cdots\alpha_{n-1} + \alpha_1\alpha_2\cdots\alpha_{n-2}\alpha_n + \cdots + \alpha_2\alpha_3\cdots\alpha_n)$$
$$a_n = (-1)^n \alpha_1\alpha_2\cdots\alpha_n$$

这样一来,第 $k(k=1,2,\cdots,n)$ 个等式的右边,是所有可能的 k 个根的乘积的和,取加号或减号随着 k 是一个偶数或奇数来决定.

已经给出多项式的根时,用韦达公式很容易写出这一个多项式.例如求一个有单根 $5, -2$ 和二重根 3 的四次多项式 $f(x)$.我们有

$$a_1 = -(5 - 2 + 3 + 3) = -9$$
$$a_2 = 5 \times (-2) + 5 \times 3 + 5 \times 3 + (-2) \times 3 + (-2) \times 3 + 3 \times 3 = 17$$
$$a_3 = -(5 \times (-2) \times 3 + 5 \times (-2) \times 3 + 5 \times 3 \times 3 + (-2) \times 3 \times 3) = 33$$
$$a_4 = (-1)^4 \times 5 \times (-2) \times 3 \times 3 = -90$$

故

$$f(x) = x^4 - 9x^3 + 17x^2 + 33x - 90$$

---

① 韦达只是就五次以及五次以下的方程式指出这些等式.韦达公式的一般形式是荷兰数学家吉拉德在《代数新发现》(1629年)一书中给出的.

如果多项式 $f(x)$ 的首项系数 a_0 不为 1，那么应用韦达公式时要首先用 a_0 来除所有的系数，这并不变更多项式的根. 这样一来，在这一情形下韦达公式给出了所有系数对首项系数的比值 $\dfrac{a_i}{a_0}$ 的表达式.

我们应该指出，在韦达公式中，无论把根的下标怎样交换，这些公式都是保持不变的. 例如在韦达公式的第一个公式中，以 α_1 代 α_2，α_2 代 α_1，就是说，令 α_1 与 α_2 相互交换位置，则得
$$a_1 = -(\alpha_2 + \alpha_1 + \cdots + \alpha_n)$$
经过这样的代换显然不变. 事实上，韦达公式所具有的这个性质是可以预料的，因为最初用 α_1 代表什么根，α_2 又代表什么根，……，是完全没有区别的.

§5 数域的代数扩张

我们知道，有理数域 **Q** 是数域中最小的一个，$\mathbf{Q}(\sqrt{2})$，$\mathbf{Q}(\sqrt{5})$ 等数域都比有理数域 **Q** 大，称为 **Q** 的扩域，而称 **Q** 是它们的子域.

一般来说，如果某数域 Δ 被包含在另一数域 Ω 中，则我们把 Δ 叫作数域 Ω 的子域，而 Ω 叫作 Δ 的扩域. 我们将常常用 $\Delta \subseteq \Omega$ 这个符号表示 Δ 是 Ω 的子域(而 Ω 是 Δ 的扩张).

在域的各种扩张中，与方程式根式解问题密切联系着的是代数扩张这一个很重要的情形. 首先我们来

第3章 数域上的多项式

引入代数数的概念.

设域 Ω 是数域 P 的扩域,而 α 是 Ω 的某一元素,则 α 对 P 而言显然只有两种可能性:或者 α 是系数属于域 P 的某 n 次代数方程式

$$a_0 x^n + a_1 x^{n-1} + \cdots + a_n = 0$$

的根,或者 α 不能是任何系数属于域 P 的任意次的代数方程式的根.

在第一种情形,α 称为对域 P 而言的代数数,而在第二种情形则称为对域 P 而言的超越数.

域 P 的每一个元素 a 都是关于域 P 的代数数,因为 a 可看作一次二项式 $x-a$ 的根.但是除去域 P 的元素,Ω 中可能有另外的代数数而不含于 P 内,例如容易验证 $\mathbf{Q}(\sqrt{2})$ 中的 $\sqrt{2}$ 就是一个关于有理数域的代数数,但它并不含在有理数域内.

今在扩域 Ω 中任取代数数 α(关于 P 的)而讨论 α 在域 P 上的有理分式.我们以 $P(\alpha)$ 表示

$$\frac{f(\alpha)}{g(\alpha)} = \frac{c_0 + c_1 \alpha + \cdots + c_k \alpha^k}{d_0 + d_1 \alpha + \cdots + d_s \alpha^s} \quad (g(\alpha) \neq 0)$$

这个形式的元素的集合,这里 k 和 s 是任意的非负整数,$c_0, c_1, \cdots, c_k; d_0, d_1, \cdots, d_s$ 是域 P 中任意的元素.容易证明,这个集合 $P(\alpha)$ 对四种算术运算——加法、减法、乘法、除法(分母不为 0)——是封闭的,因而是一个域.我们称域 $P(\alpha)$ 为 P 的简单(代数)扩域.在此由域 P 过渡到域 $P(\alpha)$ 的过程叫作添加元素 α 到 P 上去.

设 α 是域 P 的代数数,于是存在系数在 P 中且以它为根的多项式.一般地说,这样的多项式有无限多个. 其中首项系数为 1 且次数最低者称为 α 在 P 上的极小多项式. 容易明白, 这样的多项式是唯一的并且在域 P 上不可约①(在 P 的某个扩域中它可能是可约的). 引入极小多项式后, 我们可以证明下面的定理:

定理 5.1 (简单代数扩域结构定理) 设 α 为域 P 的代数数, 并且 α 在 P 上的极小多项式为 $p(x)$, 则 $P(\alpha)$ 的任一元素 β 都能唯一地表示成 α 的多项式的形式

$$\beta = a_0 + a_1\alpha + \cdots + a_{n-1}\alpha^{n-1}$$

其次数不高于 $n-1$, 这里 n 是多项式 $p(x)$ 的次数, 并且 $P(\alpha)$ 是 P 的有限扩张而次数 $(P(\alpha):P)=n$②.

证明 按定义 $P(\alpha)$ 的任何元素 β 应该有

$$\frac{f(\alpha)}{g(\alpha)} = \frac{c_0 + c_1\alpha + \cdots + c_k\alpha^k}{d_0 + d_1\alpha + \cdots + d_s\alpha^s} \quad (g(\alpha) \neq 0) \quad (3)$$

这个形式, 其中 k,s 是任意的非负整数, 而 $c_0, c_1, \cdots, c_k; d_0, d_1, \cdots, d_s$ 是域 P 中的数. 我们首先来证明, $f(\alpha)$ 可以变为下面的形式

$$f(\alpha) = a_0 + a_1\alpha + \cdots + a_{n-1}\alpha^{n-1}$$

它对 α 而言次数小于多项式 $p(x)$ 的次数 n.

设 α 在 P 中的极小多项式为 $p(x) = p_0 + p_1 x + \cdots + p_n x^n (p_n \neq 0)$. 其次, 我们以 $q(x)$ 与 $r(x) = a_0 + a_1 x + \cdots + a_{n-1}x^{n-1}$ 各表示以 $p(x)$ 除

---

① 域 P 上的多项式 $f(x)$, 其次数 n 大于零, 若它在这域上没有次数大于零而小于 n 的因式, 那么就称它在这个域上是不可约的.

② 这个定理的部分结论涉及了有限扩张以及扩张次数的概念, 关于它详见 §6.

第 3 章 数域上的多项式

$$f(x) = c_0 + c_1 x + \cdots + c_k x^k$$

时的商及余式. 如此可以写

$$f(x) = p(x)q(x) + r(x) \qquad (4)$$

在等式(4)中令 $x = \alpha$ 并且注意到 $p(\alpha) = 0$, 这样得到 $f(\alpha) = r(\alpha)$, 或

$$\beta = f(\alpha) = r(\alpha) = a_0 + a_1\alpha + \cdots + a_{n-1}\alpha^{n-1}$$

这就是所要的. 类似的, 分母 $g(\alpha)$ 也可以写成这样的形式.

现在来看

$$\frac{f_1(\alpha)}{g_1(\alpha)} = \frac{a_0 + a_1\alpha + \cdots + a_{n-1}\alpha^{n-1}}{b_0 + b_1\alpha + \cdots + b_{n-1}\alpha^{n-1}} \; (g_1(\alpha) \neq 0) \quad (5)$$

这个比. 我们现在来证明它可以变为 α 的有理整式. 因此我们来考虑多项式 $g_1(x) = b_0 + b_1 x + \cdots + b_{n-1}x^{n-1}$.

它不(恒)等于零: 如 $g_1(x) = 0$, 则 $b_0 = b_1 = \cdots = b_{n-1} = 0$, 因此将有

$$g(\alpha) = g_1(\alpha) = b_0 + b_1\alpha + \cdots + b_{n-1}\alpha^{n-1} = 0$$

这与 $g(\alpha) \neq 0$ 这条件相冲突.

显然, $g_1(x)$ 不能被 $p(x)$ 除尽, 因为 $g_1(x)$ 的次数低于 $p(x)$ 的次数. 由 $p(x)$ 的不可约性推知多项式 $g_1(x)$ 与 $p(x)$ 互素. 但在这样的情形我们有

$$g_1(x)\varphi(x) + p(x)\psi(x) = 1 \qquad (6)$$

这里 $\varphi(x)$ 与 $\psi(x)$ 是系数属于域 P 的多项式. 在等式(6)中令 $x = \alpha$ 并且注意到 $p(\alpha) = 0$, 我们得

$$g_1(\alpha)\varphi(\alpha) = 1 \qquad (7)$$

现在利用等式(7)我们可以像下面这样的方式来变化式(5). 我们用 $\varphi(\alpha)$ 乘以式(5)的分子与分母. 根

据等式(7)我们得到
$$\frac{f_1(\alpha)}{g_1(\alpha)}=\frac{f_1(\alpha)\varphi(\alpha)}{g_1(\alpha)\varphi(\alpha)}=\frac{f_1(\alpha)\varphi(\alpha)}{1}=f_1(\alpha)\varphi(\alpha)$$
但 $f_1(\alpha)\varphi(\alpha)$ 是 α 的一个多项式
$$f_1(\alpha)\varphi(\alpha)=h_0+h_1\alpha+\cdots+h_t\alpha^t$$
所以
$$\frac{f(\alpha)}{g(\alpha)}=\frac{f_1(\alpha)}{g_1(\alpha)}=h_0+h_1\alpha+\cdots+h_t\alpha^t$$
对这个多项式做类似前面对 $f(\alpha)$ 的处理便得定理的第一部分.

进一步来证明元素 β 的这种表出式是唯一的. 事实上,如果
$$\beta=b_0+b_1\alpha+\cdots+b_{n-1}\alpha^{n-1}$$
则
$$(a_0-b_0)+(a_1-b_1)\alpha+\cdots+(a_{n-1}-b_{n-1})\alpha^{n-1}=0$$
如此,多项式 $h(x)=(a_0-b_0)+(a_1-b_1)x+\cdots+(a_{n-1}-b_{n-1})x^{n-1}$ 有 α 为其根,所以多项式 $p(x)$ 与 $h(x)$ 将不是互素的了,因为将有 $x-\alpha$ 为它们的公因子. 因此由于多项式 $p(x)$ 的不可约性,多项式 $h(x)$ 应该能被 $p(x)$ 除尽. 但这只有在 $h(x)=0$ 时可能;在相反的情形,$p(x)$ 就成了能除尽次数较低的多项式 $h(x)$ 了,这是不可能的. 因此,$h(x)=0$,由此有 $a_0-b_0=0, a_1-b_1=0,\cdots,a_{n-1}-b_{n-1}=0$,即 $a_0=b_0, a_1=b_1,\cdots,a_{n-1}=b_{n-1}$,而我们说 β 以 α 表出的式子是唯一的这话就证明了.

最后来证明 $(P(\alpha):P)=n$. 事实上,$1,\alpha,\alpha^2,\cdots,\alpha^{n-1}$ 形成一个线性无关组. 如其不然,设下式成立

第3章 数域上的多项式

$$c_0 + c_1\alpha + c_2\alpha^2 + \cdots + c_{n-1}\alpha^{n-1} = 0$$

（其中 c_i 是 P 中的元素，并且不同时等于 0），则 α 将是次数低于 n 而系数属于 P 的方程式的根，但这是不可能的，因为 $p(x)$ 是不可约的。然后，我们知道，代数扩张 $P(\alpha)$ 的任何元素 β 都能以 α 表出如下

$$\beta = a_0 + a_1\alpha + \cdots + a_{n-1}\alpha^{n-1} \quad (a_i \text{ 是 } P \text{ 中的数})$$

由此可见，$P(\alpha)$ 是 P 的有限扩张，其基底为 $1, \alpha, \alpha^2, \cdots, \alpha^{n-1}$。显然，次数$(P(\alpha)：P) = n$，因为基底 $1, \alpha, \alpha^2, \cdots, \alpha^{n-1}$ 由 n 个元素所组成。

直到现在我们只添加了一个代数数到域 P 上去。现在我们取域 P 的若干个代数数 $\alpha_1, \alpha_2, \cdots, \alpha_n$。先添加 α_1 这一元素到 P 上去。如此得到一个简单的扩张 $P(\alpha_1)$，然后再添加 α_2 到 $P(\alpha_1)$ 上去。如此得到一个更进一步的扩域，我们以 $P(\alpha_1, \alpha_2)$ 表之，如此，等等。这样陆续添加 $\alpha_1, \alpha_2, \cdots, \alpha_n$ 诸元素后，我们得到域 P 的扩张 $P(\alpha_1, \alpha_2, \cdots, \alpha_n)$。我们将称 $P(\alpha_1, \alpha_2, \cdots, \alpha_n)$ 为添加 $\alpha_1, \alpha_2, \cdots, \alpha_n$ 诸元素到 P 上去所得的扩张。

现在证明下面的定理。

定理 5.2 域 $P(\alpha_1, \alpha_2, \cdots, \alpha_n)$ 是所有包含 P 与 $\alpha_1, \alpha_2, \cdots, \alpha_n$ 的域中之最小者，即 $P(\alpha_1, \alpha_2, \cdots, \alpha_n)$ 是所有包含域 P 及 $\alpha_1, \alpha_2, \cdots, \alpha_n$ 的域 Δ 的交集。

证明 既然每个所说的这种 Δ 对四种运算（当然要除去以零为除数这个例外）是封闭的，则 Δ 连同 α_1 与 P 应该包含所有像

$$\frac{f(\alpha_1)}{g(\alpha_1)} = \frac{a_0 + a_1\alpha_1 + \cdots + a_k\alpha_1^k}{b_0 + b_1\alpha_1 + \cdots + b_h\alpha_1^h} \quad (g(\alpha_1) \neq 0)$$

这种形式的可能的元素. 这就是说, $P(\alpha_1)$ 被包含在每个域 Δ 中. 但如果 $P(\alpha_1)$ 被包含在 Δ 中, 则由此推知 $P(\alpha_1,\alpha_2)$ 亦被包含在 Δ 中. 事实上, 因为 Δ 对四种运算是封闭的, 域 Δ 应该连同 $P(\alpha_1)$ 与 α_2 亦包含在所有像

$$\frac{a_0(\alpha_1)+a_1(\alpha_1)\alpha_2+\cdots+a_k(\alpha_1)\alpha_2^k}{b_0(\alpha_1)+b_1(\alpha_1)\alpha_2+\cdots+b_h(\alpha_1)\alpha_2^h}$$

这种形式的可能的元素, 这里 $a_i(\alpha_1), b_j(\alpha_1)$ 是 $P(\alpha_1)$ 中的元素并且分母异于零. 换句话说, Δ 应该包含 $P(\alpha_1,\alpha_2)$, 等等. 这样推论下去, 我们最终可证明 Δ 包含 $P(\alpha_1,\alpha_2,\cdots,\alpha_n)$.

现在我们以 Σ 表示所有包含 P 与 $\alpha_1,\alpha_2,\cdots,\alpha_n$ 的域 Δ 的交集. 既然 $P(\alpha_1,\alpha_2,\cdots,\alpha_n)$ 被包含在所有 Δ 中, 则

$$P(\alpha_1,\alpha_2,\cdots,\alpha_n) \subseteq \Sigma \qquad (9)$$

由另一方面来说, $P(\alpha_1,\alpha_2,\cdots,\alpha_n)$ 既然包含 P 与 $\alpha_1, \alpha_2,\cdots,\alpha_n$, 所以是包含 P 与 $\alpha_1,\alpha_2,\cdots,\alpha_n$ 的域 Δ 之一. 因此

$$\Sigma \subseteq P(\alpha_1,\alpha_2,\cdots,\alpha_n) \qquad (10)$$

此较(9)与(10)这两个关系, 我们可见 $P(\alpha_1,\alpha_2,\cdots,\alpha_n)=\Sigma$.

由所证明的这个定理立刻推知, 扩张 $P(\alpha_1,\alpha_2,\cdots,\alpha_n)$ 与添加 $\alpha_1,\alpha_2,\cdots,\alpha_n$ 诸元素到域 P 上的次序无关

$$P(\alpha_1,\alpha_2,\cdots,\alpha_n)=P(\alpha_{i_1},\alpha_{i_2},\cdots,\alpha_{i_n})$$

这是因为 $P(\alpha_1,\alpha_2,\cdots,\alpha_n)$ 是所有包含 P 与 $\alpha_1, \alpha_2,\cdots,\alpha_n$ 的域的交集. 因此 $P(\alpha_1,\alpha_2,\cdots,\alpha_n)$ 只与域 P

及所添加的这组元素 $\alpha_1, \alpha_2, \cdots, \alpha_n$ 有关,而与这组元素的添加次序无关.

然后容易明白,$P(\alpha_1, \alpha_2, \cdots, \alpha_n)$ 无非就是像

$$\frac{A_1 \alpha_1^{k_1^{(1)}} \alpha_2^{k_2^{(1)}} \cdots \alpha_n^{k_n^{(1)}} + \cdots + A_p \alpha_1^{k_1^{(p)}} \alpha_2^{k_2^{(p)}} \cdots \alpha_n^{k_n^{(p)}}}{B_1 \alpha_1^{h_1^{(1)}} \alpha_2^{h_2^{(1)}} \cdots \alpha_n^{h_n^{(1)}} + \cdots + B_p \alpha_1^{h_1^{(q)}} \alpha_2^{h_2^{(q)}} \cdots \alpha_n^{h_n^{(q)}}} \quad (11)$$

这种形式元素的域,这里 A_i, B_j 是域 P 中的元素,而 $k_i^{(\nu)}$ 与 $h_j^{(\mu)}$ 是非负整数.

事实上,由于 $P(\alpha_1, \alpha_2, \cdots, \alpha_n)$ 对四种算术运算的封闭性,域 $P(\alpha_1, \alpha_2, \cdots, \alpha_n)$ 将不但包含 P 与 $\alpha_1, \alpha_2, \cdots, \alpha_n$,同时亦包含由 $\alpha_1, \alpha_2, \cdots, \alpha_n$ 诸元素及 P 中的元素以四种算术运算的某种组合求得的所有可能的元素.换言之,$P(\alpha_1, \alpha_2, \cdots, \alpha_n)$ 应包含像式(11)那样的所有可能的元素.但像式(11)那样的元素的总体构成一个域.所以,由于它是最小的,像式(11)那样的元素应该包含了 $P(\alpha_1, \alpha_2, \cdots, \alpha_n)$ 中的所有元素.

补充上面所说的,我们指出,如果 α_1 对 P 是代数数,α_2 对 $P(\alpha_1)$ 是代数数,如此,等等,最后,α_n 对 $P(\alpha_1, \alpha_2, \cdots, \alpha_{n-1})$ 是代数数,则 $P(\alpha_1, \alpha_2, \cdots, \alpha_{n-1})$ 将包含像

$$A_1 \alpha_1^{k_1^{(1)}} \alpha_2^{k_2^{(1)}} \cdots \alpha_n^{k_n^{(1)}} + \cdots + A_p \alpha_1^{k_1^{(p)}} \alpha_2^{k_2^{(p)}} \cdots \alpha_n^{k_n^{(p)}}$$

这样由前三种算术运算的结合所得的元素.

作为代数扩张的例子,我们来引入代数方程式的有理域和正规域这两个重要的概念.

设 $\alpha_1, \alpha_2, \cdots, \alpha_n$ 是 n 次方程式 $f(x) = a_0 x^n + a_1 x^{n-1} + \cdots + a_n = 0$ 的根,今将这个方程式的系数 $a_0, a_1, \cdots, a_n$ 添加到有理数域 $\mathbf{Q}$ 上去.如此得到扩域

$\mathbf{Q}(a_0, a_1, \cdots, a_n)$,叫作方程式 $f(x)=0$ 的有理域并为简单起见以 Δ 表之. 例如,若方程式有有理系数,那么它的有理域 Δ 即是有理数域. 若方程式是 $x^2 + \sqrt{2}x + 1 = 0$,那么它的有理域是 $\Delta = \mathbf{Q}(\sqrt{2})$.

再,我们把 $\alpha_1, \alpha_2, \cdots, \alpha_n$ 诸根添加到 Δ 上去. 在此得到的域 Δ 的扩张 $\Delta(\alpha_1, \alpha_2, \cdots, \alpha_n)$ 叫作方程式 $f(x)=0$ 的正规域或伽罗瓦域. 正规域 $\Delta(\alpha_1, \alpha_2, \cdots, \alpha_n)$ 以后常常以 Ω 表之. 例如,方程式 $x^2 + 1 = 0$ 的正规域 $\Omega = \mathbf{Q}(\sqrt{-1})$;而方程式 $x^2 + \sqrt{2}x + 1 = 0$ 的正规域 $\Omega = \mathbf{Q}(\sqrt{2}, \sqrt{-1})$.

容易明白,有理域是包含方程式 $f(x)=0$ 诸系数的最小数域,而正规域是包含 $f(x)$ 诸根的最小数域.

§6 数域的有限扩张

较代数扩张更为广泛的是有限扩张这一概念. 为了引出它,我们先来介绍线性组合以及线性相关的概念.

设 Δ 与 Ω 是任意两个数域,并且 Ω 是 Δ 的扩张. 而 $\omega, \omega_1, \omega_2, \cdots, \omega_k$ 是 Ω 中的任意 $k+1$ 个元素,如果在 Δ 中有这样的数 $a_1, a_2, \cdots, a_k$ 存在,至少有一个不等于零,使得下面的等式能够成立

$$\omega = a_1\omega_1 + a_2\omega_2 + \cdots + a_k\omega_k$$

则称 ω 为元素组 $\omega_1, \omega_2, \cdots, \omega_k$ 在 Δ 上的线性组合.

Ω 中的 k 个数

第 3 章　数域上的多项式

$$\omega_1, \omega_2, \cdots, \omega_k \qquad (1)$$

叫作关于 Δ 线性相关，如果这些数中，至少有一个是数组 (1) 中其余数在 Δ 上的线性组合；否则叫作关于 Δ 线性无关．

我们指出这一个重要定义的另一形式：数组 (1) 关于 Δ 线性相关，如果能在 Δ 中选出这样的不全等于零的数 $a_1, a_2, \cdots, a_k$，使得

$$a_1\omega_1 + a_2\omega_2 + \cdots + a_k\omega_k = 0 \qquad (2)$$

不难证明这两个定义是等价的．例如，设数组 (1) 中 ω_k 为其余元素的线性组合

$$\omega_k = a_1\omega_1 + a_2\omega_2 + \cdots + a_{k-1}\omega_{k-1}$$

就推得等式

$$a_1\omega_1 + a_2\omega_2 + \cdots + a_{k-1}\omega_{k-1} - \omega_k = 0$$

这就是式 (2) 形的等式，并且最后一个系数 $-1 \neq 0$．反过来设数组 (1) 有关系式 (2)，而且在它里面例如 $a_k \neq 0$．那么

$$\omega_k = \left(-\frac{a_1}{a_k}\right)\omega_1 + \left(-\frac{a_2}{a_k}\right)\omega_2 + \cdots + \left(-\frac{a_{k-1}}{a_k}\right)\omega_{k-1}$$

这就是数 ω_k 为 $\omega_1, \omega_2, \cdots, \omega_{k-1}$ 的线性组合．

所说的第二个线性相关的定义可以用到 $k=1$ 的情形，也就是对于这样的组，只含有一个数 ω：这一组当且仅当 $\omega=0$ 时才是线性相关的．因为如果 $\omega=0$，那么例如 $a=1$ 时就得出 $a\omega=0$．反过来，如果 $a\omega=0$ 而 $a \neq 0$，那么必定有 $\omega=0$．

线性相关的一个性质作为引理表述如下：

引理　设排成某一序列的数组 $\omega_1, \omega_2, \cdots, \omega_m$ 没

有一个为零且线性相关,则其中至少有一个数可经它前面的诸数线性表出. 反之,如果这一序列中有一个数可经它前面的诸数线性表出,则此数组线性相关.

证明 设数组 $\omega_1, \omega_2, \cdots, \omega_k$ 有关系式(2)存在. 以 a_j 表示其最后不为零的系数. 若 $j=1$,则式(2)变为 $a_1\omega_1=0(a_1\neq 0)$,因此 $\omega_1=0$ 与假设 $\omega_1\neq 0$ 矛盾. 故 $1<j\leqslant k$,而式(2)可写为

$$a_1\omega_1+a_2\omega_2+\cdots+a_j\omega_j=0(a_j\neq 0)$$

即得

$$\omega_j=(-\frac{a_1}{a_j})\omega_1+(-\frac{a_2}{a_j})\omega_2+\cdots+(-\frac{a_{j-1}}{a_j})\omega_{j-1}$$

结论的第一部分已经证明. 至于其第二部分显然可直接从上面的等式得出.

有限扩张这个概念我们现在下其定义如下:

定义 6.1 如果在域 Δ 的扩域 Ω 中存在着这样一组元素 $\omega_1, \omega_2, \cdots, \omega_s$,使 Ω 中任一元素 α 都是 $\omega_1, \omega_2, \cdots, \omega_s$ 的线性组合

$$\alpha=a_1\omega_1+a_2\omega_2+\cdots+a_s\omega_s$$

其中 a_i 是 Δ 的元素 —— 则我们称 Ω(这个 Δ 的扩张)对 Δ 而言是有限的.

元素 $\omega_1, \omega_2, \cdots, \omega_s$ 的全体叫作有限扩张 Ω 的基底并用记号 $(\omega_1, \omega_2, \cdots, \omega_s)$ 表示. 假若这个基底的元素线性无关(关于域 Δ),我们就说这个基底是线性无关的.

显然,由有限扩张 Ω 的每一个基底 $(\omega_1, \omega_2, \cdots, \omega_s)$ 都可以做出一个线性无关的基底. 为了这个目的,只

第 3 章 数域上的多项式

需在 $(\omega_1, \omega_2, \cdots, \omega_s)$ 内除去所有可由其余元素线性表出的元素就行了.

线性无关基底的元素的个数叫作 Ω 关于 Δ 的扩张次数,并且将以 $(\Omega : \Delta)$ 表之.

我们指出下面这些关于有限扩张的基本性质.

$1°$ 次数 $(\Omega : \Delta)$ 不随基底的选择而变化.

设 $(\omega_1, \omega_2, \cdots, \omega_s)$ 是 Δ 的扩域 Ω 的一个线性无关的基底,我们来证明其他任一线性无关的基底 $(u_1, u_2, \cdots, u_t, \cdots)$ 中所含的元素个数不能超过 s. 试考查数组

$$u_1, \omega_1, \omega_2, \cdots, \omega_s \qquad (3)$$

既然 $(\omega_1, \omega_2, \cdots, \omega_s)$ 是 Ω 的基底,则 u_1 能以 $\omega_1, \omega_2, \cdots, \omega_s$ 线性表出. 故 (3) 中诸数线性相关. 由引理,在序列 (3) 中至少有一个数 ω_i 可以经过其前面的诸数线性表出

$$\omega_i = a_0 u_1 + a_1 \omega_1 + a_2 \omega_2 + \cdots + a_{i-1} \omega_{i-1} \qquad (4)$$

在 (3) 中除去 ω_i,得一新序列

$$u_1, \omega'_1, \omega'_2, \cdots, \omega'_{s-1} \qquad (5)$$

其中 $\omega'_1, \omega'_2, \cdots, \omega'_{s-1}$ 为 $\omega_1, \omega_2, \cdots, \omega_s$ 中除去 ω_i 后的所余诸数.

任一数关于 $\omega_1, \omega_2, \cdots, \omega_s$ 的线性表示式中的 ω_i 可用等式 (4) 代入,换句话说,组 (5) 亦是 Ω 的基底.

现在再来看数组

$$u_2, u_1, \omega'_1, \omega'_2, \cdots, \omega'_{s-1} \qquad (6)$$

因为 u_2 可经其余诸向量线性表出,它们是线性相关的. 由引理,其中至少有一个向量可经其前面的数线性

表出.因为 u_2 与 u_1 线性无关,故此数必在 $\omega'_1, \omega'_2, \cdots, \omega'_{s-1}$ 中.在(6)内除去这个数后,又得一新序列

$$u_2, u_1, \omega''_1, \omega''_2, \cdots, \omega''_{s-2} \qquad (7)$$

其中 $\omega''_1, \omega''_2, \cdots, \omega''_{s-2}$ 为 $\omega'_1, \omega'_2, \cdots, \omega'_{s-1}$ 中除去此数后的其余 $s-2$ 个数.

因为(6)是 Ω 的基底.与前面做同样的讨论知(7)亦为 Ω 的基底.在(8)的前面添加一个 u_3 继续进行如上讨论.如果 u_i 的个数大于 s,则进行 s 次后,可得一序列

$$u_s, u_{s-1}, \cdots, u_2, u_1 \qquad (8)$$

其中不含 $\omega_1, \omega_2, \cdots, \omega_s$ 且为 Ω 的基底.即 Ω 中每一数均可经(8)线性表出,特别的 u_{s+1} 可经(8)线性表出,这与 $u_1, u_2, \cdots, u_t, \cdots$ 线性无关矛盾.故基底 $(u_1, u_2, \cdots, u_t, \cdots)$ 中所含的元素个数不能多于 $(u_1, u_2, \cdots, u_s)$ 的元素个数,可见 Ω 的任一基底中所含的元素个数均为有限.但 $(u_1, u_2, \cdots, u_s)$ 为 Ω 中的任一有限基底.由前面的推理可知任一基底中所含的元素个数不能少于其他基底中所含元素的个数,即是说 Ω 中任一基底中所含的元素的个数是一定的.

$2°$ 如果 $(\Omega:\Delta)=s$,则有限扩张 Ω 的任一组 $s+1$ 个元素线性相关(对 Δ 而言).

$3°$ 如果 $(\Omega:\Delta)=s$,则有限扩张 Ω 的每一个元素对 Δ 而言都是代数性的,即都是一个不高于 s 次的多项式的根.

性质 $3°$ 容易由性质 $2°$ 推出.事实上,由性质 $2°$,一组 $s+1$ 个元素 $\alpha^0=1, \alpha, \alpha^2, \cdots, \alpha^s$ 应该是(对 Δ 而言)

线性相关的,即
$$c_0 + c_1\alpha + c_2\alpha^2 + \cdots + c_s\alpha^s = 0 \quad (9)$$
其中 c_i 是 Δ 的元素,并且 c_i 中至少有一元素异于零. 但等式(9)恰好表明 α 是 Δ 上不高于 s 次的多项式
$$f(x) = c_0 + c_1 x + c_2 x^2 + \cdots + c_s x^s$$
的根.

我们来举一个有限扩张的例子.

例 容易看出,复数域 **C** 是实数域 **R** 的有限扩张并且对 **R** 而言是二次的.

事实上,1 与 $i = \sqrt{-1}$ 对 **R** 而言形成一个线性无关组,因为等式 $c \cdot 1 + d \cdot i = 0$ —— 其中 c 与 d 是实数 —— 只有在 $c = d = 0$ 才成立. 此外,大家知道,任何复数都能表示为 $a + bi$ 的形式,这里 a, b 是实数. 所以 1 与 i 是 **C** 的一组基底.

既然基底 1,i 由两个元素所组成,则次数 $(\mathbf{C} : \mathbf{R}) = 2$.

下述的两个定理是以后研究有限扩张的基础.

定理 6.1 如果 Ω_1 是域 Δ 的有限扩张,而 Ω_2 是 Ω_1 的有限扩张,则 Ω_2 是域 Δ 的有限扩张并且 $(\Omega_2 : \Delta) = (\Omega_2 : \Omega_1) \cdot (\Omega_1 : \Delta)$.

证明 设 $(u_1, u_2, \cdots, u_m)$ 是 Ω_1 关于 Δ 的线性无关基底,$(v_1, v_2, \cdots, v_n)$ 是 Ω_2 关于 Ω_1 的线性无关基底. 域 Ω_2 的任意一个元素 u 可由基底 $(v_1, v_2, \cdots, v_n)$ 线性表出
$$u = \sum_{i=1}^{n} s_i v_i \quad (10)$$

s_i 代表域 Ω_1 中的元素. Ω_1 既然是域 Δ 的有限扩张,所以有

$$s_i = \sum_{j=1}^{m} c_{ji} u_j$$

式中 c_{ji} 代表域 Δ 中的元素. 把 s_i 的值代入式(10)得

$$u = \sum_{i=1}^{n} \sum_{j=1}^{m} (u_j v_i) c_{ji}$$

由最后这个等式我们证明了 mn 个元素 $u_1 v_1$, $u_1 v_2, \cdots, u_m v_n$ 构成 Ω_2 关于 Δ 的一个基底,换句话说, Ω_2 是 Δ 的有限扩张. 我们还要证明有限扩张 Ω_2 的基底 $(u_1 v_1, u_1 v_2, \cdots, u_m v_n)$ 线性无关.

假若不然,设有

$$\sum_{i=1}^{n} \sum_{j=1}^{m} (u_j v_i) c_{ji} = 0$$

现在试问 c_{ji} 等于什么.

由括号中提出公因子 v_i,我们可以把最后这一个等式写成

$$\sum_{i=1}^{n} s_i v_i = 0 \qquad (11)$$

式中的 s_i 代表 Ω_1 中的元素

$$s_i = \sum_{j=1}^{m} c_{ji} u_j$$

因为元素 $v_1, v_2, \cdots, v_n$ 关于 Ω_1 线性无关,所以式(11)中的每一个 s_i 都必须等于零,即

$$\sum_{j=1}^{m} c_{ji} u_j = 0$$

但是,元素 $u_1, u_2, \cdots, u_m$ 关于 Δ 是线性无关的,所以每

一个 c_{ji} 也必须等于零,也就是说,Δ 的有限扩张 Ω_2 的基底 $(u_1v_1, u_1v_2, \cdots, u_mv_n)$ 是线性无关(关于域 Δ)的,因之

$$(\Omega_2 : \Delta) = mn = (\Omega_2 : \Omega_1) \cdot (\Omega_1 : \Delta)$$

定理 6.2 设 Ω 是域 Δ 的有限扩张,由此域 Δ 的任何一个含于 Ω 内的扩张 Σ 都是域 Δ 的有限扩张,同时次数 $(\Sigma : \Delta)$ 是次数 $(\Omega : \Delta)$ 的因子.

证明 先由域 Σ 内取出最大数的线性无关元素 $u_1, u_2, \cdots, u_m$. 这样一个元素组是必然存在的:因为 Ω 是 Δ 的有限扩张并且 Σ 是 Ω 的子域. 次设 n 代表有限扩张 Ω 关于 Δ 的次数,如此应该有 $m \leqslant n$. 我们可以证明元素 $u_1, u_2, \cdots, u_m$ 是 Σ 关于 Δ 的基底. 事实上,假若令 u 代表 Σ 的任意一个元素,由于 m 是域 Σ 的线性无关元素的最大次数,所以 $u, u_1, u_2, \cdots, u_m$ 必然线性相关

$$cu + c_1u_1 + c_2u_2 + \cdots + c_mu_m = 0$$

式中的 c 和 c_i 代表 Δ 的元素. 元素 c 不能等于零,否则 $u_1, u_2, \cdots, u_m$ 成为线性相关的. 由此元素 u 可由 $u_1, u_2, \cdots, u_m$ 线性表示,即,元素 $u_1, u_2, \cdots, u_m$ 构成 Σ 关于 Δ 的基底. 这样,我们就证明了 Σ 是域 Δ 的有限扩张.

我们还要证明 $(\Sigma : \Delta)$ 可以整除 $(\Omega : \Delta)$. 现在可以根据下述来证明这一事实. 域 Ω 显然可以看作 Σ 的有限扩张. 事实上,假若 $(v_1, v_2, \cdots, v_n)$ 是 Ω 关于 Δ 的基底,$(v_1, v_2, \cdots, v_n)$ 当然也是 Ω 关于 Σ 的基底. 我们既然证明了 Σ 是 Δ 的有限扩张,Ω 是 Σ 的有限扩张,所以应用定理 6.1 有

$$(\Omega : \Delta) = (\Omega : \Sigma) \cdot (\Sigma : \Delta)$$

这就是说，$(\Sigma:\Delta)$ 可被 $(\Omega:\Delta)$ 整除.

由定理 6.2 推知,把对 P 而言的代数数 $\theta_1,\theta_2,\cdots,\theta_n$ 添加到 P 上去,则所得到的任何扩张 $P(\theta_1,\theta_2,\cdots,\theta_n)$ 都是域 P 的有限扩张. 所以,在特例,n 次多项式 $f(x)=a_0x^n+a_1x^{n-1}+\cdots+a_n$ 的正规域 $\Omega=\Delta(\alpha_1,\alpha_2,\cdots,\alpha_n)$ ($\S 5$) 是多项式 $f(x)$ 的有理域 Δ 的有限扩张.

反过来说,我们有如下定理.

定理 6.3 设 Ω 是 Δ 的有限扩域,则 Ω 必是 Δ 的有限次添加代数元扩域: $\Omega=\Delta(\alpha_1,\alpha_2,\cdots,\alpha_n)$,其中 α_i 是 Δ 的代数数.

证明 设 $(\Omega:\Delta)=n$. 任取扩域 Ω 的一个基底 $(\alpha_1,\alpha_2,\cdots,\alpha_n)$,可以证明 $\Omega=\Delta(\alpha_1,\alpha_2,\cdots,\alpha_n)$. 事实上,因为所有 $\alpha_i\in\Omega,\Delta\subseteq\Omega$,而 Δ 是域,所以 $\Delta(\alpha_1,\alpha_2,\cdots,\alpha_n)\subseteq\Omega$. 反之,由基底的定义知,任一 $a\in\Omega$ 必可写成 $a=a_1\alpha_1+a_2\alpha_2+\cdots+a_n\alpha_n,a_i\in\Delta$,所以 $a\in\Delta(\alpha_1,\alpha_2,\cdots,\alpha_n)$,即 $\Omega\subseteq\Delta(\alpha_1,\alpha_2,\cdots,\alpha_n)$. 于是,必有 $\Omega=\Delta(\alpha_1,\alpha_2,\cdots,\alpha_n)$. 由于 $(\Omega:\Delta)=n$,按有限扩张的基本性质 $3°$,知 α_i 是 Δ 的代数数.

由以上论证可知,有限添加代数数扩域与有限扩域是一回事. 进一步,我们还可以证明,域的任一有限扩域都可以作为简单的代数扩域.

定理 6.4 域 Δ 的每一个有限扩张 Ω 都是通过添加某一个多项式的根于域 Δ 的结果,或者说 Ω 都是 Δ 简单的扩张.

证明 先考虑添加两个代数数的情形. 设 Ω 是域

第 3 章 数域上的多项式

Δ 通过添加其代数数 α 和 β 而得到的扩域: $\Omega = \Delta(\alpha, \beta)$.

次令 Δ 上的代数数 α 和 β 分别是 Δ 上的不可约多项式

$$f(x) = x^m + a_1 x^{m-1} + \cdots + a_m$$

和

$$g(x) = x^n + b_1 x^{n-1} + \cdots + b_n$$

的根. 考虑它们的乘积多项式 $f(x)g(x)$ 在 Ω 上的正规域 K, 则在 $K[x]$ 中有

$$f(x) = a_0 (x - \alpha_1)(x - \alpha_2) \cdots (x - \alpha_m)$$

而 α_i 是 K 的元素 (其中 $\alpha_1 = \alpha$);

$$g(x) = a_0 (x - \beta_1)(x - \beta_2) \cdots (x - \beta_n)$$

而 β_i 是 K 的元素 (其中 $\beta_1 = \beta$).

今在 Δ 中任意取这样一个数 d, 它不等于零且满足

$$d \neq \frac{\alpha - \alpha_i}{\beta_j - \beta} (其中\ i = 2, 3, \cdots, m; j = 2, 3, \cdots, n)$$

这样的 d 是存在的, 因为上式右边那种数最多有 $(m-1)(n-1)$ 个, 而 Δ 是无限域, 所以这种 d 必可取到. 令

$$\theta = \alpha + d\beta$$

由 d 的取法知

$$\alpha_i + d\beta_j \neq \theta$$

或

$$\theta - d\beta_j \neq \alpha_i$$

这里 $i = 2, 3, \cdots, m; j = 2, 3, \cdots, n$.

现在可以证明 $\Delta(\alpha, \beta) = \Delta(\theta)$. 首先, 由 $\theta = \alpha + d\beta$ 和 $d \in \Delta$ 知, $\Delta(\theta) \subseteq \Delta(\alpha, \beta)$. 为了证明反向包含关系

也成立,我们考虑系数在域 $\Delta(\theta)$ 中的多项式
$$h(x) = f(\theta - dx)$$
这里,$f(\theta-dx)$ 是把 $f(x)$ 中的未知量 x 替换成 $\theta - dx$ 得到的新多项式,于是有 $h(\beta)=f(\theta-d\beta)=f(\alpha)=0$. 这说明 β 是 $g(x)$ 和 $h(x)$ 的公共根. 进一步,对 $g(x)$ 的其他根 $\beta_1,\beta_2,\cdots,\beta_n$,有 $h(\beta_i)=f(\theta-d\beta_i)$,但已知 $\alpha_1,\alpha_2,\cdots,\alpha_m$ 是 $f(x)$ 的所有的根,且 $\theta-d\beta_i$ 与任一 α_i 都不等,所以 $h(\beta_i)\neq 0, 2\leqslant i\leqslant n$. 这说明了 β 是 $g(x)$ 和 $h(x)$ 的唯一公共根. $x-\beta$ 就是 $g(x)$ 和 $h(x)$ 的最大公因式. 设 $g(x)=q(x)h(x)+r(x)$,因为 $q(x)$ 和 $r(x)$ 的公共系数域是 $\Delta(\theta)$,所以 $q(x)$ 和 $r(x)$ 也是 $\Delta(\theta)$ 上的多项式,而 $g(x)$ 和 $h(x)$ 的最大公因式是用辗转相除法求得的,所以 $x-\beta$ 的系数必定属于公共的系数域 $\Delta(\theta)$, 这说明 $\beta\in\Delta(\theta)$,所以 $\alpha=\theta-d\beta\in\Delta(\theta)$,又有 $\Delta(\alpha,\beta)\subseteq\Delta(\theta)$. 于是 $\Delta(\alpha,\beta)=\Delta(\theta)=\Delta(\alpha+d\beta)$. 既然两个添加元能换成一个,则
$$\Delta(\alpha,\beta,\gamma)=\Delta(\alpha,\beta)(\gamma)=\Delta(\theta)(\gamma)=\Delta(\theta,\gamma)=\Delta(\delta)$$
更一般的,Δ 的有限扩域 Ω 必是有限添加代数元扩域 $\Omega=\Delta(\alpha_1,\alpha_2,\cdots,\alpha_n)$, 因而必是简单代数扩域 $\Omega=\Delta(\beta)$.

根据这个定理可立刻推得:任一 $f(x)\in\Delta[x]$ 在 Δ 上的正规域 Ω 必是 Δ 的单代数扩域
$$\Omega=\Delta(\alpha_1,\alpha_2,\cdots,\alpha_n)=\Delta(\beta)$$
尽管这个 β 可能很难具体找出来,但是这个结论已经令人非常满意了.

这个定理同时告诉我们一个有趣的事实:若对 α

第 3 章 数域上的多项式

和 β 能取到 $d=1$(这在很多情况下可以取到),则必有 $\Delta(\alpha,\beta)=\Delta(\alpha+\beta)$. 例如, $\mathbf{Q}(\sqrt{2},\sqrt{3})=\mathbf{Q}(\sqrt{2}+\sqrt{3})$,这只要验证一下取 $d=1$ 必能满足定理中的条件即可.

最后我们顺便证明代数数的一个有趣的性质如下:

所有代数数的集合构成一个数域.

为了证明这个性质,我们必须证明任意两个代数数的和、积、差与商同样是一个代数数.

设 α 和 β 代表任意的两个代数数. 添加 α 于有理数域,并设由此所得的代数扩张 $\mathbf{Q}(\alpha)$ 是 Σ_1. β 显然也可看作关于域 Σ_1 的代数数,添加 β 于域 Σ_1 则得到 Σ_1 的代数扩张 $\Sigma_1(\beta)$. 为了简单,用 Σ_2 代表 $\Sigma_1(\beta)$. 显然, Σ_2 同时也是域 Σ_1 的有限扩张, Σ_1 是域 $\mathbf{Q}$ 的有限扩张. 根据定理 6.2, Σ_2 也必然是 $\mathbf{Q}$ 的有限扩张,再由次数的性质 3°,域 Δ 的有限扩张 Ω 的每一个元素都是关于域 Δ 的代数数,所以 Σ_2 的元素必须是关于有理数域 $\mathbf{Q}$ 的代数数,换句话说,必须是代数数. 因为 Σ_2 是一个域,所以 $\alpha+\beta, \alpha-\beta, \alpha\beta, \dfrac{\alpha}{\beta}(\beta\neq 0)$ 不但含于 Σ_2,而且都是代数数.

对称多项式

第 4 章

§1 含多个未知量的多项式的基本概念

常常需要讨论不仅含有一个,而是含有两个、三个,一般来说,有许多个未知量的多项式.

设 P 是任意一个数域,而 $x_1, x_2, \cdots, x_n$ 是 n 个独立的未知量①,呈如下形式的式子
$$A_1 x_1^{\alpha_1} x_2^{\alpha_2} \cdots x_n^{\alpha_n} + A_2 x_1^{\beta_1} x_2^{\beta_2} \cdots x_n^{\beta_n} + \cdots + A_k x_1^{\omega_1} x_2^{\omega_2} \cdots x_n^{\omega_n} \tag{1}$$

---

① 无论整数 $k, \alpha, \beta, \cdots, \omega$ 是什么,假若式(1)仅限于所有的系数 $A_1, A_2, \cdots, A_k$ 都等于零的时候等于零,我们就把 $x_1, x_2, \cdots, x_n$ 叫作独立未知量. "独立未知量(关于 P 的)"一语含有下述含义:由独立未知量的定义知道等式
$$a_0 x_i^m + a_1 x_i^{m-1} + \cdots + a_n = 0$$
$(i = 1, 2, \cdots, n; m$ 代表非负整数;a_i 代表域 P 中的元素)
只有在所有系数 a_i 等于零的时候才等于零. 不仅于此,它们还在这样的意义下是独立的(关于 P 的),就是说,它们之间并无任何关系存在,而能使得在系数 A_j 不等于零的时候式(1)也可以等于零.

第4章 对称多项式

称为域 P 上 n 个未知量 $x_1, x_2, \cdots, x_n$ 的多项式. 式中的 $\alpha_i, \beta_i, \cdots, \omega_i$ 都代表非负整数, 系数 $A_1, A_2, \cdots, A_k$ 代表 P 中的元素.

我们不妨设式(1)不含同类项, 因为在相反情形下, 可以把所有的同类项都集为一项, 这样, 式(1) 就不再含同类项了.

显然, 零可以看作未知量 $x_1, x_2, \cdots, x_n$ 的多项式, 不过这个多项式的所有系数都等于零而已. 假若在 P 上的多项式 $f(x_1, x_2, \cdots, x_n)$ 至少含有一个系数不是零, 由独立未知量的定义可知这个多项式就不是零.

以后我们规定在域 P 上的每一个不为零的多项式 $f(x_1, x_2, \cdots, x_n)$ 所含的系数为零的项都可以略去不写, 即, 若

$$f(x_1, x_2, \cdots, x_n) = A_1 x_1^{\alpha_1} x_2^{\alpha_2} \cdots x_n^{\alpha_n} + A_2 x_1^{\beta_1} x_2^{\beta_2} \cdots x_n^{\beta_n} + \cdots + A_k x_1^{\omega_1} x_2^{\omega_2} \cdots x_n^{\omega_n} \neq 0$$

我们就可以假设所有的 $A_1, A_2, \cdots, A_k$ 都不等于零.

有时, 用符号 $P[x_1, x_2, \cdots, x_n]$ 代表在域 P 上一切含有未知量 $x_1, x_2, \cdots, x_n$ 的多项式的集合.

对于域 P 上 n 个未知量的多项式, 有下面的确定的加法和乘法运算. 多项式 $f(x_1, x_2, \cdots, x_n)$ 和 $g(x_1, x_2, \cdots, x_n)$ 的和是指这样的多项式, 它的系数是由多项式 f 和 g 中对应系数相加所得出的; 如果某一项只是在多项式 f, g 的某一个中出现, 那么在另一个多项式中, 自然把这一项的系数作为零. 两个"单项"的乘积为下面的等式所确定

$$A_1 x_1^{\alpha_1} x_2^{\alpha_2} \cdots x_n^{\alpha_n} \cdot A_2 x_1^{\beta_1} x_2^{\beta_2} \cdots x_n^{\beta_n}$$

$$= (A_1 \cdot A_2) x_1^{\alpha_1+\beta_1} x_2^{\alpha_2+\beta_2} \cdots x_n^{\alpha_n+\beta_n}$$

至于多项式 $f(x_1,x_2,\cdots,x_n)$ 和 $g(x_1,x_2,\cdots,x_n)$ 的乘积是把 f 中所有的项和 g 中的项各个相乘,合并它们的同类项后所得出的和.

多个未知量的多项式的值的概念,和一个未知量的多项式的情形是一样的. 设 $f(x_1,x_2,\cdots,x_n)$ 是域 P 上的任意一个多项式. 今以含于 P 的某些元素 c_1, $c_2,\cdots,c_n$ 依次代替未知量 $x_1,x_2,\cdots,x_n$,我们就得出含于 P 的某一个元素 d,这个元素就叫作多项式 $f(x_1, x_2,\cdots,x_n)$ 在 $x_1=c_1,x_2=c_2,\cdots,x_n=c_n$ 的值,并用 $f(c_1,c_2,\cdots,c_n)$ 代表.

如果给出域 P 上的多项式 $f(x_1,x_2,\cdots,x_n) \neq 0$,那么它关于未知量 x_i 的次数是指含于 $f(x_1,x_2,\cdots, x_n)$ 的项中 x_i 的最高指数. 例如就有理数域上的多项式

$$2x_1 x_3^3 + 2x_1^2 x_3^2 + 2x_1 x_2 - 5x_2^3$$

而言,这个多项式关于 x_1 的次数等于 2,关于 x_2 的次数等于 3.

假若在某一个多项式 $f(x_1,x_2,\cdots,x_n)$ 中,未知量 x_i 并未实际出现,这个时候,$f(x_1,x_2,\cdots,x_n)$ 关于 x_i 的次数显然等于零.

另一方面,多项式 $f(x_1,x_2,\cdots,x_n)$ 的某一项

$$A_i x_1^{\nu_1} x_2^{\nu_2} \cdots x_n^{\nu_n}$$

所含的未知量的指数和 $\nu_1+\nu_2+\cdots+\nu_n$ 叫作这一项的次数. 由此,次数最高的项的次数就叫作这个多项式(关于所有未知量)的次数. 例如多项式

第 4 章 对称多项式

$$x_1^3 x_2 + 2x_1 x_2 x_3 - 6x_1^2 x_3^3 - 8$$

的次数就等于 5.

零是唯一没有次数的多项式,但域 P 内每一个非零元素都是 $x_1, x_2, \cdots, x_n$ 的零次多项式. 就这方面来说,是和含有一个未知量的多项式的情形一样的,但是,也有和一个未知量不同的地方,就是我们在此不可能定义最高项,因为在域 P 上的某一些多项式中,可能含有几个最高的项,并且在另外一些多项式中也可能每一项的次数都一样. 例如多项式

$$x_1 x_2 x_3 + 2x_1^2 x_2 + 8x_1^2 - 7x_2 - 5$$

的次数等于 3,且有两项的次数都同等于 3,在多项式

$$x_1^2 + 2x_2^2 + x_3^2 - 6x_1 x_2 + x_2 x_3$$

中,则每一项的次数都同等于 2.

§2 两个预备定理

为了下文的叙述,我们来讲两个预备定理. 第一个预备定理还有其自身的意义,它表明了一个多项式的根有着怎样的界限.

预备定理 1 多项式
$$f(x) = a_0 x^n + a_1 x^{n-1} + \cdots + a_n (a_0 \neq 0) \quad (1)$$
的任何复根的模小于 $R = \dfrac{A}{|a_0|} + 1$,这里 A 代表从 a_1 起的系数的模中最大的一个.

证明 我们来证明多项式(1)的根仅能位于 $-R$

和 R 的范围内. 根据复数模的性质①

$$|f(x)| = |a_0 x^n + (a_1 x^{n-1} + \cdots + a_n)|$$
$$\geqslant |a_0| \cdot |x|^n - |a_1 x^{n-1} + \cdots + a_n|$$
（2）

现在试计算 $|a_1 x^{n-1} + \cdots + a_n|$. 由复数模的性质②得

$$|a_1 x^{n-1} + a_2 x^{n-2} + \cdots + a_n|$$
$$\leqslant |a_1| \cdot |x|^{n-1} + |a_2| \cdot |x|^{n-2} + \cdots + |a_n|$$

设 A 代表系数 $a_1, a_2, \cdots, a_n$ 的模中最大的一个. 若把 $|a_1|, |a_2|, \cdots, |a_n|$ 都换成 A, 最后这个不等式的右端就会更大, 换句话说

$$|a_1 x^{n-1} + a_2 x^{n-2} + \cdots + a_n|$$
$$\leqslant A(|x|^{n-1} + |x|^{n-2} + \cdots + 1)$$

再利用几何级数求和的公式得

$$|a_1 x^{n-1} + a_2 x^{n-2} + \cdots + a_n| \leqslant A \frac{|x|^n - 1}{|x| - 1}$$

在 $|x| > 1$ 的时候, 由最后这个不等式更有

$$|a_1 x^{n-1} + a_2 x^{n-2} + \cdots + a_n| < A \frac{|x|^n}{|x| - 1}$$

把不等式（2）的右端代以更大的值 $A \frac{|x|^n}{|x| - 1}$ 得

$$|f(x)| > |a_0| \cdot |x|^n - A \frac{|x|^n}{|x| - 1}$$

---

① 设 a, b 均是复数, 则 $|ab| = |a| \cdot |b|$, $|a| - |b| \leqslant |a + b|$.

② 设 a, b 均是复数, 则 $|a + b| \leqslant |a| + |b|$.

第4章 对称多项式

$$= \frac{|x|^n}{|x|-1}(|a_0|(|x|-1)-A)$$

在此我们试看 x 取什么数值的时候有

$$|a_0|(|x|-1)-A > 0$$

解最后这个不等式得

$$|x| > \frac{A}{|a_0|}+1 \qquad (3)$$

由此我们知道,假若 x 满足条件(3),则有 $|f(x)| > 0$,换句话说,$f(x)$ 不为零. 综上所述,我们就证明了任何根只能位于 $-R$ 和 R 之间,其中 $R = \frac{A}{|a_0|}+1$.

预备定理 2 设一个多项式 $F(x_1, x_2, \cdots, x_n)$ 表成了形如

$$A x_1^{k_1} x_2^{k_2} \cdots x_n^{k_n} \quad (A \neq 0)$$

的各项的和,其中没有两项仅常数因子不同,则有这样一组互不相同的未知量的自然数数值 $x_1 = \alpha_1, x_2 = \alpha_2, \cdots, x_n = \alpha_n (\alpha_i \neq \alpha_j, i \neq j)$ 存在,使得

$$F(x_1, x_2, \cdots, x_n) \neq 0$$

证明 对未知量的个数 n 作归纳法. 如果 $n=1$,则我们得到一个含有一个未知量的多项式,它包含系数不等于零的项. 这样的多项式自然不是等于零的常数. 由预备定理 1,当未知量取足够大的自然数数值时,这个多项式取不等于零的数值.

现在假定本定理对于任何含有未知量的个数小于 n 的多项式成立. 把多项式 $F(x_1, x_2, \cdots, x_n)$ 按照 x_n 的乘幂排列

$$F(x_1, x_2, \cdots, x_n)$$

Abel-Ruffini 定理

$$= \varphi_0(x_1, x_2, \cdots, x_{n-1})x_n^m +$$
$$\varphi_1(x_1, x_2, \cdots, x_{n-1})x_n^{m-1} + \cdots +$$
$$\varphi_{m-1}(x_1, x_2, \cdots, x_{n-1})x_n +$$
$$\varphi_m(x_1, x_2, \cdots, x_{n-1})$$

如果 $m=0$,则 $F(x_1, x_2, \cdots, x_n)$ 可以看作是一个含有 $(n-1)$ 个未知量的多项式. 由归纳法假定,对于未知量 $x_1, x_2, \cdots, x_{n-1}$,有这样一个互不相同的自然数数值存在,使得 $F(x_1, x_2, \cdots, x_n)$ 的值不等于零. 至于 x_n,则显然可以取任何自然数数值.

设 $m>0$. 由于归纳法假定,对于未知量 x_1, $x_2, \cdots, x_{n-1}$ 有这样一组互不相同的自然数数值 $x_1 = \alpha_1, x_2 = \alpha_2, \cdots, x_{n-1} = \alpha_{n-1}$ 存在,使得
$$\varphi_0(\alpha_1, \alpha_2, \cdots, \alpha_{n-1}) \neq 0$$
将这些数值代入 $F(x_1, x_2, \cdots, x_n)$ 中,我们把它变成了一个含有一个未知量 x_n 的多项式,它的次数大于零

$$F(\alpha_1, \alpha_2, \cdots, \alpha_{n-1}, x_n)$$
$$= \varphi_0(\alpha_1, \alpha_2, \cdots, \alpha_{n-1})x_n^m +$$
$$\varphi_1(\alpha_1, \alpha_2, \cdots, \alpha_{n-1})x_n^{m-1} + \cdots +$$
$$\varphi_{m-1}(\alpha_1, \alpha_2, \cdots, \alpha_{n-1})x_n +$$
$$\varphi_m(\alpha_1, \alpha_2, \cdots, \alpha_{n-1}).$$

利用预备定理 1,我们可令 x_n 取这样的自然数数值 α_n,使得它代入刚才得到的多项式中所得的值不等于零,而且使它大于 $\alpha_1, \alpha_2, \cdots, \alpha_{n-1}$ 各数. 这样一来
$$F(x_1, x_2, \cdots, x_n) \neq 0$$
其中所有 $\alpha_1, \alpha_2, \cdots, \alpha_n$ 都是互不相同的自然数.

在预备定理 2 的证明中,我们已经用到这样一种

第 4 章　对称多项式

方法,就是,把含有多个未知量的多项式的各项按照其中一个未知量的乘幂来排列.这种方法常常是很有用的,是值得我们注意的.这时,我们就有对一个给定的未知量而言的多项式的次数(在预备定理 2 的记法中,对于 x_n 而言的次数是 m).显然,对于每一个多项式,这样的次数是唯一确定的.

§3　问题的提出・未知量的置换

我们曾经说过,用多项式的系数来表示根有着很大的原则性的困难.因为根本身可能不属于含有所有系数的域,所以自然各种多项式根的有理表达式,一般说来,也是不属于这域的数.但在各种特殊情形中某些具体的根的表达式可能是属于那包含系数的域的数.此外,还有一类表达式,它具有这样的性质:对规定次数的任何一个多项式,从它的根得到的这些表达式的值就必然是在所有系数所属的域中的数.可认为这种表达式的例子就是所有根的和与积(韦达公式).

我们来研究下列多个未知量的多项式,这些多项式中未知量的出现是完全成对称形式的,它们被称为基本对称多项式

$\sigma_1(x_1,x_2,\cdots,x_n)=x_1+x_2+\cdots+x_n$

$\sigma_2(x_1,x_2,\cdots,x_n)=x_1x_2+x_1x_3+\cdots+x_{n-1}x_n$

$\sigma_3(x_1,x_2,\cdots,x_n)=x_1x_2x_3+x_1x_2x_4+\cdots+$

$$x_{n-2}x_{n-1}x_n$$
$$\vdots$$
$$\sigma_{n-1}(x_1,x_2,\cdots,x_n) = x_1x_2\cdots x_{n-1} +$$
$$x_1x_2\cdots x_{n-2}x_n + \cdots + x_2x_3\cdots x_n$$
$$\sigma_n(x_1,x_2,\cdots,x_n) = x_1x_2\cdots x_n$$

由于韦达公式，这些多项式的呈现是十分自然的，因为我们知道，若 $x_1=\alpha_1, x_2=\alpha_2, \cdots, x_n=\alpha_n$，其中 $\alpha_1,\alpha_2,\cdots,\alpha_n$ 为首系数是 1 的多项式 $f(x)$ 的根，那么这些多项式的值除相差因子 ± 1 不计外，是等于多项式 $f(x)$ 的各系数的.

现在我们来提出一个问题，就是去查明什么时候域 P 上（即其系数是在域 P 中）多项式 $F(x_1,x_2,\cdots,x_n)$ 能表达成 P 上未知量为 $y_1=\sigma_1(x_1,x_2,\cdots,x_n)$，$y_2=\sigma_2(x_1,x_2,\cdots,x_n),\cdots,y_n=\sigma_n(x_1,x_2,\cdots,x_n)$ 的多项式 H 的形式

$$F(x_1,x_2,\cdots,x_n) = H(y_1,y_2,\cdots,y_n)$$

这种多项式之所以引起我们的兴趣，是由于下面的结果. 设 $\alpha_1,\alpha_2,\cdots,\alpha_n$ 是 P 上一多项式

$$f(x) = x^n + a_1 x^{n-1} + \cdots + a_{n-1}x + a_n$$

的所有根，那么，由韦达公式，可知在 $x_1=\alpha_1, x_2=\alpha_2,\cdots,x_n=\alpha_n$ 时，上面所说性质的多项式就取得如下的值

$$F(\alpha_1,\alpha_2,\cdots,\alpha_n) = H(-a_1,a_2,\cdots,(-1)^n a_n)$$

因为所有 a_i 都属于 P 而 H 是 P 上的多项式，所以数 $F(\alpha_1,\alpha_2,\cdots,\alpha_n)$ 属于 P.

另一方面，设 $F(x_1,x_2,\cdots,x_n)$ 是 P 上这样的多

项式,对于它具有下面性质的(关于 n 个未知量的 P 上的)多项式 G 存在:无论什么样的(P 上的)多项式
$$f(x)=x^n+a_1x^{n-1}+\cdots+a_{n-1}x+a_n$$
若其根用 $\alpha_1,\alpha_2,\cdots,\alpha_n$ 来表示,总成立等式
$$F(\alpha_1,\alpha_2,\cdots,\alpha_n)=G(a_1,a_2,\cdots,a_n)$$
那么,如即将证明的,$F(x_1,x_2,\cdots,x_n)$ 就具有此节开始时所说的性质. 就是说
$$F(x_1,x_2,\cdots,x_n)=G(-y_1,y_2,\cdots,(-1)^n y_n)$$
$$y_i=\sigma_i(x_1,x_2,\cdots,x_n)(i=1,2,\cdots,n)$$

事实上,假定多项式
$$\Phi(x_1,x_2,\cdots,x_n)=F(x_1,x_2,\cdots,x_n)-$$
$$G(-y_1,y_2,\cdots,(-1)^n y_n)$$
不是等于零的常数. 那么根据预备定理 2,可找到这样的自然数 $\alpha_1,\alpha_2,\cdots,\alpha_n$,使
$$\Phi(\alpha_1,\alpha_2,\cdots,\alpha_n)\neq 0$$
但这与下一事实矛盾,取多项式
$$f(x)=(x-\alpha_1)(x-\alpha_2)\cdots(x-\alpha_n)$$
(显然这是 P 上的多项式,因为它的系数都是整数),由假设,应可得
$$F(\alpha_1,\alpha_2,\cdots,\alpha_n)=G[-\sigma_1(\alpha_1,\alpha_2,\cdots,\alpha_n),$$
$$\sigma_2(\alpha_1,\alpha_2,\cdots,\alpha_n),\cdots,(-1)^n\sigma_n(\alpha_1,\alpha_2,\cdots,\alpha_n)]$$
这与(1) 相悖.

要解决这一有趣的问题,我们必须引入一个重要的新概念. 我们来看下述的多未知量多项式的变换,叫作未知量置换. 令 $x_1,x_2,\cdots,x_n$ 中的每一个对应还是这些未知量中的某一个,并且互不相同的未知量对

应于不同的未知量

$$x_1 \to x_{i_1}, x_2 \to x_{i_2}, \cdots, x_n \to x_{i_n}$$

(这样,$x_{i_1}, x_{i_2}, \cdots, x_{i_n}$ 就是 $x_1, x_2, \cdots, x_n$,只是次序不同).

设 $\Phi(x_1, x_2, \cdots, x_n)$ 是一个含 n 个未知量 $x_1, x_2, \cdots, x_n$ 的多项式. 置换的结果使这个多项式变成一个新多项式

$$\Phi(x_{i_1}, x_{i_2}, \cdots, x_{i_n})$$

显然存在着不止一个的未知量置换.

作为例子,我们来看多项式

$$\Phi(x_1, x_2, x_3, x_4) = x_1 - x_2 + x_3 - x_4$$

用下面的未知量置换把它变换一下

$$x_1 \to x_2, x_2 \to x_3, x_3 \to x_4, x_4 \to x_1$$

于是 $\Phi(x_1, x_2, x_3, x_4)$ 变成新多项式

$$\Phi(x_2, x_3, x_4, x_1) = x_2 - x_3 + x_4 - x_1$$

我们看到

$$\Phi(x_2, x_3, x_4, x_1) = -\Phi(x_1, x_2, x_3, x_4)$$

现在对多项式 $\Phi(x_1, x_2, x_3, x_4)$ 作如下的另一个未知量置换

$$x_1 \to x_3, x_2 \to x_4, x_3 \to x_1, x_4 \to x_2$$

我们就得到多项式

$$\Phi(x_3, x_4, x_1, x_2) = x_3 - x_4 + x_1 - x_2$$

我们发现

$$\Phi(x_3, x_4, x_1, x_2) = \Phi(x_1, x_2, x_3, x_4)$$

即第二个置换并没有改变我们的多项式.

有一个置换将不改变任何多项式的形式

第 4 章　对称多项式

$$x_1 \to x_1, x_2 \to x_2, \cdots, x_n \to x_n$$

它实际上并没有改变未知量在多项式中的位置. 这个置换被称为恒等置换, 或者单位置换.

§4　对称多项式·基本定理

怎样的未知量置换改变多项式, 而怎样的置换不改变它, 这个问题是与多项式的较深的性质有关的.

特别的, 在任何未知量置换下不改变的多未知量的多项式占有特殊地位.

定义 4.1　在任何未知量置换下不改变的多未知量多项式称为对称多项式.

事实是这样的: 关于对称多项式的问题是与上一节中我们提出的问题有关的. 下面我们要证明与之相应的定理. 同时, 我们将估计系数的性质. 在讲域上的多项式时就指出我们的多项式的所有系数都属于给定的数域.

在转到所说的定理之前, 我们来阐明关于 n 个未知量 $x_1, x_2, \cdots, x_{n-1}, x_n$ 的基本对称多项式与 $(n-1)$ 个未知量 $x_1, x_2, \cdots, x_{n-1}$ 的基本对称多项式有怎样的关系. 我们规定把 $(n-1)$ 个未知量的基本对称多项式暂记作

$$\overline{\sigma}_1(x_1, x_2, \cdots, x_{n-1}), \overline{\sigma}_2(x_1, x_2, \cdots, x_{n-1}), \cdots,$$
$$\overline{\sigma}_{n-1}(x_1, x_2, \cdots, x_{n-1})$$

若在 n 个未知量 $x_1, x_2, \cdots, x_n$ 的基本对称多项式的表

达式中挑出所有包含 x_n 的各项,而在这些项的集合中把 x_n 放置在括号之外,那么我们显然将得下列 $\sigma_i(x_1, x_2, \cdots, x_n)$ 与 $\overline{\sigma_j}(x_1, x_2, \cdots, x_{n-1})$ 间的关系式

$$\begin{cases} \sigma_1(x_1,x_2,\cdots,x_n) = \overline{\sigma_1}(x_1,x_2,\cdots,x_{n-1}) + x_n \\ \sigma_2(x_1,x_2,\cdots,x_n) = \overline{\sigma_2}(x_1,x_2,\cdots,x_{n-1}) + \\ \qquad\qquad x_n \overline{\sigma_1}(x_1,x_2,\cdots,x_{n-1}) \\ \vdots \\ \sigma_k(x_1,x_2,\cdots,x_n) = \overline{\sigma_k}(x_1,x_2,\cdots,x_{n-1}) + \\ \qquad\qquad x_n \overline{\sigma_{k-1}}(x_1,x_2,\cdots,x_{n-1}) \\ \vdots \\ \sigma_{n-1}(x_1,x_2,\cdots,x_n) = \overline{\sigma_{n-1}}(x_1,x_2,\cdots,x_{n-1}) + \\ \qquad\qquad x_n \overline{\sigma_{n-2}}(x_1,x_2,\cdots,x_{n-1}) \\ \sigma_n(x_1,x_2,\cdots,x_n) = x_n \overline{\sigma_{n-1}}(x_1,x_2,\cdots,x_{n-1}) \end{cases}$$

(1)

从这些等式可依次地找出由 x_n 与多项式 $\sigma_i(x_1, x_2, \cdots, x_n)$ 来表示多项式 $\overline{\sigma_j}(x_1, x_2, \cdots, x_{n-1})$ 的表达式. 从第一个等式我们找到 $\overline{\sigma_1}(x_1, x_2, \cdots, x_{n-1})$ 的表达式. 利用所得表达式,从第二个等式找到 $\overline{\sigma_2}(x_1, x_2, \cdots, x_{n-1})$ 的表达式,依此类推. 所有这些表达式显然是以 x_n 与各不同的 $\sigma_i(x_1, x_2, \cdots, x_n)$ 为未知量的整系数多项式. 我们将不详细写出这些表达式. 它们是比较复杂的,我们的兴趣不在于表达式本身,而在于这些表达式的存在这一事实.

第 4 章　对称多项式

对称多项式的基本定理①　域 P 上 n 个未知量 $x_1, x_2, \cdots, x_n$ 的多项式 $\Phi(x_1, x_2, \cdots, x_n)$ 能表示成以 $\sigma_1(x_1, x_2, \cdots, x_n), \sigma_2(x_1, x_2, \cdots, x_n), \cdots, \sigma_n(x_1, x_2, \cdots, x_n)$ 为未知量的 P 上多项式形式的充要条件是 $\Phi(x_1, x_2, \cdots, x_n)$ 为对称多项式.

证明　必要性. 首先要指出, 每个基本对称多项式在施行诸未知量置换后是不改变的, 这就是说, 它们事实上的确是对称的. 这一点可直接由这些多项式本身的形式上看出.

现在设 $\Phi(x_1, x_2, \cdots, x_n)$ 是任意一多项式, 它具有所需的表达式

$$\Phi(x_1, x_2, \cdots, x_n) = \Psi[\sigma_1(x_1, x_2, \cdots, x_n), \\ \sigma_2(x_1, x_2, \cdots, x_n), \cdots, \\ \sigma_n(x_1, x_2, \cdots, x_n)]$$

施行任意的未知量置换

$$x_1 \to x_{i_1}, x_2 \to x_{i_2}, \cdots, x_n \to x_{i_n}$$

多项式 $\Phi(x_1, x_2, \cdots, x_n)$ 变成多项式

$$\Phi(x_{i_1}, x_{i_2}, \cdots, x_{i_n}) = \Psi[\sigma_1(x_{i_1}, x_{i_2}, \cdots, x_{i_n}), \\ \sigma_2(x_{i_1}, x_{i_2}, \cdots, x_{i_n}), \cdots, \\ \sigma_n(x_{i_1}, x_{i_2}, \cdots, x_{i_n})]$$

因为

$$\sigma_k(x_{i_1}, x_{i_2}, \cdots, x_{i_n}) = \sigma_k(x_1, x_2, \cdots, x_n) \quad (k = 1, 2, \cdots, n)$$

---

① 我们指出, 这个定理还有几个本质上区别于本书的证明方法. 作为定理的补充, 还可以证明对称多项式表为 $\sigma_1, \sigma_2, \cdots, \sigma_n$ 的表示法是唯一的.

所以

$$\Phi(x_{i_1}, x_{i_2}, \cdots, x_{i_n}) = \Psi[\sigma_1(x_1, x_2, \cdots, x_n),$$
$$\sigma_2(x_1, x_2, \cdots, x_n), \cdots,$$
$$\sigma_n(x_1, x_2, \cdots, x_n)]$$
$$= \Phi(x_1, x_2, \cdots, x_n)$$

因此,多项式 $\Phi(x_1, x_2, \cdots, x_n)$ 是对称的.

充分性. 设 $\Phi(x_1, x_2, \cdots, x_n)$ 为域 P 上的任意对称多项式. 需要证明它能表示成以
$\sigma_1(x_1, x_2, \cdots, x_n), \sigma_2(x_1, x_2, \cdots, x_n), \cdots, \sigma_n(x_1, x_2, \cdots, x_n)$
为未知量的 P 上多项式的形式. 证明将对 n 作数学归纳法.

若 $n=1$,则 $\sigma_1(x_1) = x_1$,因而要证的断言显然是正确的.

假定我们的断言对所有 $(n-1)$ 个未知量的对称多项式是正确的. 把对称多项式 $\Phi(x_1, x_2, \cdots, x_n)$ 的所有项按 x_n 的幂排列

$$\Phi(x_1, \cdots, x_n) = \zeta_0(x_1, \cdots, x_{n-1}) x_n^h +$$
$$\zeta_1(x_1, \cdots, x_{n-1}) x_n^{h-1} + \cdots +$$
$$\zeta_{h-1}(x_1, \cdots, x_{n-1}) x_n +$$
$$\zeta_h(x_1, \cdots, x_{n-1})$$

若对未知量 $x_1, x_2, \cdots, x_n$ 施行任何使 x_n 仍变为 x_n 的置换,我们的多项式不变. 因为各项按照 x_n 的次数排列的那个表达式作为我们的多项式是唯一的,故在我们所说的那种置换下,每个 $\zeta_i(x_1, x_2, \cdots, x_{n-1})$ 不能改变. 因此, $\zeta_i(x_1, x_2, \cdots, x_{n-1})$ 是未知量 $x_1, x_2, \cdots, x_{n-1}$ 的对称多项式 $(i=0, 1, 2, \cdots, n-1)$. 由于

第 4 章　对称多项式

归纳法假定可认为所有的 $\zeta_i(x_1,x_2,\cdots,x_{n-1})$ 都能表示成以基本对称多项式 $\overline{\sigma_1}(x_1,x_2,\cdots,x_{n-1}),\overline{\sigma_2}(x_1,x_2,\cdots,x_{n-1}),\cdots,\overline{\sigma_{n-1}}(x_1,x_2,\cdots,x_{n-1})$ 为未知量的域 P 上多项式的形式,但后面的那些基本对称多项式本身又可表示成以 x_n 及 $\sigma_1(x_1,x_2,\cdots,x_n),\sigma_2(x_1,x_2,\cdots,x_n),\cdots,\sigma_n(x_1,x_2,\cdots,x_n)$ 为未知量的 P 上多项式的形式(参看(1))(以后为简便起见将那些 $\sigma_i(x_1,x_2,\cdots,x_n)$ 记作 $\sigma_1,\sigma_2,\cdots,\sigma_n$). 从这里可推出多项式 $\Phi(x_1,x_2,\cdots,x_n)$ 本身也是可表示成以 $x_n,\sigma_1,\sigma_2,\cdots,\sigma_n$ 为未知量的 P 上多项式的形式的.

在这个表达式里可免除 x_n 的大于或等于 n 的各次幂. 事实上,由类似于韦达公式的论证我们不难得到等式
$$(x-x_1)(x-x_2)\cdots(x-x_n)$$
$$=x^n-\sigma_1 x^{n-1}+\sigma_2 x^{n-2}-\cdots+(-1)^{n-1}\sigma_{n-1}x+(-1)^n\sigma_n$$
这里取 $x=x_n$,就得
$$x_n^n=\sigma_1 x_n^{n-1}-\sigma_2 x_n^{n-2}+\cdots+(-1)^{n-2}\sigma_{n-1}x_n+(-1)^{n-1}\sigma_n$$

由这一等式,在以 $x_n,\sigma_1,\sigma_2,\cdots,\sigma_n$ 为未知量的 $\Phi(x_1,x_2,\cdots,x_n)$ 的表达式中,x_n 的等于及大于 n 的各次幂可逐步代之以所有 x_n 的次数低于 n 的表达式. 这样我们的多项式最后得到如下形式的表达式
$$\Phi(x_1,x_2,\cdots,x_n)=\eta_1(\sigma_1,\sigma_2,\cdots,\sigma_n)x_n^{n-1}+$$
$$\eta_2(\sigma_1,\sigma_2,\cdots,\sigma_n)x_n^{n-2}+\cdots+$$
$$\eta_{n-1}(\sigma_1,\sigma_2,\cdots,\sigma_n)x_n+$$
$$\eta_n(\sigma_1,\sigma_2,\cdots,\sigma_n)$$

因为我们所讨论的是对称多项式,故用了下面的

Abel-Ruffini 定理

未知量置换

$$x_k \to x_n, x_n \to x_k, x_i \to x_i$$

$$(i=1,2,\cdots,k-1,k+1,\cdots,n-1)$$

我们仍将得到这同一多项式,其中所有的 σ_j 当然是变为它们自己,即

$$\Phi(x_1,x_2,\cdots,x_n) = \eta_1(\sigma_1,\sigma_2,\cdots,\sigma_n)x_k^{n-1} +$$
$$\eta_2(\sigma_1,\sigma_2,\cdots,\sigma_n)x_k^{n-2} + \cdots +$$
$$\eta_{n-1}(\sigma_1,\sigma_2,\cdots,\sigma_n)x_k +$$
$$\eta_n(\sigma_1,\sigma_2,\cdots,\sigma_n)$$

现在让我们给予未知量 $x_1,x_2,\cdots,x_n$ 以这样的互不相同的数值 $x_1^{(0)},x_2^{(0)},\cdots,x_n^{(0)}$,使得所有不等于零的那些 $\eta_i(\sigma_1,\sigma_2,\cdots,\sigma_n)$ 取异于零的值(这样的 x_i 值,在预备定理 2 中已证明是存在的). 把多项式 $\sigma_i(x_1,x_2,\cdots,x_n)$ 在 $x_1,x_2,\cdots,x_n$ 这样的取值而获得的值记作 $\sigma_i^{(0)}$.

我们来考查下面的单个未知量 x 的 $(n-1)$ 次多项式

$$\eta_1(\sigma_1^{(0)},\sigma_2^{(0)},\cdots,\sigma_n^{(0)})x^{n-1} +$$
$$\eta_2(\sigma_1^{(0)},\sigma_2^{(0)},\cdots,\sigma_n^{(0)})x^{n-2} + \cdots +$$
$$\eta_{n-1}(\sigma_1^{(0)},\sigma_2^{(0)},\cdots,\sigma_n^{(0)})x +$$
$$[\eta_n(\sigma_1^{(0)},\sigma_2^{(0)},\cdots,\sigma_n^{(0)}) -$$
$$\Phi(x_1^{(0)},x_2^{(0)},\cdots,x_n^{(0)})]$$

前面已经得到的等式表明,那 n 个互不相同的数 $x_1^{(0)},x_2^{(0)},\cdots,x_n^{(0)}$ 中的每一个都是这个多项式的根. 但次数低于 n 的多项式是不能有 n 个不同根的. 因此这个多项式只能是等于零的常数. 这就是说,所有它

第4章 对称多项式

的系数等于零. 由于数 $x_1^{(0)}, x_2^{(0)}, \cdots, x_n^{(0)}$ 的挑选, 可推出多项式

$$\eta_1(x_1, x_2, \cdots, x_n), \eta_2(x_1, x_2, \cdots, x_n), \cdots,$$
$$\eta_{n-1}(x_1, x_2, \cdots, x_n)$$

都是等于零的常数.

这样, 我们就得到 $\Phi(x_1, x_2, \cdots, x_n)$ 的以 $\sigma_1, \sigma_2, \cdots, \sigma_n$ 为未知量的 P 上多项式的形式

$$\Phi(x_1, x_2, \cdots, x_n) = \eta_n(\sigma_1, \sigma_2, \cdots, \sigma_n)$$

作为例子, 我们来看三个未知量的多项式

$$\Phi(x_1, x_2, x_3) = x_1^3 + x_2^3 + x_3^3$$

这个多项式是对称的. 试把它用 x_1, x_2, x_3 的基本对称多项式表示出来. 基本对称多项式为简便起见记作 $\sigma_1, \sigma_2, \sigma_3$. 所求的表达式将用基本定理的充分性证明所用的方法来找出.

把我们的多项式依照 x_3 的次幂来排列

$$\Phi(x_1, x_2, x_3) = x_3^3 + (x_1^3 + x_2^3)$$

它的系数 1 与 $(x_1^3 + x_2^3)$ 是两个未知量的对称多项式. 首先我们须把它们用 x_1 与 x_2 的基本对称多项式来表示, 即用

$$\overline{\sigma_1} = x_1 + x_2, \overline{\sigma_2} = x_1 x_2$$

这可以用普遍方法来做, 但通常在两个未知量的情形中这个问题是不难直接解决的

$$x_1^3 + x_2^3 = x_1^3 + x_2^3 + 3x_1^2 x_2 + 3x_1 x_2^2 -$$
$$3x_1 x_2(x_1 + x_2) = \overline{\sigma_1}^3 - 3\overline{\sigma_2}\,\overline{\sigma_1}$$

这样, 原先的多项式成为

$$\Phi(x_1, x_2, x_3) = x_3^3 + \overline{\sigma_1}^3 - 3\overline{\sigma_2}\,\overline{\sigma_1}$$

现在利用公式(1)把 $\overline{\sigma_1}$ 与 $\overline{\sigma_2}$ 用 x_3 及 $\sigma_1, \sigma_2, \sigma_3$ 表示出来

$$\sigma_1 = \overline{\sigma_1} + x_3 ; \overline{\sigma_1} = \sigma_1 - x_3$$
$$\sigma_2 = \overline{\sigma_2} + x_3 \overline{\sigma_1} ; \overline{\sigma_2} = \sigma_2 - x_3\sigma_1 + x_3^2$$

从这里得

$$\Phi(x_1, x_2, x_3) = x_3^3 + (\sigma_1 - x_3)^3 -$$
$$3(\sigma_2 - x_3\sigma_1 + x_3^2)(\sigma_1 - x_3)$$
$$= 3x_3^3 - 3\sigma_1 x_3^2 + 3\sigma_2 x_3 + \sigma_1^3 - 3\sigma_1\sigma_2$$

现在须"降低" x_3 的次数. 这可利用下一等式来做

$$x_3^3 - \sigma_1 x_3^2 + \sigma_2 x_3 - \sigma_3 = 0$$

把从这里得出的 x_3^3 的表达式代入我们的多项式,就得到所求的表达式

$$\Phi(x_1, x_2, x_3) = \sigma_1^3 - 3\sigma_1\sigma_2 + 3\sigma_3$$

若我们来看三次代数方程

$$x^3 + a_1 x^2 + a_2 x + a_3 = 0$$

而把它的根记作 $\alpha_1, \alpha_2, \alpha_3$. 那么,从上面所得的表达式可推出它的根的立方和可用系数像下面这样表示出来

$$\alpha_1^3 + \alpha_2^3 + \alpha_3^3 = -a_1^3 + 3a_1 a_2 - 3a_3$$

因为各未知量的同等次幂之和显然是有理数域上的对称多项式,故由基本定理可推出一般公式的存在,使得首系数为 1 的代数方程式所有根的任何同等次幂之和可用方程式的系数与有理数经过加法及乘法运算表示出来.

用根的置换解代数方程

第 5 章

§1 拉格朗日的方法·利用根的置换解三次方程式

前面我们利用代换、配完全平方等高度技巧的方法找到了二、三和四次方程式的代数求解公式,但这些方法有很大的局限性,在得到四次方程式代数解之后的 200 年,数学家遵循着类似的途径去解五次方程式,始终没能成功.

在 1770,1771 年,法国学者拉格朗日提出了一种利用置换理论来解方程的新方法[①].这种方法导出三次、

---

① 与拉格朗日同时代的数学家范德蒙(Vandermonde Alexandre Theophile,1735—1796)在拉格朗日出版他的《关于代数方程解的思考》之后稍晚一些的时间出版了自己关于解代数方程的论文 *Memoire sur la resolution des equations*,这篇文章也提供一些关于代数方程的深刻思想并与拉格朗日关于三次方程的考虑颇为相似.但在这些工作中,拉格朗日的论文以其思路的清晰和内容的全面性脱颖而出.

四次方程的解并不像意大利人那样,对每种情况都有它某种固有的复杂性并且好像是偶然地找到的一种变换,相反地它是十分严格地并且是从一个一般的想法借助于对称多项式的理论、置换的理论及预解式理论的统一的方法导出的.

例如,我们来考查一下拉格朗日对一般三次方程
$$x^3 + px^2 + qx + r = 0$$
的解法.

设 x_1, x_2, x_3 是它的三个根,由韦达定理可得出关系式
$$\begin{cases} x_1 + x_2 + x_3 = -p \\ x_1 x_2 + x_2 x_3 + x_3 x_1 = q \\ x_1 x_2 x_3 = -r \end{cases} \quad (1)$$

$x_1 + x_2 + x_3, x_1 x_2 + x_2 x_3 + x_3 x_1, x_1 x_2 x_3$ 这三个关于 x_1, x_2, x_3 的多项式有这样的特点:它在对 x_1, x_2, x_3 的任何一种置换下都是不变的. 我们知道这种置换共有 6 种①

$$\begin{pmatrix} 1 & 2 & 3 \\ 1 & 2 & 3 \end{pmatrix}, \begin{pmatrix} 1 & 2 & 3 \\ 1 & 3 & 2 \end{pmatrix}, \begin{pmatrix} 1 & 2 & 3 \\ 2 & 3 & 1 \end{pmatrix}$$

$$\begin{pmatrix} 1 & 2 & 3 \\ 2 & 1 & 3 \end{pmatrix}, \begin{pmatrix} 1 & 2 & 3 \\ 3 & 2 & 1 \end{pmatrix}, \begin{pmatrix} 1 & 2 & 3 \\ 3 & 1 & 2 \end{pmatrix}$$

根据对称多项式的基本定理,任何关于根 x_1, x_2,

---

① 这里,我们把 $x_1, x_2, \cdots, x_n$ 之间的置换 $x_1 \to x_{i_1}, x_2 \to x_{i_2}, \cdots, x_n \to x_{i_n}$ 记为 $\begin{pmatrix} x_1 & x_2 & x_3 & \cdots & x_n \\ x_{i_1} & x_{i_2} & x_{i_3} & \cdots & x_{i_n} \end{pmatrix}$ 或简单地记为 $\begin{pmatrix} 1 & 2 & 3 & \cdots & n \\ i_1 & i_2 & i_3 & \cdots & i_n \end{pmatrix}$.

x_3 的对称多项式,必可用基本对称多项式(1)的多项式表示出来,也就是说,可用方程的系数 p,q,r 的多项式表出.

我们考虑预解式

$$\Psi_1 = x_1 + \varepsilon x_2 + \varepsilon^2 x_3$$

式中 ε 是 1 的 3 次方根. Ψ_1 不是对称多项式. 在 6 种置换

$$\begin{pmatrix} 1 & 2 & 3 \\ 1 & 2 & 3 \end{pmatrix}, \begin{pmatrix} 1 & 2 & 3 \\ 1 & 3 & 2 \end{pmatrix}, \begin{pmatrix} 1 & 2 & 3 \\ 2 & 3 & 1 \end{pmatrix}$$

$$\begin{pmatrix} 1 & 2 & 3 \\ 2 & 1 & 3 \end{pmatrix}, \begin{pmatrix} 1 & 2 & 3 \\ 3 & 2 & 1 \end{pmatrix}, \begin{pmatrix} 1 & 2 & 3 \\ 3 & 1 & 2 \end{pmatrix}$$

的作用下 Ψ_1 分别变为

$$\begin{cases} \begin{pmatrix} 1 & 2 & 3 \\ 1 & 2 & 3 \end{pmatrix} : \Psi_1 \to x_1 + \varepsilon x_2 + \varepsilon^2 x_3 = \Psi_1 \\ \begin{pmatrix} 1 & 2 & 3 \\ 1 & 3 & 2 \end{pmatrix} : \Psi_1 \to x_1 + \varepsilon x_3 + \varepsilon^2 x_2 = \Psi_2 \\ \begin{pmatrix} 1 & 2 & 3 \\ 2 & 3 & 1 \end{pmatrix} : \Psi_1 \to x_2 + \varepsilon x_3 + \varepsilon^2 x_1 = \Psi_3 \\ \begin{pmatrix} 1 & 2 & 3 \\ 2 & 1 & 3 \end{pmatrix} : \Psi_1 \to x_2 + \varepsilon x_1 + \varepsilon^2 x_3 = \Psi_4 \\ \begin{pmatrix} 1 & 2 & 3 \\ 3 & 2 & 1 \end{pmatrix} : \Psi_1 \to x_3 + \varepsilon x_2 + \varepsilon^2 x_1 = \Psi_5 \\ \begin{pmatrix} 1 & 2 & 3 \\ 3 & 1 & 2 \end{pmatrix} : \Psi_1 \to x_3 + \varepsilon x_1 + \varepsilon^2 x_2 = \Psi_6 \end{cases} \quad (2)$$

我们首先指出,x_1, x_2, x_3 可以用 p, Ψ_1, Ψ_2 等表示出来. 例如,因为

$$-p + \Psi_1 + \Psi_2 = (x_1 + x_2 + x_3) + (x_1 + \varepsilon x_2 + \varepsilon^2 x_3) + (x_1 + \varepsilon^2 x_2 + \varepsilon x_3)$$
$$= 3x_1 + (1 + \varepsilon + \varepsilon^2)x_2 + (1 + \varepsilon + \varepsilon^2)x_3 = 3x_1$$

所以

$$x_1 = \frac{1}{3}(-p + \Psi_1 + \Psi_2) \tag{3}$$

类似的,我们可以得到

$$x_2 = \frac{1}{3}(-p + \varepsilon^2 \Psi_1 + \varepsilon \Psi_2) \tag{4}$$

$$x_3 = \frac{1}{3}(-p + \varepsilon \Psi_1 + \varepsilon^2 \Psi_2) \tag{5}$$

从(3)~(5)看出,如果 Ψ_1, Ψ_2 的值能够求出,则 x_1, x_2, x_3 就能求出来.于是问题转化为求 Ψ_1, Ψ_2.

如果 Ψ_1, Ψ_2 是 x_1, x_2, x_3 的对称多项式,那么只要根据对称多项式的基本定理把它们表示成 p, q, r 的多项式,就求出了 Ψ_1, Ψ_2 的值.但遗憾的是它们不是对称多项式.我们只好把问题扩展一下.

不仅 Ψ_1,而且 $\Psi_1, \Psi_2, \Psi_3, \Psi_4, \Psi_5, \Psi_6$ 中的任何一个在 6 种置换下的结果,都分别是 $\Psi_1, \Psi_2, \Psi_3, \Psi_4, \Psi_5, \Psi_6$ 的某个次序的排列.这就是说,在 6 种置换下,下述关于 t 的方程

$$(t - \Psi_1)(t - \Psi_2)(t - \Psi_3)(t - \Psi_4)(t - \Psi_5)(t - \Psi_6) = 0 \tag{6}$$

总是不变的(因为任何一种置换作用于此方程的结果,不过是将其因子的次序重新排列一下而已).这样一来,方程式(6)的系数都是对称多项式,因而都可用

第 5 章　用根的置换解代数方程

p, q, r 的多项式表示出来. 或者说, (6) 中的系数是已知的. 我们希望能从 (6) 中解出 Ψ_1, Ψ_2. (6) 虽然是 t 的六次方程, 但是巧的是, 由 (2) 知

$$\Psi_6 = \varepsilon \Psi_1, \Psi_3 = \varepsilon^2 \Psi_1, \Psi_4 = \varepsilon \Psi_2, \Psi_5 = \varepsilon^2 \Psi_2$$

所以

$$\begin{aligned}
& (t - \Psi_1)(t - \Psi_6)(t - \Psi_3) \\
=& (t - \Psi_1)(t - \varepsilon \Psi_1)(t - \varepsilon^2 \Psi_1) \\
=& t^3 - (\varepsilon^2 + \varepsilon + 1)\Psi_1 t^2 + (\varepsilon^2 + \varepsilon + 1)\Psi_1^2 t - \Psi_1^3 \\
=& t^3 - \Psi_1^3
\end{aligned}$$

同样

$$(t - \Psi_2)(t - \Psi_4)(t - \Psi_5) = t^3 - \Psi_2^3$$

于是方程 (6) 就成为

$$(t^3 - \Psi_1^3)(t^3 - \Psi_2^3) = 0$$

或

$$t^6 - (\Psi_1^3 + \Psi_2^3)t^3 + \Psi_1^3 \Psi_2^3 = 0 \qquad (7)$$

一方面方程 (7) 应仍和 (5) 一样, 其系数是 p, q, r 的多项式, 是已知的. 实际上, 可以求出

$$\Psi_1^3 + \Psi_2^3 = -2p^3 + 9pq - 27r, \quad \Psi_1^3 \Psi_2^3 = (p^2 - 3q)^3$$

另一方面, 方程 (7) 实际上可以化成二次方程求解, 这只要把 t^3 看成一个元, 从 (7) 即可解得

$$t^3 = \frac{\psi_1^3 + \psi_2^3 \pm \sqrt{(\psi_1^3 + \psi_2^3)^2 - 4\psi_1^3 \psi_2^3}}{2}$$

$$= \frac{-2p^3 + 9pq - 27r \pm \sqrt{(-2p^3 + 9pq - 27r)^2 - 4(p^2 - 3q)^3}}{2}$$

知道了 t^3 即易求得 t, 即得方程 (6) 的 6 个根 Ψ_1, Ψ_2, $\Psi_3, \Psi_4, \Psi_5, \Psi_6$. 知道 Ψ_1 与 Ψ_2 再根据 (3)(4)(5) 即可

137

求得原来三次方程的三个根 x_1, x_2, x_3。这样,三次方程的求解问题就完全解决了。

上面解三次方程的方法初看起来有些"怪异",也没有提出什么新的结果（用通常卡丹的方法甚至比这里还简单一些）,但以后我们会看到它却显示了解代数方程的一种普遍方法。

§2 利用根的置换解四次方程式

上节利用根的多项式在根的置换作用下所发生的变化来求解了三次方程式,现在我们遵循同样的途径来解四次方程式。

考察四次方程式
$$x^4 + ax^3 + bx^2 + cx + d = 0$$
它的四个根记为 x_1, x_2, x_3 与 x_4,它们与方程式的系数之间有下列关系（韦达定理）
$$\begin{cases} x_1 + x_2 + x_3 + x_4 = -a \\ x_1 x_2 + x_1 x_3 + x_1 x_4 + x_2 x_3 + x_2 x_4 + x_3 x_4 = b \\ x_1 x_2 x_3 + x_1 x_2 x_4 + x_2 x_3 x_4 + x_1 x_3 x_4 = -c \\ x_1 x_2 x_3 x_4 = d \end{cases}$$
由排列理论知道四个根 x_1, x_2, x_3, x_4 的各种置换共有 $4! = 24$ 种（包括恒等置换）

$$\begin{pmatrix} 1 & 2 & 3 & 4 \\ 1 & 2 & 3 & 4 \end{pmatrix}, \begin{pmatrix} 1 & 2 & 3 & 4 \\ 1 & 2 & 4 & 3 \end{pmatrix},$$
$$\begin{pmatrix} 1 & 2 & 3 & 4 \\ 1 & 3 & 2 & 4 \end{pmatrix}, \begin{pmatrix} 1 & 2 & 3 & 4 \\ 1 & 3 & 4 & 2 \end{pmatrix}, \cdots \quad (1)$$

第5章 用根的置换解代数方程

与三次方程的情况完全类似,同样也有:任何关于根 x_1,x_2,x_3,x_4 的对称多项式可用基本对称多项式表出,也就是说,可用方程的系数 a,b,c,d 的多项式表出.

方程 $x^4-1=0$ 的四个根是 $1,-1,\mathrm{i},-\mathrm{i}$. 因此与解三次方程时所引进的根的多项式 $\Psi_1=x_1+\varepsilon x_2+\varepsilon^2 x_3$ 相当的根的多项式应该是 $\varphi_1=x_1-x_2+\mathrm{i}x_3-\mathrm{i}x_4$,但这样做下去变化很多,比较麻烦. 我们另外研究类似的多项式

$$V_1=x_1+x_2-x_3-x_4$$

在(1)的24种置换作用下,V_1 的变化共有下面6种形式

$$\begin{cases} V_1=x_1+x_2-x_3-x_4 \\ V_2=-x_1-x_2+x_3+x_4=-V_1 \\ V_3=x_1+x_3-x_2-x_4 \\ V_4=-x_1-x_3+x_2+x_4=-V_3 \\ V_5=x_1+x_4-x_2-x_3 \\ V_6=-x_1-x_4+x_2+x_3=-V_5 \end{cases} \quad (2)$$

因此. 另一方面方程

$$(t-V_1)(t-V_2)(t-V_3)(t-V_4)(t-V_5)(t-V_6)=0 \quad (3)$$

在24种置换的作用下不变,故(3)展开后其系数是根的对称多项式,因而可用 a,b,c,d 的多项式表出. 或者说(3)是系数已知的方程. 另一方面,由(2)可知此方程又可化为

$$(t^2-V_1^2)(t^2-V_3^2)(t^2-V_5^2)=0$$

所以它是 t^2 的三次方程. 现在来求这个预解方程式的系数. 注意到(记 $y_1=x_1x_2+x_3x_4, y_2=x_1x_3+x_2x_4$, $y_3=x_1x_4+x_2x_4$)

$$[(x_1+x_2)+(x_3+x_4)]^2-[(x_1+x_2)-(x_3+x_4)]^2$$
$$=[2(x_1+x_2)][2(x_3+x_4)]$$
$$=4(x_1+x_2)(x_3+x_4)$$
$$=4(x_1x_3+x_1x_4+x_2x_3+x_2x_4)$$
$$=4[(x_1x_2+x_1x_3+x_1x_4+x_2x_3+x_2x_4+x_3x_4)-(x_1x_2+x_3x_4)]$$
$$=4b-4y_1$$

所以
$$V_1^2=a^2-4b+4y_1$$

类似的, $V_3^2=a^2-4b+4y_2, V_5^2=a^2-4b+4y_3$. 如此, 我们有

$$V_1^2+V_3^2+V_5^2=3a^2-12b+4(y_1+y_2+y_3)$$
$$=3a^2-8b$$

$$V_1^2V_3^2+V_1^2V_5^2+V_3^2V_5^2$$
$$=3(a^2-4b)^2+8(a^2-4b)(y_1+y_2+y_3)+16(y_1y_2+y_1y_3+y_2y_3)$$
$$=3a^4-16a^2b+16b^2+16ac-64b$$

$$V_1^2V_3^2V_5^2=3(a^2-4b)^3+4(a^2-4b)^2(y_1+y_2+y_3)^2+16(a^2-4b)(y_1y_2+y_1y_3+y_2y_3)+64y_1y_2y_3$$
$$=[8c-a(a^2-4b)]^2$$

而三次方程我们已经会解了, 在解得 t^2 后, 利用开方即可求得(3)的 6 个根 $V_1, V_2, V_3, V_4, V_5, V_6$, 利用

第 5 章 用根的置换解代数方程

$$\begin{cases} V_1 = x_1 + x_2 - x_3 - x_4 \\ V_3 = x_1 + x_3 - x_2 - x_4 \\ V_5 = x_1 + x_4 - x_2 - x_3 \\ -a = x_1 + x_3 + x_2 + x_4 \end{cases}$$

即可解得

$$\begin{cases} x_1 = \frac{1}{4}(V_1 + V_3 + V_5 - a) \\ x_2 = \frac{1}{4}(V_1 - V_3 - V_5 - a) \\ x_3 = \frac{1}{4}(-V_1 + V_3 - V_5 - a) \\ x_4 = \frac{1}{4}(-V_1 - V_3 + V_5 - a) \end{cases}$$

这样,我们就解决了四次方程的求解问题.

§3 求解代数方程式的拉格朗日程序

现在我们仿照拉格朗日用置换的理论回过头去分析胡德方法和费拉利方法. 胡德解法(参阅第 2 章 §4) 的关键一步是引进了代换

$$x = z - \frac{p}{3z} \tag{1}$$

正是这个代换使得原来不能解的方程

$$x^3 + px + q = 0 \tag{2}$$

变成了可以解的方程

$$z^6 + qz^3 - \frac{p}{3z} = 0 \tag{3}$$

或者说就可解与不可解这一点而言,(3) 与(2) 有本质上的不同. 但(3) 又不是随便写出的,它的解 z 是由(2) 的解 x 制约的. 拉格朗日精辟地指出:奥秘正是在这里,正是在于 z 到底是如何用 x 表示出来的. 式(1) 说的是 x 是 z 的函数,拉格朗日却指出我们不应该把注意力集中于此,而应该集中于 z 是 x 什么样的函数这一点上.

拉格朗日发现,在下面这个关于 x_1, x_2, x_3 的多项式

$$\frac{1}{3}(x_1 + \varepsilon x_2 + \varepsilon^2 x_3) \qquad (4)$$

中,把 x_1, x_2, x_3 作置换(回忆一下,共有六种置换),就可以得出(3) 中 z 的六个解. 这只要用

$$\begin{cases} x_1 = u + v \\ x_2 = u\varepsilon + v\varepsilon^2 \\ x_3 = u\varepsilon^2 + v\varepsilon \end{cases} \qquad (5)$$

代到 6 种置换下的(4) 中,即得

$$u, u\varepsilon, u\varepsilon^2, v, v\varepsilon, v\varepsilon^2$$

这正是(3) 的解. 于是拉格朗日找出了 z 与 x 的值的关系是在置换意义下的下式

$$z = \frac{1}{3}(x_1 + \varepsilon x_2 + \varepsilon^2 x_3)$$

上面说过,z 在 6 种置换下取六个不同的值,因此,z 不得不由一个六次方程决定. 但是

$$z^3 = \frac{1}{27}(x_1 + \varepsilon x_2 + \varepsilon^2 x_3)^3 \qquad (6)$$

在 6 种置换下却取两个值. 从而 z^3 的确应该由一个二

第 5 章 用根的置换解代数方程

次方程确定出来. 得出了 z, 再由 $x = z - \dfrac{p}{3z}$ 求 x, 就不难了.

读者已经看到, 方程的可解与不可解确实与置换很有关系.

再看费拉利法解四次方程 (参阅第 2 章 §3). 为了凑成完全平方, 关键在于引进了辅助未知量 y, y 满足的辅助方程式 (3) 是可解的. 那么和前面一样, 我们要问, y 和方程原来的根有什么关系呢? 设 (4) 的第一个方程的两根为 x_1 与 x_2, (4) 的第二个方程的两根为 x_3, x_4, 则易见

$$x_1 x_2 = y_0 + \beta = y_0 + \sqrt{y_0^2 - d}$$
$$x_3 x_4 = y_0 - \beta = y_0 - \sqrt{y_0^2 - d}$$

两式相加即得 $y_0 = \dfrac{1}{2}(x_1 x_2 + x_3 x_4)$, 而 $\dfrac{1}{2}(x_1 x_2 + x_3 x_4)$ 在 x_1, x_2, x_3, x_4 的 24 种置换作用下仅取三种不同的值, 因此它必满足一个系数为已知的三次方程 (3), 从而是可解的. 得出了 y_0, 再求 x 就不难了.

所以不管是胡德法、费拉利法或拉格朗日法 (其他方法也如此), 解三、四次方程的关键在于引进一个关于原来的根的函数 —— 一个恰当的辅助量 (如 $z = \dfrac{1}{3}(x_1 + \varepsilon x_2 + \varepsilon^2 x_3)$, $y = \dfrac{1}{2}(x_1 x_2 + x_3 x_4)$, $V = x_1 + x_2 - x_3 - x_4$ 等), 这些辅助量是根的多项式, 用这些辅助量及其在置换下的不同的值, 可以求出原来的根. 往前看, 这些辅助量 (或它的某次幂) 又可以由一个次数较低的方程解出来, 这个方程的系数是原方程系数

的多项式,因而是已知的.

拉格朗日还更一般地研究了根的有理函数[①]与置换之间的关系. 设 n 次代数方程式

$$a_0 x^n + a_1 x^{n-1} + \cdots + a_n = 0 \,(a_0 \neq 0)$$

的 n 个不同根为 $x_1, x_2, \cdots, x_n$. 他证明了两个重要的命题. 这构成了上述作法的理论根据.

命题 1 如果使根的有理函数 $\Psi(x_1, x_2, \cdots, x_n)$ 不变的一切置换也使根的另一有理函数 $\varphi(x_1, x_2, \cdots, x_n)$ 不变,则 φ 必可用 Ψ 及原方程的系数 $a_0, a_1, \cdots, a_n$ 的有理函数表出.

命题 2 如果使根的有理函数 $\varphi(x_1, x_2, \cdots, x_n)$ 不变的置换亦使另一有理函数 $\Psi(x_1, x_2, \cdots, x_n)$ 不变,而且在使 $\Psi(x_1, x_2, \cdots, x_n)$ 不变的所有置换作用下,φ 取 r 个不同的值,则 φ 必满足一 r 次代数方程,其系数为 Ψ 及原方程之系数 $a_0, a_1, \cdots, a_n$ 的有理函数.

这两个命题的证明我们以后(第 8 章)再给出.

在得到了以上两个命题之后,拉格朗日拟订了一种解 n 次代数方程的方案(已知的一些代数求解方法,都可归结为这一方案的一种具体体现).

对于一般系数为 $a_0, a_1, \cdots, a_n$ 的 n 次代数方程式,设其 n 个不同根为 $x_1, x_2, \cdots, x_n$,则可按下述步骤探

---

① 有理函数是指形如 $\dfrac{f(x_1, x_2, \cdots, x_n)}{g(x_1, x_2, \cdots, x_n)}$ 的分式,其中 $f(x_1, x_2, \cdots, x_n)$ 和 $g(x_1, x_2, \cdots, x_n)$ 均是 P 上的 n 元多项式并且 $g(x_1, x_2, \cdots, x_n) \neq 0$. 多项式是有理函数的特别情形,多项式又称为有理整函数.

第 5 章　用根的置换解代数方程

讨其根式解.

(1) 取 $x_1,x_2,\cdots,x_n$ 的任一对称多项式 $\varphi_0(x_1, x_2,\cdots,x_n)$, 即 φ_0 在所有 $n!$ 个置换作用下都不变. 根据对称多项式基本定理以及韦达公式,我们知道 φ_0 一定可用方程的系数的多项式表出. 为简单起见,不妨就取

$$\varphi_0 = x_1 + x_2 + \cdots + x_n$$

(2) 再选取根的另一个多项式 φ_1, 设 φ_1 只在根的部分置换下不变而在 $n!$ 个置换下取 r 种不同的值. 由命题 2 知道, φ_1 必满足一个 r 次方程, 此方程的系数由 φ_0 及原方程的系数 $a_0, a_1, \cdots, a_n$ 的有理函数所构成. 既然, 前面所取 φ_0 可由原方程式的系数有理地表示, 所以最后该 r 次方程式的系数亦可用原方程式的系数有理地表示出来.

设这个 r 次方程代数可解,由于 φ_1 为此方程的根, 故 φ_1 可用其系数代数表出, 进而 φ_1 可用原方程的系数 $a_0, a_1, \cdots, a_n$ 的代数式表出.

(3) 然后再取根的另一个多项式 φ_2, 设 φ_2 不变的置换仅为使 φ_1 不变的置换的一部分. 若使 φ_1 不变的全部置换作用于 φ_2 时得到 s 种不同的值, 于是再由命题 2, φ_2 满足一 s 次方程, 其系数是 φ_1 及原方程系数的有理函数. 由于 φ_1 已由 $a_0, a_1, \cdots, a_n$ 表出, 故该 s 次方程的系数可以只由 $a_0, a_1, \cdots, a_n$ 的代数式表出.

设此 s 次方程代数可解. 同上面做同样的讨论, φ_2 必可用原方程的系数 $a_0, a_1, \cdots, a_n$ 的代数式表出.

(4) 继续这样的步骤, 可得 $\varphi_3, \varphi_4, \cdots$, 因为使 φ_k

不变的置换随 k 的增大而逐步减少. 最后直至使 φ_k 不变之置换仅有单位置换即可停止,在使前一函数 φ_{k-1} 不变的置换中,仅有一个单位置换使 φ_k 不变. 于是,φ_k 可用 $a_0, a_1, \cdots, a_n$ 代数表出.

这最后的 φ_k,不妨即可取 x_1. 于是 x_1 即可由 a_0,$a_1, \cdots, a_n$ 代数表示出来,从而解出了一个根. $x_2, \cdots, x_n$ 均可用同样的过程解得.

上述过程中出现的那些 r 次,s 次,$\cdots\cdots$ 方程被称为预解方程式.

这个方案看来是很理想的,用它来解二、三、四次方程时也确实很有成效,因为预解方程式的次数较已知方程的次数少一. 可是就五次方程而论,情况就完全不同了. 拉格朗日发现他所得出的五次方程的预解方程式是一个六次方程了. 他费了很多精力去寻找能导致次数低于五次方程的预解方程式,但始终没有成功. 拉格朗日未能找到选择 φ_i 的准则[①],使得 φ_i 满足的那个方程式代数可解.

这样,拉格朗日虽然顽强努力,用根号解高于四次的方程的问题仍然悬而未决. 这个几乎费了三个世纪的劳动的问题正如拉格朗日所表述的那样"它好像是在向人类的智慧挑战".

---

① 只有引入置换群的概念之后,我们才能找到并描述选择 φ_i 的准则,参看第 8 章.

置换·群

第 6 章

§1 置 换

前面我们已经了解到根的置换在代数方程式求解方法中所起的重要作用.现在我们来进一步讨论置换的性质.下面是置换的一般定义.

设
$$M=\{a_1,a_2,\cdots,a_n\}$$
是一个包含 n 个元素的集合.

假若 M 的每一个元素 a_i 都被 M 的另一个元素代替①,并且不同的元素被不同的元素代替,这样我们就说,由集合 M 的全体得出一个 n 次置换.

---

① 在特殊情形下,元素 a_i 可被它自身代替,换句话说,它可以保持不变.

根据这个定义,有限集合 M 的一个置换无非就是集合 M 到其自身的一个——映射.

我们常用下述方法书写置换:把被代替的元素写成一行,代替的元素写在被代替的元素的下面,然后用一个圆括号括起来.于是集合 M 的任一置换为

$$s = \begin{pmatrix} a_1 & a_2 & \cdots & a_n \\ b_1 & b_2 & \cdots & b_n \end{pmatrix}$$

这里 $b_i = s(a_i), i = 1, 2, \cdots, n$.

例如

$$s = \begin{pmatrix} a_1 & a_2 & a_3 & a_4 & a_5 \\ a_4 & a_3 & a_5 & a_2 & a_1 \end{pmatrix} \tag{1}$$

就代表一个含有五个元素 a_1, a_2, a_3, a_4, a_5 的一个置换,就是说,一个五次置换.元素 a_1 的下面是 a_4,这就表示置换 s 把 a_1 换成 a_4.

同理 s 把 a_2 换成 a_3,把 a_3 换成 a_5,把 a_4 换成 a_2,把 a_5 换成 a_1.最后,还要注意一点,在置换 s 的写法中,列的先后次序是可以任意变更的,例如,我们还可以把同一的一个置换(1)写成

$$\begin{pmatrix} a_5 & a_4 & a_3 & a_2 & a_1 \\ a_1 & a_2 & a_5 & a_3 & a_4 \end{pmatrix}$$

在这个写法中,a_1 虽然写在最后的一列,但是和前面一样,a_1 的下面是 a_4,这就是说,由于这个置换,a_1 换成 a_4.其余的元素也是和(1)一样,把 a_2 换成 a_3,把 a_3 换成 a_5,把 a_4 换成 a_2,把 a_5 换成 a_1.

因为置换按定义是一对一的,所以 $b_1, b_2, \cdots, b_n$ 实际上是 $a_1, a_2, \cdots, a_n$ 的一个排列,由此可见,M 的每个

置换对应 $a_1,a_2,\cdots,a_n$ 的一个排列,不同的置换对应不同的排列.此外,$a_1,a_2,\cdots,a_n$ 的任意排列也确定 M 的一个置换,所以,M 的置换共有 $n!$ 个,其中 n 是 M 的元数.

含 n 个元素的集合上的置换称为 n 次置换.以后用 S_n 表示这 $n!$ 个置换作成的集合.

为了简单起见,有时我们不写 $a_1,a_2,\cdots,a_n$ 而只写它们的下标并且就说 n 个数 $1,2,\cdots,n$ 的 n 次置换.例如上面的置换(1),就可以写成五个数的置换如下

$$\begin{pmatrix} 1 & 2 & 3 & 4 & 5 \\ 4 & 3 & 5 & 2 & 1 \end{pmatrix} \qquad (2)$$

现在我们引进置换的一个运算.

设取两个四次置换

$$s_1 = \begin{pmatrix} 1 & 2 & 3 & 4 \\ 2 & 4 & 3 & 1 \end{pmatrix}, s_2 = \begin{pmatrix} 1 & 2 & 3 & 4 \\ 3 & 1 & 4 & 2 \end{pmatrix}$$

我们考查先施置换 s_1,再施置换 s_2,会产生怎样的结果.由于置换 s_1 把 1 换成 2,再由于置换 s_2,把 2 换成 1,所以继续施行 s_1 和 s_2,1 将被换成 1,也就是,1 保持不变.我们可以把这个结果写成:$\begin{matrix}1\\1\end{matrix}$.其次 s_1 把 2 换成 4,s_2 把 4 换成 2,所以继续施行 s_1 和 s_2,数 2 也同样的保持不变.我们可以把这个结果写成:$\begin{matrix}1 & 2\\1 & 2\end{matrix}$.同样,由于继续施行 s_1 和 s_2,3 换成 4.我们把上面的结果写成 $\begin{matrix}1 & 2 & 3\\1 & 2 & 4\end{matrix}$.最后,继续施行 s_1 和 s_2,4 换成 3.我们把这个

Abel-Ruffini 定理

结果写成 $\begin{pmatrix} 1 & 2 & 3 & 4 \\ 1 & 2 & 4 & 3 \end{pmatrix}$. 综合上述,由继续施行 s_1 和 s_2 的结果,我们就得出一个新的置换

$$s_3 = \begin{pmatrix} 1 & 2 & 3 & 4 \\ 1 & 2 & 4 & 3 \end{pmatrix}$$

这个新的置换叫作置换 s_1 和 s_2 的"积",并用下面记号代表它

$$\begin{pmatrix} 1 & 2 & 3 & 4 \\ 2 & 4 & 3 & 1 \end{pmatrix} \cdot \begin{pmatrix} 1 & 2 & 3 & 4 \\ 3 & 1 & 4 & 2 \end{pmatrix} = \begin{pmatrix} 1 & 2 & 3 & 4 \\ 1 & 2 & 4 & 3 \end{pmatrix}$$

一般地,所谓两个 n 次置换 s_1 和 s_2 的"积",是指另一个 n 次置换,它是由继续施行置换 s_1 和 s_2 所得的结果.

自然,置换的"积"和置换"相乘"这两个术语,在这里有着它的特别意义,已不是算术上数的积和相乘的意义了.乘 s_1 于 s_2 的结果,是一个置换 s_3. 但是,假如我们以 s_2 乘以 s_1,就得出完全另外的一个置换

$$\begin{pmatrix} 1 & 2 & 3 & 4 \\ 3 & 1 & 4 & 2 \end{pmatrix} \cdot \begin{pmatrix} 1 & 2 & 3 & 4 \\ 2 & 4 & 3 & 1 \end{pmatrix} = \begin{pmatrix} 1 & 2 & 3 & 4 \\ 3 & 2 & 1 & 4 \end{pmatrix}$$

因此,我们就可以看出,使置换相乘,顺序是很有关系的,置换的乘法和普通算术的乘法是不同的,一般来说,置换乘法不满足交换律:$s_1 s_2$ 不恒等于 $s_2 s_1$. 但是,我们马上就能看到,它却具有算术上另外的一些普通规则.

由 n 个数所成的一切置换中,有一个置换是下面的形式

$$I = \begin{pmatrix} 1 & 2 & 3 & \cdots & n \\ 1 & 2 & 3 & \cdots & n \end{pmatrix}$$

这个置换叫作恒等置换或单位置换.以它乘另一个置换 s,恰得 s 的自身.它和算术中的 1 相当.事实上,对于任意一个置换 s

$$s = \begin{pmatrix} 1 & 2 & 3 & \cdots & n \\ i_1 & i_2 & i_3 & \cdots & i_n \end{pmatrix}$$

常有下面的等式成立

$$sI = Is = s$$

不但如此,而且置换和数还有相似的地方.对于每一个置换 s 均可求出一个所谓的逆置换 s^{-1} 满足等式

$$ss^{-1} = s^{-1}s = I$$

容易验证,s 的逆置换是下面的形式

$$s^{-1} = \begin{pmatrix} i_1 & i_2 & i_3 & \cdots & i_n \\ 1 & 2 & 3 & \cdots & n \end{pmatrix}$$

事实上,假若 s 把 1 换成 i_1,s^{-1} 就把 i_1 换成 1,结果,ss^{-1} 把 1 换成 1.同理,ss^{-1} 把 2 换成 2,3 换成 3,$\cdots$,n 换成 n,这就是说,$ss^{-1} = I$.同样,知道 $s^{-1}s = I$.

其次,我们证明置换的乘法满足结合律

$$(s_1 s_2) s_3 = s_1 (s_2 s_3)$$

要证明这个结果,设想 s_1 把某一数 i 换成 j,s_2 把 j 换成 k,s_3 把 k 换成 r.由于 $s_1 s_2$,i 被换成 k,继续施以置换 s_3,k 就被换成 r,所以,由于施行 $(s_1 s_2) s_3$ 的结果,i 换成 r.

和上面一样,试看 $s_1 (s_2 s_3)$.s_1 把 i 换成 j,但 $s_2 s_3$ 把 j 换成 r,结果,$s_1 (s_2 s_3)$ 的作用和 $(s_1 s_2) s_3$ 是一样的.所以 $(s_1 s_2) s_3 = s_1 (s_2 s_3)$.

Abel-Ruffini 定理

现在利用下面的轮换的概念,我们可以把置换表示成较简单的形式.

设 s 是任意一个 n 次置换,但不是单位置换. 若 s 把某一数 i_1 换成另一个和 i_1 不同的数 i_2,把 i_2 换成另一个和 i_1 不同的数 i_3,⋯⋯ 如此下去,把 i_{k-1} 换成另一个和 i_1 不同的数 i_k,最后 i_k 被换成最初出发的数 i_1,此外,其余的数(如果还有的话)则保持不变①. 这个时候,我们就把 s 叫作一个 k 项轮换,或者简称轮换,并用记号 $(i_1 i_2 i_3 \cdots i_{k-1} i_k)$ 代表它. 特别的,长度为 2 的轮换称为对换.

例如一个 n 次的三项轮换 (132),就代表一个置换,由于它,1 换成 3,3 换成 2,2 换成 1. 其余的数 4,5,⋯,n 都保持不变,换言之

$$(132) = \begin{pmatrix} 1 & 2 & 3 & 4 & \cdots & n \\ 3 & 1 & 2 & 4 & \cdots & n \end{pmatrix}$$

而置换

$$\begin{pmatrix} 1 & 2 & 3 & 4 \\ 2 & 1 & 4 & 3 \end{pmatrix}$$

就不是一个轮换. 事实上,这个置换虽把 1 换成 2,2 换成 1,但其余的数 3 和 4 却不是保持不变的.

最后,还值得注意一点,在一个轮换的写法中,我们可以从它所含的任意一个数开始,例如,轮换 (132)

---

① 在此 i_3 不仅和 i_1 不同,而且和 i_2 也不同,一般每一数 i_s 和前面的数 $i_1, i_2, \cdots, i_{s-1}$ 都不同. 事实上,假若 i_3 和 i_2 重合,这两个不同的数 i_1 和 i_3 就被同一的一个数 i_2 所置换,这显然和置换的定义相矛盾.

就可以写成(321)或(213).

为了方便起见,我们把单位置换看作一个一项轮换,并用(i)代表它,式中的i可以是数$1,2,\cdots,n$中的任意一个. 设$(i_1 i_2 i_3 \cdots i_{k-1} i_k)$和$(j_1 j_2 j_3 \cdots j_{r-1} j_r)$是两个$n$次置换,假若数组$i_1,i_2,\cdots,i_k$和数组$j_1,j_2,\cdots,j_r$不含共同的数,我们就说这两个轮换是相互独立的[①]. 由此可以证明下述定理:

定理 1.1 任意一个置换均可分解为两两相互独立的轮换的乘积.

证明 设s是一个置换. 在s中任意取出一个数i_1. 假若s使i_1不变,i_1自身就成一个一项轮换(i_1). 假若s把i_1换成另外一个和i_1不同的数i_2,再由s,i_2或换成i_1,或换成和i_1不同的i_3. 在第一种情形,得出一个二项轮换,即轮换$(i_1 i_2)$. 在第二种情形,i_2可能换成i_1,由此得三项轮换$(i_1 i_2 i_3)$,否则,i_3被换成和i_1不同的i_4,其余类推. 由于数$1,2,\cdots,n$的个数有限,最后一定得到一个$i_t (t \leqslant n)$而被i_1所置换. 这样就得出一个t项轮换$(i_1 i_2 \cdots i_t)$.

根据上述,无论哪一种情形,由数i_1出发,必然会得出一个轮换$(i_1 i_2 \cdots i_k)$,式中的k满足$1 \leqslant k \leqslant n$.

假若$i_1, i_2, \cdots, i_k$取了所有的数$1,2,\cdots,n$(就是说$k = n$)

$$s = (i_1 i_2 \cdots i_n)$$

这就是所求的轮换表现. 反之,必定有一个数j_1存在,

[①] 亦称这两个轮换是不相交的.

Abel-Ruffini 定理

而不含于 $i_1, i_2, \cdots, i_k$. 由 j_1 出发,继续用上述的方法,就会得到一个轮换 $(j_1 j_2 \cdots j_r)$. 这时如果 $i_1, i_2, \cdots, i_k$, $j_1, j_2, \cdots, j_r$ 取了所有数

$$s = (i_1 i_2 \cdots i_n)(j_1 j_2 \cdots j_r)$$

这就是所给的置换的轮换表现[①]. 假若不然,继续上面的方法,就可以把 s 表示成所要的轮换的乘积.

我们进一步指出,如果略去一项轮换以及不计轮换的书写次序,那么每一置换分解为两两相互独立的轮换的乘积的方法是唯一的.

事实上,设 s 可分解为两种独立的轮换的乘积如下

$$s = (i_1 i_2 \cdots i_n)(j_1 j_2 \cdots j_r) \cdots (k_1 k_2 \cdots k_h) \quad (1)$$

$$s = (i_1' i_2' \cdots i_n')(j_1' j_2' \cdots j_r') \cdots (k_1' k_2' \cdots k_h') \quad (2)$$

试看式(1)中的任意轮换,例如 $(i_1 i_2 \cdots i_n)$, i_1 必出现在式(2)中的某个轮换之内,例如 $(i_1' i_2' \cdots i_n')$. 由于一个轮换中任意元素都可排在头一位,不妨假定 $i_1 = i_1'$, 由此 i_1 和 i_1' 应该被换成同样的数,于是, $i_2 = i_2'$, 类推之, $i_3 = i_3'$, $\cdots$. 如此,可见 $(i_1 i_2 \cdots i_n)$ 必和 $(i_1' i_2' \cdots i_n')$ 完全相同,这就是说,(1)中的任意轮换必出现在(2)中,同样(2)中的任意轮换必出现在(1)中,因之,(1)和(2)含有的轮换一样,至多在排列方式上有所不同. 但容易验证,相互独立的轮换相乘适合交换律,所以排列的次序是可以任意改变的.

[①] 我们容易证明 $(i_1 i_2 \cdots i_n)$ 和 $(j_1 j_2 \cdots j_r)$ 是相互独立的. 假若不然,设 $j_s = i_t$, j_1 就会含于数 $i_1, i_2, \cdots, i_n$ 中,这显然和 j_1 的意义相矛盾.

不难看出，任意轮换可以写成对换的乘积，例如我们有下列公式

$$(a_1 a_2 \cdots a_r) = (a_1 a_r)(a_1 a_{r-1}) \cdots (a_1 a_3)(a_1 a_2)$$

于是由定理 1.1 即可推知下列推论.

推论 对任意置换，有一法（但未必只有一法）可将其写成一些对换的乘积.

这里，乘积中出现的诸对换已非不相交，例如上面的等式中诸对换均含有 a_1. 而且，表法也不唯一. 例如，$(12) = (12)(13)(13) = (23)(13)(23)$.

现在我们举两个例题说明如何分解一个置换成轮换的乘积.

例 1 试讨论置换

$$s = \begin{pmatrix} 1 & 2 & 3 & 4 & 5 & 6 & 7 & 8 \\ 2 & 8 & 5 & 3 & 4 & 7 & 6 & 1 \end{pmatrix}$$

这个置换把 1 换成 2，同时又把 2 换成 8，8 换成 1. 由此我们得出一个轮换 (128). 其次再任选一个数，而不含于 1,2,8 中，例如我们选 3，置换 s 把 3 换成 5，5 换成 4，4 换成 3，由此得出另一个轮换 (354). 至此我们还没有把 s 所有的数取尽，因为还余有两个数 6 和 7. 再继续下去，我们知道 s 把 6 换成 7，7 换成 6，由此得出最后的一个轮换 (67).

因此，所给的置换 s 可以分解成三个轮换的积：$s = (128)(354)(67)$.

例 2 我们留给读者自己去证明，置换

$$t = \begin{pmatrix} 1 & 2 & 3 & 4 & 5 & 6 & 7 & 8 & 9 \\ 6 & 3 & 5 & 2 & 4 & 7 & 9 & 8 & 1 \end{pmatrix}$$

可以分解成两两相互独立的轮换如下:
$s=(1679)(2354)(8)$.

因为一项轮换就是单位置换,所以我们可以把所有的一项轮换略去不写.

§2 对称性的描述·置换群的基本概念

我们已经知道:所谓根的对称多项式就是在所有 $n!$ 种置换作用下都是不变的多项式. 而非对称多项式就是指在有些置换下会变化的多项式,以 $n=3$ 为例,多项式

$$\varphi=(x_1-x_2)(x_2-x_3)(x_3-x_1)$$

在所有 $3!=6$ 种置换作用下,有的置换会使它发生变化,例如

$$\varphi\begin{pmatrix}1 & 2 & 3 \\ 2 & 1 & 3\end{pmatrix}=(x_2-x_1)(x_1-x_3)(x_3-x_2)=-\varphi$$

但有的却不会使它发生变化,例如

$$\varphi\begin{pmatrix}1 & 2 & 3 \\ 2 & 3 & 1\end{pmatrix}=(x_2-x_3)(x_3-x_1)(x_1-x_2)=\varphi$$

通过验证我们可以将使 φ 不变的置换全部写出来,它们是以下三个

$$I=\begin{pmatrix}1 & 2 & 3 \\ 1 & 2 & 3\end{pmatrix}, s=\begin{pmatrix}1 & 2 & 3 \\ 2 & 3 & 1\end{pmatrix}, t=\begin{pmatrix}1 & 2 & 3 \\ 3 & 1 & 2\end{pmatrix}$$

现在来研究一下由这三个置换 I,s,t 所组成的集合 G 的一些重要性质.

第6章 置换·群

对于这个集合中的任意两个元素（置换），我们已经定义了一种运算——置换的乘法. 容易验证
$$Is = sI = s, It = tI = t$$
及
$$st = \begin{pmatrix} 1 & 2 & 3 \\ 2 & 3 & 1 \end{pmatrix} \begin{pmatrix} 1 & 2 & 3 \\ 3 & 1 & 2 \end{pmatrix} = \begin{pmatrix} 1 & 2 & 3 \\ 1 & 2 & 3 \end{pmatrix} = I = ts$$
$$ss = \begin{pmatrix} 1 & 2 & 3 \\ 2 & 3 & 1 \end{pmatrix} \begin{pmatrix} 1 & 2 & 3 \\ 2 & 3 & 1 \end{pmatrix} = \begin{pmatrix} 1 & 2 & 3 \\ 3 & 1 & 2 \end{pmatrix} = t$$
$$tt = \begin{pmatrix} 1 & 2 & 3 \\ 3 & 1 & 2 \end{pmatrix} \begin{pmatrix} 1 & 2 & 3 \\ 3 & 1 & 2 \end{pmatrix} = \begin{pmatrix} 1 & 2 & 3 \\ 2 & 3 & 1 \end{pmatrix} = s$$

这里我们看到了一个现象：任取 G 中两个元素，它们的乘积仍为 G 中的元素；而且 G 中每一置换之逆置换亦在 G 中 ($I^{-1} = I, s^{-1} = t, t^{-1} = s$). 当然，从所有置换中随便取一部分出来组成一个集，未必一定会有上述性质的，我们把集 G 所具有的这种特殊性质一般地叙述一下，就是：

$1°$ 对 G 中任意两个置换规定了一种运算——置换的乘积，G 中的置换经过这一运算后，所得的结果仍是 G 中的一个置换；

$2°$ 这种运算是满足结合律的；

$3° G$ 中含有恒等置换，它与 G 中任何置换运算的结果仍是那个置换；

$4° G$ 中的每一置换在 G 中必有一逆置换.

一些置换所组成的集合，如果能满足以上四条性质，我们就称此集合为一置换群.

上面例子中 I, s, t 三置换所组成的集合 G 就构成

一置换群.

我们说过,并不是所有由置换构成的集合一定会是置换群.注意上述 G 的特殊之处是 G 恰好是使一个多项式

$$(x_1 - x_2)(x_2 - x_3)(x_3 - x_1)$$

不变的所有那些置换组成的.这一点并非偶然,事实上,我们可以证明

基本定理 使得任一多项式 $\varphi(x_1, x_2, \cdots, x_n)$ 不变的所有置换构成的集合 G 是一个置换群.

事实上,如果 G 中的 s, t 使 φ 不变的话,则 s 与 t 的乘积对 φ 所起的作用,无非是将 s 与 t 这两个置换相继作用于 φ,如此 st 亦必然在集合 G 中.这就证明了 G 满足性质 1°.至于性质 2° 则是对任意置换的乘法都是满足的,G 中的置换自然也不例外.因为恒等置换 I 不会使 φ 发生变化,所以 I 在我们所考虑的集合中;G 满足性质 3°.最后,如果某一置换 s 使 φ 不变,而它的逆 s^{-1} 使 φ 变化,则 $ss^{-1} = I$ 将会使 φ 发生变化,矛盾.故 G 满足性质 4°.综上所述,G 是一个置换群.

群 G 称为函数 φ 的对称性特征不变群(简称特征不变群),而函数 φ 则称为群 G 的特征不变式.这时候也说函数 φ 属于群 G.注意此群为一切有这特性——不变 φ 的形式——之置换所组成.换言之,群 G 中置换施于 φ 而不变其形式,且只有 G 中的置换始能如此.例如设函数 φ 属于群 G,则群 G 的子群 G_1 亦满足使 φ 不变其形式的条件.但 G 中不属于 G_1 的置换,亦有此性质,故函数 φ 不属于群 G_1,即 G_1 不是 φ 的特征不

第6章 置换·群

变群.

反过来,我们可以证明基本定理的逆定理也是成立的:

基本定理的逆定理 设 G 是由关于 $x_1, x_2, \cdots, x_n$ 的置换所构成的置换群,则必存在有理函数 $\phi(x_1, x_2, \cdots, x_n)$,使它属于 G.

证明 设 $G = \{I, a, b, \cdots, h\}$. 而取函数
$$V = m_1 x_1 + m_2 x_2 + \cdots + m_n x_n$$
其中 $m_1, m_2, \cdots, m_n$ 皆不相等,于是将 S_n 中一切置换施于 V 后共得 $n!$ 种形式. 今将 G 中各置换施于 V,得
$$V_I = V, V_a, V_b, \cdots, V_h \qquad (1)$$
亦各不相同. 再在 G 中取一置换 c 施于(1)中各函数,得
$$V_{Ic}, V_{ac}, V_{bc}, \cdots, V_{hc} \qquad (2)$$
因为 $Ic, ac, bc, \cdots, hc$ 互不相同(例如若 $ac = bc$,则 $acc^{-1} = bcc^{-1}$ 即得矛盾结论 $a = b$),但均属于 G,故(2)中各函数仍为(1)所有,不过次序不同而已. 令
$$\varphi = (\rho - V_I)(\rho - V_a) \cdots (\rho - V_h)$$
这里 ρ 为以待定量.

现在我们将说明,可以适当地选取 ρ 的值,使得不在 G 中的任一置换 s,皆能改变 φ 之形式. 为此设
$$\varphi_s = (\rho - V_{Is})(\rho - V_{as}) \cdots (\rho - V_{hs})$$
则由于 V_{Is} 与 $V_I = V, V_a, V_b, \cdots, V_h$ 均不同,故 φ 与 φ_s 不同. 使 s 遍历 S_n 中 G 外的一切置换,而作连乘方程式
$$\prod_{s \in S_n, s \notin G} (\varphi - \varphi_s) = 0$$

Abel-Ruffini 定理

则不满足上述方程式之 ρ 值，必使得 $\varphi \neq \varphi_s$，而 φ 即为所求之函数.

§3　一般群的基本概念

任何一个集合，它的元素可以是数，也可以不是数（例如以置换为元素的集合）. 在这个集合中对任意两个元素往往可以规定一种运算（有时可以有不止一种运算，但我们这里只需要考查一种运算），这种运算也是多种多样的. 例如元素为一切整数所成之集合，运算为加法；元素为 n 个文字的全部（共 $n!$ 个）置换，运算为置换的乘法.

运算的概念可以抽象地加以定义. 设已知一集合 M. 在集合 M 中定义的一个代数运算是指这样的一个对应，由于它，对于 M 中任意一对按照次序而取的元素 a, b，有唯一确定的 M 中的第三个元素 c 和它对应.

利用映射的概念，我们可以把上面的定义说得简单一些，即在集合 M 中定义的一个代数运算是指定义在由 M 中的元素所组成的有序元素对的全体的集合上的一个映射，而映像又是属于 M 的.

在代数运算的定义中，已经包括了运算的单值性的要求和对任意一对元素均可进行运算的要求. 另一方面，这个定义里还提到了进行运算时从集合 M 中取出元素的次序. 换句话说，这个定义并没有排除下述的可能性，即与集合 M 中的元素偶 a, b 及元素偶 b, a

相对应的元素可能互不相同,也就是说,所讨论的运算是非交换的.

还可以举出许多由普通的数所组成的、带有一个运算的集合,它们能适合上述的定义.例如,数的加法和乘法都是正整数集的代数运算;但负整数的集合对于乘法,奇数的集合对于加法是不适合我们的定义的.同样,全体实数的集合,如果把除法看作它上面的运算,也不适合这个定义,因为不能用零除.如大家所熟知的,也有各种各样不是行之于数的代数运算的例子.三维欧氏空间中矢量的矢量乘法,n 阶方阵的乘法,一个实变数的实函数的相加以及这些函数的相乘等,都是这样的代数运算.

现在引入到一般群的概念.

定义 1.1 一个非空集合 G 叫作一个群,如果在它里面定义了一个所谓乘法[①]的代数运算:对于 G 的每两个元素 a,b,这个运算相应地确定一个属于 G 且被称为 a,b 的积的元素 ab,而且这个运算具有下面的性质:

  Ⅰ 结合性:$(ab)c=a(bc)$;

  Ⅱ 单位元素:存在一个元素 e,使得 $eg=ge=g$,其中 g 是 G 的任意元素;

  Ⅲ 逆元素:对于 G 的任意元素 g,存在 $h\in G$,使得 $gh=hg=e$.

如果群的运算是可交换的,即对于 G 的任何 a,b

---

① 仅为了叙述上的方便,我们才把代数运算统一称作乘法.

均有 $ab=ba$,那么群 G 就叫作交换群.

按照定义,S_n 关于置换的乘法构成一个群,称为(n 次)对称群;置换群也是一个群.所有整数在(数的)加法的运算之下也成为一个群.

带有一个运算的集合并不都是群.作为例子,容易验证,自然数全体对于通常的加法运算不构成一个群(因为这时没有单位元素,也没有逆元素).全体整数对于(数的)乘法运算也不成为群(因为 0 没有逆元素).

不难证明,一个群的单位元和群中每一个元素的逆元都是唯一的.

证明 若 e 和 e' 都是单位元素,则 $e'=ee'=e$,故 $e'=e$.

若 g'^{-1} 是满足 g 的逆元性质的又一元素,则
$$g'^{-1}=g'^{-1}e=g'^{-1}(gg^{-1})=(g'^{-1}g)g^{-1}=eg^{-1}=g^{-1}$$
故
$$g'^{-1}=g^{-1}$$
这就完成了单位元、逆元唯一的证明.

如果一个群 G 只含有有限个元素,则称 G 为有限群.同时把 G 所含有元素的个数称为 G 的阶数,记为 $|G|$.不是有限的群称为无限群.在这本书中,如果不作特别指出,群均指有限群.

§4 子群·群的基本性质

设 G 是一个群,H 是 G 的一个子集,如果按照 G 中

的乘法运算，H 仍是一个群，则 H 叫作 G 的子群.任一群 G 都有两个明显的子群,一个是由其单位元素组成的子群 $\{e\}$,称为 G 的单位子群;还有一个就是 G 本身.

注意：G 的子群 H 不只是一个包含在 G 中的群,而且 H 的运算必须与 G 的运算一样,比如,非零实数作成的乘法群不是所有实数作成的加法群的子群.

让读者自己去证明,一个群 G 的一个非空集合 H 作成 G 的一个子群的充分且必要条件是:对任意的 s, $t \in H$，均有 $st^{-1} \in H$.

一个群和它的子群的阶数之间有下列简单关系:

定理 4.1（拉格朗日定理） 群的阶数必能被其子群的阶数整除,或者说子群的阶数是群阶数的因子.

证明 设群 G 有 n 个元素而 H 是它的一个子群,并且 H 有 m 个不同的元素,记为

$$h_1, h_2, \cdots, h_m \qquad (1)$$

现在任取一个不在 H 中的 G 的元素 g_1,作出 m 个乘积如下

$$h_1 g_1, h_2 g_1, \cdots, h_m g_1 \qquad (2)$$

这 m 个元素必定互异.因为不然的话,例如 $h_i g_1 = h_j g_1$,则两边右乘 g_1^{-1} 后将得出 $h_i = h_j$ 的矛盾.同时这 m 个元素在 G 中但都不在 H 中,否则 g_1 就要属于 H 了.

如果 $n > 2m$,则我们一定还可以取一个 G 中的元素 g_2, g_2 与上述(1)(2)中的 $2m$ 个元素不同,于是再作

$$h_1 g_2, h_2 g_2, \cdots, h_m g_2$$

同前面一样,这 m 个元素彼此互异且都在 G 中,但和前

Abel-Ruffini 定理

面的 $2m$ 个元素都不相同. 既然 G 中的元素个数是有限的, 按照这种方式终可将 G 的 n 个元素排成下列形式

$$h_1, h_2, \cdots, h_m$$
$$h_1 g_1, h_2 g_1, \cdots, h_m g_1$$
$$h_1 g_2, h_2 g_2, \cdots, h_m g_2$$
$$\vdots$$

所以 m 必能除尽 n.

若 H 是 G 的子群, 则常常采用符号 $[G:H]$ 代表 $\dfrac{|G|}{|H|}$. 由拉格朗日定理, 知它是一个正整数. 若 $[G:H]=r$, 依照拉格朗日定理的证明过程, 我们知道集合 G 可以分解为 r 个两两不相交集合的并

$$G = H \cup Hg_1 \cup Hg_2 \cup \cdots \cup Hg_{r-1} \qquad (3)$$

这里 $Hg_i = \{h_1 g_i, h_2 g_i, \cdots, h_m g_i\}^{①}, i=1,2,\cdots,r-1$. 等式 (3) 称为群 G 按子群 H 的右分解. 类似的, G 亦可按子群 H 进行左分解.

设群 G 的阶数为 n, 在 G 中任取一元素 g, 依次作它的各次方幂得到无限序列

$$g, g^2, g^3, \cdots$$

由群的性质知这些方幂都是 G 的元素. 但是, 我们已经知道 G 的元素不能是无限多 (事实上, 只有 n 个), 所以在刚才的序列中必有重复的出现, 设

$$g^s = g^t \quad (s > t)$$

---

① 这里定义的集合 $Hg_1, Hg_2, \cdots, Hg_{r-1}$ 通常称为 H 的右陪集. 这概念是在群的进一步研究中产生的. 但是我们现在不论及这些.

以 g^t 的逆元 g^{-t} 左乘这个等式的两端得
$$g^{s-t} = e$$
所以对于 G 中任何元素一定存在正整数 m 使得 $g^m = e$. 能使 $g^m = e$ 的那些正整数中最小的那个数称为元素 g 的周期. 不同元素的周期未必相同. 特别的, 元素 e 而且仅有这个元素的周期等于 1.

显然, $\{e, g, g^2, \cdots, g^{k-1}\}$ (k——g 的周期) 构成一 k 阶子群. 于是由拉格朗日定理得到

推论 1 一个群的阶数必能被其任一元素的周期整除.

若群 G 中的每个元素都是 G 中某个固定元素 a 的整数方幂 a^n, 则称 G 是由 a 生成的循环群①, 并称 a 为 G 的一个生成元.

设 ε 是一个 12 次本原单位根, 则全部 12 次单位根所成的群 U_{12} 是由 ε 生成的循环群
$$U_{12} = \{\varepsilon^k \mid k = 0, 1, 2, \cdots, 11\}$$
U_{12} 一共有 $\varphi(12) = 4$ 个生成元: $\varepsilon^1, \varepsilon^5, \varepsilon^7, \varepsilon^{11}$.

显然, 循环群的子群仍为循环群.

由推论 1, 即可得到一个重要结论:

推论 2 若群的阶数为一素数, 则此群必为循环群.

证明 设群 G 的阶为素数 p. 现任取 G 中的一个元素 $g \neq e$. 由推论 1, g 的周期 k 是素数 p 的因子; 但 k 不能等于 1, 因为 $g \neq e$. 于是 $k = p$. 于是由 g 的方幂构

---

① 循环群亦称为巡回群.

成的循环群 $\{e, g, g^2, \cdots, g^{k-1}\}$ 恰有 p 个元素,正好穷尽 G 的所有元素,换句话说 $G = \{e, g, g^2, \cdots, g^{k-1}\}$,即 G 是循环群.

§5 根式解方程式的对称性分析

我们从一个观察开始,即如果方程
$$x^n + a_1 x^{n-1} + \cdots + a_n = 0 \qquad (1)$$
的根为 $x_1, x_2, \cdots, x_n$,则韦达公式表明 a_i 是 $x_1, x_2, \cdots, x_n$ 的某种函数. 例如
$$a_n = (-1)^n x_1 x_2 \cdots x_n, a_1 = -(x_1 + x_2 + \cdots + x_n)$$
这些函数是对称的,即在任意一个 $x_1, x_2, \cdots, x_n$ 的置换之下都保持不变. 由此可知,任一 $a_1, a_2, \cdots, a_n$ 的有理函数也是 $x_1, x_2, \cdots, x_n$ 的对称函数. 根式解方程的目标就是对 $a_1, a_2, \cdots, a_n$ 作有理运算或根式运算而得到方程的根,即那些完全不对称的函数 x_i.

因此,根式必须用某种变形约化为对称的,我们可以看看二次方程的情形. 方程
$$x^2 + a_1 x + a_2 = (x - x_1)(x - x_2) = 0$$
的根是
$$x_1, x_2 = \frac{-a_1 \pm \sqrt{a_1^2 - 4a_2}}{2}$$
$$= \frac{(x_1 + x_2) \pm \sqrt{x_1^2 - 2x_1 x_2 - x_2^2}}{2}$$
我们注意到,对称函数 $x_1 + x_2$ 与 $x_1^2 - 2x_1 x_2 - x_2^2$ 在

引入二值的 $\sqrt{}$ 后产生了两个非对称函数 x_1, x_2. 一般地,引入根号 $\sqrt[p]{}$ 后,函数值的数目增加了 p 倍,而对称性缩减了 p 倍——其意是指:保持函数不变的置换群的规模缩减为原来的 $1/p$.

以上的观察说明,方程式能否根式求解与保持函数不变的置换群有关.

进一步,根式求解高次方程的方法是逐步打破对称性,转化为一组二项方程而逐步根式解之.

作为例子,我们来分析以前三次方程式的胡德解法. 三次方程式
$$y^3 + py + q = 0$$
三根 y_1, y_2, y_3 的解出,下面的所谓预解方程式(均为二项方程)起了关键的作用
$$\Delta^2 = \frac{q^2}{4} + \frac{p^3}{27}$$
而
$$\Delta = \frac{\sqrt{-3}}{18}(y_1 - y_2)(y_2 - y_3)(y_3 - y_1)$$
$$z^3 = -\frac{q}{2} + \Delta, \text{而} \ z = \frac{1}{3}(y_1 + \omega y_2 + \omega^2 y_3)$$
$$y_1 = z - \frac{p}{3z}, y_2 = \omega z - \frac{\omega^2 p}{3z}, y_3 = \omega^2 z - \frac{\omega p}{3z}$$

从方程的系数开始,它们相对于所有的根具有最高的对称性,因为它们是根的基本对称多项式
$$0 = y_1 + y_2 + y_3$$
$$p = y_1 y_2 + y_1 y_3 + y_2 y_3$$
$$p = -y_1 y_2 y_3$$

Abel-Ruffini 定理

接下来是寻找一个具有更少对称性的表达式,它的某次方是根的对称多项式从而是系数的多项式. 在这个例子中是 $\Delta = \frac{\sqrt{-3}}{18}(y_1-y_2)(y_2-y_3)(y_3-y_1)$,它在根之间的一组置换 $\{I,(x_1x_2x_3)(x_1x_3x_2)\}$ 下保持不变,在另一组置换下变号,即变为 $-\Delta$,因而 Δ^2 相对于所有的根的置换都不变,于是它可表为基本对称多项式 $0, p, q$ 的多项式,即表达成某个 $f(0,p,q)$(虽然计算起来有些麻烦,但是这是基本的事实).

接下来是寻找某个更少对称性的表达式,它的某次方在上述的一组置换下保持不变,在这个例子中是 $z = \frac{1}{3}(y_1 + \omega y_2 + \omega^2 y_3)$,它仅在恒等置换下不变,其余置换会生变更. 计算可知

$$z^3 = \left[\frac{1}{3}(y_1 + \omega y_2 + \omega^2 y_3)\right]^3$$
$$= \frac{1}{27}[y_1^3 + y_2^3 + y_3^3 +$$
$$3\omega(y_1^2 y_2 + y_2^2 y_3 + y_3^2 y_1) +$$
$$3\omega^2(y_1^2 y_3 + y_2^2 y_1 + y_3^2 y_2)]$$

可见它在上述那组置换下形式不变而在另外一组置换下形式会改变,因而可以表示成 $\Delta, 0, p, q$ 的有理函数(拉格朗日定理的命题 1)

$$z^3 = g(0, p, q, \Delta)$$

最后就是完全没有对称性了,同样的原因,可以决定出所有的根,它们都是 z 的有理函数,例如

$$y_1 = g(0, p, q, \Delta, z)$$

虽然在本例中那些有理表达式易于计算,但是在一般的更高次数的方程中,决定此类有理函数的计算则未必容易,但可由拉格朗日的命题 1 断定其必定存在.

以后,我们将推广这个过程并给以严格的理论基础.

论四次以上方程式不能解成根式

第 7 章

§1 方程式解成根式作为域的代数扩张

虽然我们已经确切地说过根式解方程式的含义,但是那种纯文字叙述的方式并不便于我们对它作进一步的数学处理. 我们指出,用根式解方程的问题还可以表述为:将给定方程式的根用方程的系数通过依次的有理运算与解二项方程式表示出来. 比方说,要求解三次方程式 $x^3+px+q=0$ 的根,需要:

1. 做有理运算:$z_1 = \dfrac{q^2}{4} + \dfrac{p^3}{27}$;

2. 解二项方程式:$z_2^2 = z_1$;

3. 在 z_2 与方程的系数上做有理运算:$z_3 = \dfrac{q}{2} + z_2$;

4. 解二项方程式:$u^2 = z_3$;

第 7 章 论四次以上方程式不能解成根式

5. 做有理运算:$x = u - \dfrac{p}{3u}$.

应用数域的语言,就是说,代数方程式根式解密切联系着在所考虑的域上添加其代数数的那种扩张过程:设 $\alpha_1, \alpha_2, \cdots, \alpha_n$ 是 n 次方程式

$$a_0 x^n + a_1 x^{n-1} + \cdots + a_n = 0 \tag{1}$$

的根,$\Delta = Q(a_0, a_1, \cdots, a_n)$ 是它的有理域,而 $\Omega = \Delta(\alpha_1, \alpha_2, \cdots, \alpha_n)$ 是它的正规域. 则

定理 1.1 方程式(1)可以解为根式的必要而充分条件是要正规域 $\Omega = \Delta(\alpha_1, \alpha_2, \cdots, \alpha_n)$ 被包含在扩域 $\Sigma = \Delta(\rho_1, \rho_2, \cdots, \rho_k)$ 中,这扩域是由添加若干根式 $\rho_1 = \sqrt[n_1]{A_1}, \rho_2 = \sqrt[n_2]{A_2}, \cdots, \rho_k = \sqrt[n_k]{A_k}$ 到 Δ 中而得到的,其中 A_1 属于 Δ,A_2 属于 $\Delta(\rho_1), \cdots, A_k$ 属于 $\Delta(\rho_1, \rho_2, \cdots, \rho_{k-1})$.

证明 如果方程式(1)能解为根式,则就是说,该方程式的根可以由四种算术运算组合其系数及某些根式 $\rho_1, \rho_2, \cdots, \rho_k$ 表示出来. 既然域 $\Sigma = \Delta(\rho_1, \rho_2, \cdots, \rho_k)$ 包含系数 $a_0, a_1, \cdots, a_n$ 及根式 $\rho_1, \rho_2, \cdots, \rho_k$ 并且亦如任何数域一样对算术运算是封闭的,则根 $\alpha_1, \alpha_2, \cdots, \alpha_n$ 应该在 Σ 中. 所以,Ω 这个所有包含 Δ 及 $\alpha_1, \alpha_2, \cdots, \alpha_n$ 的数域中之最小的数域本身应该被包含在 Σ 中.

反之,如果 Ω 被包含在 Σ 中,$\Omega \subseteq \Sigma$,则方程式(1)的所有根 $\alpha_1, \alpha_2, \cdots, \alpha_n$ 都在 Σ 中. 因此 $\alpha_1, \alpha_2, \cdots, \alpha_n$ 将可以用根式 $\rho_1, \rho_2, \cdots, \rho_k$ 及 Δ 中的某些数表示出来. 但 Δ 中的每个数又能借四种算术运算的有限组合及根式 $\rho_1, \rho_2, \cdots, \rho_k$ 表出. 换句话说,方程式(1)能解成根式.

这个定理表明,所谓根式解的问题,只不过是域的问题:如果我们能够找到一个域 K,使其包含正规域 Ω,并且 $K = K_m$ 可以由一些子域陆续加入开方根式而得

$$K_0 = \mathbf{Q}(a_0, a_1, \cdots, a_n) \subseteq K_1 \subseteq K_2 \subseteq \cdots \subseteq K_m$$

这里 $K_i = K_{i-1}(\rho_i)$,并且 $(\rho_i)^{n_i} \in K_{i-1}$ ($i = 1, 2, \cdots, m$;n_i 是由 ρ_i 决定的正整数)[①],则方程式有根式解. 这样首要的问题变成:研究域的结构,研究一个域可能有哪些子域,研究哪些域可以由子域的元素开方而得到.

下面通过考虑小次数多项式的根的经典公式来验证这个定理.

二次方程式

$$f(x) = x^2 + px + q = 0$$

的根 x_1 与 x_2 可用二次求根公式

$$x = -\frac{p}{2} \pm \sqrt{\frac{p^2}{4} - q}$$

来确定. 令 $K_0 = \mathbf{Q}(p, q)$. 定义 $K_1 = K_0(\rho_1)$,其中 $\rho_1 = \sqrt{\frac{p^2}{4} - q}$,则 K_1 是 K_0 的根式扩域,因为 $\rho_1^2 \in K_1$. 此外,二次求根公式蕴含 K_1 是 $f(x)$ 的正规域,所以 $f(x)$ 根式可解.

我们再来看三次方程式 $x^3 + px + q = 0$,它的根可按公式

$$x_1 = \sqrt[3]{-\frac{q}{2} + \sqrt{(\frac{q}{2})^2 + (\frac{p}{3})^3}} +$$

[①] 这样由添加根式的扩张称为根式扩张.

第7章　论四次以上方程式不能解成根式

$$x_2 = \varepsilon \cdot \sqrt[3]{-\frac{q}{2} + \sqrt{(\frac{q}{2})^2 + (\frac{p}{3})^3}} + \varepsilon^2 \cdot \sqrt[3]{-\frac{q}{2} - \sqrt{(\frac{q}{2})^2 + (\frac{p}{3})^3}}$$

$$x_3 = \varepsilon^2 \cdot \sqrt[3]{-\frac{q}{2} + \sqrt{(\frac{q}{2})^2 + (\frac{p}{3})^3}} + \varepsilon \cdot \sqrt[3]{-\frac{q}{2} - \sqrt{(\frac{q}{2})^2 + (\frac{p}{3})^3}}$$

来解,这里是 $\varepsilon = -\frac{1}{2} + \frac{\sqrt{3}}{2}i$ 是三次单位本原根.

令

$$K_0 = \mathbf{Q}(p, q)$$
$$K_1 = K_0(\varepsilon)$$
$$K_2 = K_1\left(\sqrt{(\frac{q}{2})^2 + (\frac{p}{3})^3}\right)$$
$$K_3 = K_2\left(\sqrt[3]{-\frac{q}{2} + \sqrt{(\frac{q}{2})^2 + (\frac{p}{3})^3}}\right)$$
$$K_4 = K_3\left(\sqrt[3]{-\frac{q}{2} - \sqrt{(\frac{q}{2})^2 + (\frac{p}{3})^3}}\right)$$

则 $K_0 \subseteq K_1 \subseteq K_2 \subseteq K_3 \subseteq K_4$ 中的每个扩张均是根式扩张,并且 $x_1, x_2, x_3 \in K_4$.

§2　第一个证明的预备

在下一节我们将看到,凡次数等于 5 或大于 5 的代数方程式都没有一般的根式解公式. 这个划时代的结论主要是阿贝尔和鲁菲尼的贡献. 我们的证明即是以阿贝尔的原始论文为基础的.

在第一节已经证明过方程式
$$a_0 x^n + a_1 x^{n-1} + \cdots + a_n = 0 (a_0 \neq 0) \quad (1)$$
可解为根式的必要且充分的条件是要正规域 $\Omega = \Delta(\alpha_1, \alpha_2, \cdots, \alpha_n)$ 被包含在扩域 $\Delta(\rho_1, \rho_2, \cdots, \rho_n)$ 中, 这里扩域是由在 Δ 中添加若干根式 $\rho_1 = \sqrt[n_1]{A_1}, \rho_2 = \sqrt[n_2]{A_2}, \cdots, \rho_k = \sqrt[n_k]{A_k}$ 而得到的, 其中 A_1 属于 Δ, A_2 属于 $\Delta(\rho_1), \cdots, A_k$ 属于 $\Delta(\rho_1, \rho_2, \cdots, \rho_{k-1})$; 这里域 Δ 无非就是方程式的有理域.

我们总可以假设根式的指数 $n_1, n_2, \cdots, n_k$ 是素数. 这是因为, 如果遇到比方说像 $\sqrt[12]{A}$ 这样的根式, 则我们可代之以三个根式 $\rho' = \sqrt{A}, \rho'' = \sqrt{\rho'}$ 及 $\rho''' = \sqrt[3]{\rho''}$. 在这种符号之下我们以后对根式 ρ_i 的指数不以 n_i 来表示而以 p_i 来表示, 并且默认 p_i 为素数.

我们在 Δ 上添加 1 的 p_1 次, p_2 次, $\cdots, p_k$ 次的本原根并且以 K 来表示这样的添加结果: $K = \Delta(\varepsilon_1, \varepsilon_2, \cdots, \varepsilon_k)$. 显然, 如果方程式(1)能解成根式, 则它的正规域 Ω 将更不待言被包含在扩域 $K(\rho_1, \rho_2, \cdots, \rho_k)$ 中. 但是根式 $\rho_1 = \sqrt[p_1]{A_1}, \rho_2 = \sqrt[p_2]{A_2}, \cdots, \rho_k = \sqrt[p_k]{A_k}$ 的一部分可以是多余的. 即, 如果根式 $\rho_i = \sqrt[p_i]{A_i}$ 的根下数 A_i 在域 $K(\rho_1, \rho_2, \cdots, \rho_{i-1})$ 恰好是 p_i 次的方幂, 亦就是说, 如果 $A_i = a^{p_i}$ [这里 a 是 $K(\rho_1, \rho_2, \cdots, \rho_{i-1})$ 中的某一个元素], 则二项式 $x^{p_i} - A_i$ 的所有根将都在这域里面, 因

第7章 论四次以上方程式不能解成根式

此根式 ρ_i 成为多余的 —— 它添加到域 $K(\rho_1,\rho_2,\cdots,\rho_{i-1})$ 上去,事实上并没有使它扩大
$$K(\rho_1,\rho_2,\cdots,\rho_i) = K(\rho_1,\rho_2,\cdots,\rho_{i-1})$$

现在我们来证明下面这阿贝尔发现的定理作为第一个预备:

预备定理1 如果 A_i 不是域 $K(\rho_1,\rho_2,\cdots,\rho_{i-1})$ 中的 p_i 次的方幂,则二项式 $x^{p_i} - A_i$ 在域 $K(\rho_1,\rho_2,\cdots,\rho_{i-1})$ 中不可约.

证明 我们假设其反面,设这二项式 $x^{p_i} - A_i$ 在 $K(\rho_1,\rho_2,\cdots,\rho_{i-1})$ 中是可约的
$$x^{p_i} - A_i = \varphi(x)\psi(x)$$
这里 $\varphi(x)$ 与 $\psi(x)$ 是域 $K(\rho_1,\rho_2,\cdots,\rho_{i-1})$ 上的多项式. 我们以 ε 表示 1 的 p_i 次本原根并且以 θ_0 表示我们这二项式的任何一个根. 于是我们知道这二项式的任何一个根可按公式
$$\theta_v = \varepsilon^v \theta_0$$
来找. 由此多项式 $\varphi(x)$ 的常数项 b 将等于
$$b = (-1)^r \theta_{v_1} \theta_{v_2} \cdots \theta_{v_r} = \varepsilon'(-\theta_0)^r$$
这里 $\varepsilon' = \varepsilon^{v_1+v_2+\cdots+v_r}$,而 $1 \leqslant r \leqslant p_i$. 显然,$\varepsilon'$ 是 1 的某一 p_i 次方根. 我们把 b 自乘 p_i 次方
$$b^{p_i} = \varepsilon'^{p_i}(-\theta_0)^{rp_i} = (-1)^{rp_i} A_i^r$$
即
$$A_i^r = (-1)^{rp_i} b^{p_i}$$

既然 $1 \leqslant r \leqslant p_i$,而 p_i 是素数,则 r 与 p_i 互为素数;由此存在这样的整数 s 与 t,使 $rs + p_i t = 1$. 如此,我们得到

$$A_i = A_i^{n+p_i t} = A_i^n A_i^{p_i t} = (-1)^{rp_i s} b^{p_i s} A_i^{p_i t}$$
$$= [(-1)^n b^s A_i^t]^{p_i}$$

即 A_i 在域 $K(\rho_1, \rho_2, \cdots, \rho_{i-1})$ 中恰好是一个 p_i 次方幂，这是不可能的.

预备定理 1 给出了数域上一类特殊的不可约多项式，它在构造域的根式扩张过程中常常要用到.

预备定理 2 如果根式 $\rho_i = \sqrt[p_i]{A_i}$ 不在域 $K(\rho_1, \rho_2, \cdots, \rho_{i-1})$ 内，则在 m 能以 p_i 除尽的时候，也只有在这时候，整方幂 ρ_i^m 才在域 $K(\rho_1, \rho_2, \cdots, \rho_{i-1})$ 内.

证明 如果 m 能以 p_i 除尽，则 $m = p_i q$，这里 q 是一个整数. 由此有

$$\rho_i^m = \rho_i^{p_i q} = (\rho_i^{p_i})^q = A_i^q$$

但 A_i 以及 A_i^q 都在 $K(\rho_1, \rho_2, \cdots, \rho_{i-1})$ 内. 所以，ρ_i^m 应该在 $K(\rho_1, \rho_2, \cdots, \rho_{i-1})$ 内.

反之，设 ρ_i^m 在 $K(\rho_1, \rho_2, \cdots, \rho_{i-1})$ 内，即，$\rho_i^m = a$，这里 a 是 $K(\rho_1, \rho_2, \cdots, \rho_{i-1})$ 的某一元素. 我们以 q 表示 p_i 除 m 时的商而 r 表示剩余. 于是我们可写 $m = p_i q + r$. 我们假设剩余 r 不等于零. 在这场合

$$\rho_i^m = \rho_i^{p_i q + r} = (\rho_i^{p_i})^q \rho_i^r = A_i^q \rho_i^r$$

由此因等式 $\rho_i^m = a$ 我们得到

$$A_i^q \rho_i^r = a \text{ 或 } \rho_i^r = b$$

这里 $b = a A_i^{-q}$ 是域 $K(\rho_1, \rho_2, \cdots, \rho_{i-1})$ 的一个元素. 由此可见，ρ_i 同时是多项式 $p(x) = x^{p_i} - A_i$ 与多项式 $\varphi(x) = x^r - b$ 的根，因此多项式 $p(x)$ 与 $\varphi(x)$ 不是互素的. 再按预备定理 1，$p(x)$ 在域 $K(\rho_1, \rho_2, \cdots, \rho_{i-1})$ 中是不可约的. 所以，既然 $p(x)$ 与 $\varphi(x)$ 互素，$\varphi(x)$ 应该能被

第7章 论四次以上方程式不能解成根式

$p(x)$ 除尽. 但这是不可能的, 因为多项式 $\varphi(x)$ 的次数 r 小于多项式 $p(x)$ 的次数 p_i. 所以 $r \neq 0$ 这假设是不真实的, 即 m 能被 p_i 除尽.

预备定理 3　如果方程式(1)可解为根式, 则该方程式的每个根都能像下面这样以根式表出之

$$\alpha = u_0 + \rho_h + u_2 \rho_h^2 + \cdots + u_{p_h-1} \rho_h^{p_h-1}$$

这里 $\rho_1 = \sqrt[p_1]{A_1}, \rho_2 = \sqrt[p_2]{A_2}, \cdots, \rho_h = \sqrt[p_h]{A_h}$ (p_i 是素数), A_1 是域 K 的元素, A_2 是域 $K(\rho_1)$ 的元素, $\cdots, A_h$ 是域 $K(\rho_1, \rho_2, \cdots, \rho_{h-1})$ 的元素, K 是添加 1 的 p_1 次原根 ε_1, p_2 次原根 $\varepsilon_2, \cdots, p_k$ 次的原根 $\varepsilon_k (k \geqslant h)$ 到该方程式的有理域 Δ 上去的扩张; u_i 是域 $K(\rho_1, \rho_2, \cdots, \rho_{h-1})$ 的元素. 在此 ρ_1 不在 K 内, $\cdots, \rho_h$ 不在 $K(\rho_1, \rho_2, \cdots, \rho_{h-1})$ 内, 并且 α 不在 $K(\rho_2, \rho_3, \cdots, \rho_h), K(\rho_1, \rho_3, \cdots, \rho_h), \cdots, K(\rho_1, \rho_2, \cdots, \rho_{h-2}, \rho_h), K(\rho_1, \rho_2, \cdots, \rho_{h-1})$ 内.

证明　设 $\alpha = \alpha_1$ 是方程式(1)的一个根. 既然方程式(1)可解为根式, 则 α 将被包含在 $\Omega = \Delta(\rho_1, \rho_2, \cdots, \rho_k)$ 内并且因此将被包含在一个像 $K(\rho_1, \rho_2, \cdots, \rho_h)(h \leqslant k)$ 这样形式的域内. 由此有

$$\alpha = a_0 + a_1 \rho_h + a_2 \rho_h^2 + \cdots + a_{p_h-1} \rho_h^{p_h-1} \quad (2)$$

其中 a_i 是域 $K(\rho_1, \rho_2, \cdots, \rho_{h-1})$ 的元素. 我们可以假设 ρ_1 不在 K 内, ρ_2 不在 $K(\rho_1)$ 内, $\cdots, \rho_h$ 不在 $K(\rho_1, \rho_2, \cdots, \rho_{h-1})$ 内并且 α 不在 $K(\rho_1, \rho_2, \cdots, \rho_{i-1}, \rho_{i+1}, \cdots, \rho_h)$ 内 $(i = 1, 2, \cdots, h)$. 的确, 如其不然, 则在式(2)中某些根式 ρ_i 将可以省略.

我们来证明, 在根式 ρ_h 的适当选择之下 a_1 可以做成等于 1. 事实上, 在等式(2)右边的所有 $a_1, a_2, \cdots$,

a_{p_h-1} 不能全等于零,因为在相反的情况下 α 将在 $K(\rho_1,\rho_2,\cdots,\rho_{h-1})$ 中,这是不可能的. 所以设 $a_g \neq 0$ $(1 \leqslant g \leqslant p_h)$.

于是我们令
$$a_g \rho_h^g = \rho_h'$$
既然 g 与 p_h 两数互为素数,则存在这样的整数 s 与 t,使 $sg + tp_h = 1$. 容易看出,s 不能被 p_h 除尽;如其 s 能被 p_h 除尽,则显然 $sg + tp_h = 1$ 亦能被 p_h 除尽,因此 1 亦能被素数 p_h 除尽,而这是不可能的. 我们把 ρ_h' 自乘 s 次方
$$(\rho_h')^s = a_g^s \rho_h^{gs} = a_g^s \rho_h^{1-tp_h} = a_g^s \rho_h A_h^{-t}$$
由此有
$$\rho_h = v {\rho_h'}^s$$
这里 $v = A_h^t a_g^{-s}$ 是一个 $K(\rho_1,\rho_2,\cdots,\rho_{h-1})$ 中的元素. 显然,ρ_h' 不在 $K(\rho_1,\rho_2,\cdots,\rho_{h-1})$ 内;在相反的场合 $\rho_h = v{\rho_h'}^s$ 更不待言应在 $K(\rho_1,\rho_2,\cdots,\rho_{h-1})$ 内. 如此,我们可以取 ρ_h' 作第 h 个根式以替代 ρ_h. 在等式(2)将根式 ρ_h 以其用 ρ_h' 的表出式替代之,并注意 $a_g \rho_h^g = \rho_h'$,由此得
$$\alpha = a_1 = a_0 + a_1 v {\rho_h'}^s + a_2 v^2 {\rho_h'}^{2s} + \cdots +$$
$$\rho_h' + \cdots + a_{p_h-1} v^{p_h-1} {\rho_h'}^{(p_h-1)s} \qquad (3)$$

在等式(3)中所有方幂 ${\rho_h'}^{is}(i=0,1,\cdots,p_h-1)$ 彼此相异. 事实上,如有
$${\rho_h'}^{i_1 s} = {\rho_h'}^{i_2 s} \quad (i_1 > i_2)$$
则 ${\rho_h'}^{(i_1-i_2)s} = 1$,由此按预备定理 2,$(i_1 - i_2)s$ 能被 p_h 除尽,即 $(i_1 - i_2)$ 能被 p_h 除尽,因为 s 不能被素数 p_h 除尽. 但 $(i_1 - i_2)$ 不能被 p_h 除尽,因为 $0 < i_1 - i_2 < p_h$.

第 7 章　论四次以上方程式不能解成根式

所以在 $i_1 \neq i_2$ 时方幂 $\rho_h^{'i_1 s}$ 与 $\rho_h^{'i_2 s}$ 相异.

再,设 q 是以 p_h 除 is 的商而 r 是剩余.于是

$$\rho_h^{'is} = (\rho_h^{'p_h})^q \rho_h^{'r} = b\rho_h^{'r}$$

这里 $b = (\rho_h^{'p_h})^q$ 是域 $K(\rho_1, \rho_2, \cdots, \rho_{h-1})$ 中的元素. 显然,在 i 由 1 变至 $p_h - 1$ 时剩余 r 以某种次序取 $p_h - 1$ 个不同的值 $1, 2, \cdots, p_h - 1$. 由此等式(3)取下面这种形式

$$\alpha = u_0 + \rho_h' + u_2 \rho_h^{'2} + \cdots + u_{p_h-1} \rho_h^{'p_h-1}$$

即在 a_1 的位置取得了 1.

预备定理 4　如果方程式(1)能解成根式 $\rho_1, \rho_2, \cdots, \rho_k$,其指数各为 $p_1, p_2, \cdots, p_k$,则根式 ρ_i 是域 K 上方程式(1)的根的有理函数,这里 K 的意义与预备定理 3 中的一样.

证明　设 $\alpha = \alpha_1$ 是方程式(1)的任何一个根. 按预备定理 3 我们可以写

$$\alpha = \alpha_1 = u_0 + \rho_h + u_2 \rho_h^2 + \cdots + u_{p_h-1} \rho_h^{p_h-1} \quad (4)$$

而 ρ_i 不在域 $K(\rho_1, \rho_2, \cdots, \rho_{i-1})$ 内且 α 不在域 $K(\rho_1, \rho_2, \cdots, \rho_{i-1}, \rho_{i+1}, \cdots, \rho_h)$ 内 $(i=1,2,\cdots,h)$. 既然 $\rho_h = \sqrt[p_h]{A_h}$ 不在域 $K(\rho_1, \rho_2, \cdots, \rho_{h-1})$ 内,则按预备定理 1 二项式 $x^{p_h} - A_h$ 在域 $K(\rho_1, \rho_2, \cdots, \rho_{h-1})$ 内不可约,注意到这一点,我们在方程式(1)中把 x 以根 α 的表出式(4)替代之. 于是在方程式左边得到一个 ρ_h 的多项式,其系数借助等式 $\rho_h^{p_h} = A_h$ 可降低至 $p_h - 1$

$$B_0 + B_1 \rho_h + \cdots + B_{p_h-1} \rho_h^{p_h-1} = 0$$

这里 B_i 在域 $K(\rho_1, \rho_2, \cdots, \rho_{h-1})$ 内. 由于二项式 $x^{p_h} - A_h$ 在域 $K(\rho_1, \rho_2, \cdots, \rho_{h-1})$ 内的不可约性,上面这等式

Abel-Ruffini 定理

只有当 $B_0=B_1=\cdots=B_{p_h-1}=0$ 时才成立. 如此, 这等式将对二项式 $x^{p_h}-A_h$ 的任何根 $\varepsilon_h^\mu \rho_h$ 都成立. 所以

$$\alpha_{\mu+1}=u_0+\varepsilon_h^\mu \rho_h+u_2\varepsilon_h^{2\mu}\rho_h^2+\cdots+u_{p_h-1}\varepsilon_h^{\mu(p_h-1)}\rho_h^{p_h-1}$$
$$(\mu=0,1,\cdots,p_h-1) \qquad (5)$$

亦是方程式(1)的根.

现在我们把等式(5)每个都乘以 $\varepsilon_h^{-\mu i}$ ($1\leqslant i\leqslant p_h-1$) 并且逐项加起来. 经一些化简后我们得到

$$p_h\rho_h=\sum_{\mu=0}^{p_h-1}\varepsilon_h^{-\mu}\alpha_{\mu+1}$$

$$p_h u_i \rho_h^i=\sum_{\mu=0}^{p_h-1}\varepsilon_h^{-\mu i}\alpha_{\mu+1} (i=2,\cdots,p_h-1)$$

由此有

$$\rho_h=\frac{1}{p_h}\sum_{\mu=0}^{p_h-1}\varepsilon_h^{-\mu}\alpha_{\mu+1}$$

$$u_i=p_h^{i-1}\left(\sum_{\mu=0}^{p_h-1}\varepsilon_h^{-\mu i}\alpha_{\mu+1}\right)\left(\sum_{\mu=0}^{p_h-1}\varepsilon_h^{-i}\alpha_{\mu+1}\right)^{-i}$$

即 ρ_h 与 u_i 在域 $K(\alpha_1,\alpha_2,\cdots,\alpha_n)$ 内.

这样, $A_h=\rho_h^{p_h}$ 及 u_i 按刚才所证明的都是域 K 上 $\alpha_1,\alpha_2,\cdots,\alpha_n$ 诸根的有理函数, 而另一方面可以用根式 $\rho_1,\rho_2,\cdots,\rho_{h-1}$ 表出之. 为写起来简便起见, 我们给这些数一个统一的表示法 β_i. 这些数中至少有一个应该包含根式 ρ_{h-1}. 如其不然, 则在根 α 以根式表出的式子(4)中 ρ_{h-1} 将可以省略, 因此根 α 将在 $K(\rho_1,\rho_2,\cdots,\rho_{h-2},\rho_h)$ 内, 这是不可能的. 设 β_1 包含 ρ_{h-1}. 我们来写出 β_1 以根式表出的式子

$$\beta_1=v_0+v_1\rho_{h-1}+v_2\rho_{h-1}^2+\cdots+v_{p_{h-1}-1}\rho_{h-1}^{p_{h-1}-1} \quad (6)$$

第 7 章　论四次以上方程式不能解成根式

既然 β_1 是 K 上 $\alpha_1,\alpha_2,\cdots,\alpha_n$ 诸根的有理整函数
$$\beta_1 = r(\alpha_1,\alpha_2,\cdots,\alpha_n)$$
则在 $r(\alpha_1,\alpha_2,\cdots,\alpha_n)$ 这个式子中可以施行根 α_j 的所有可能的置换,结果我们得到 $n!$ 个值:$\theta_1=\beta_1,\theta_2,\cdots,\theta_{n!}$. 我们来做成方程式
$$g(x) = \prod_{k=1}^{n!}(x-\theta_k) \tag{7}$$
显然,这个方程式的系数是域 K 上 $\alpha_1,\alpha_2,\cdots,\alpha_n$ 的对称多项式,所以 $g(x)$ 是 K 上的一个多项式①.

如此可见,β_1 是方程式(7)的根,解成了根式.按预备定理 3 在式(6)中可以取 $v_1=1$
$$\beta_1 = v_0 + \rho_{h-1} + v_2\rho_{h-1}^2 + \cdots + v_{p_{h-1}-1}\rho_{h-1}^{p_{h-1}-1}$$
对 β_1 重复与 α_1 同样的论证法,我们可证 ρ_{h-1} 与 v_i 在 $K(\alpha_1,\alpha_2,\cdots,\alpha_n)$ 内.

其次,我们对 ρ_{h-1} 与 v_i 给以统一的表示法 γ_i. γ_i 中至少有一个,比方说 γ_1,应该包含根式 ρ_{h-2}. 对 γ_1 重复我们对 β_1 所进行的相似的论证法,我们可证 ρ_{h-2} 在 $K(\alpha_1,\alpha_2,\cdots,\alpha_n)$ 中,如此,等等.最终我们达到根式 ρ_1 并且证明它在 $K(\alpha_1,\alpha_2,\cdots,\alpha_n)$ 中,如此我们完成了这个预备定理的证明.

---

① 由对称多项式的基本定理以及基本对称多项式和韦达公式的关系,推出下面的重要的推论:

设 $g(x)=x^n-p_1x^{n-1}+\cdots+(-1)^np_n$ 是某一个在域 P 上只含一个未知量且首项系数为一的多项式,并设 $\alpha_1,\alpha_2,\cdots,\alpha_n$ 是这个多项式在它的某一个正规域内的根.由此任一个在域 P 上的对称多项式 $f(x_1,x_2,\cdots,x_n)$ 在 $x_1=\alpha_1,x_2=\alpha_2,\cdots,x_n=\alpha_n$ 的值均属于域 P.

预备定理 4 在我们将要完成的定理,也就是鲁菲尼－阿贝尔定理的证明中起着关键的作用,它最早由鲁菲尼在"四次以上方程式的不能解成根式"这个定理的不充分的证明中所提出,但未加证明. 其后为阿贝尔所证明,人们常称其为鲁菲尼－阿贝尔预备定理.

预备定理 5 设 $T=\mathbf{Q}(\varepsilon_1,\varepsilon_2,\cdots,\varepsilon_k)$ 是在有理数域 $\mathbf{Q}$ 上添加 1 的 p_1 次,p_2 次,$\cdots$,p_k 次原根所得的扩域. 于是域 T 上未知元 $x_1,x_2,\cdots,x_n$ 与这些未知元的基本对称多项式之间的任何有理关系

$$\varphi(x_1,x_2,\cdots,x_n,\sigma_1,\sigma_2,\cdots,\sigma_n)=0 \tag{8}$$

在未知元的任何置换之下仍保持成立

$$\varphi(x_{i_1},x_{i_2},\cdots,x_{i_n},\sigma_1,\sigma_2,\cdots,\sigma_n)=0 \tag{9}$$

这里 $i_1,i_2,\cdots,i_n$ 是 $1,2,\cdots,n$ 诸数的一个任意的置换.

证明 对未知元的一组任意的值 $x_1=\alpha_1$,$x_2=\alpha_2,\cdots,x_n=\alpha_n$($\alpha_i$ 是任何复数),设 $\sigma_1=p_1,\sigma_2=p_2,\cdots,\sigma_n=p_n$. 于是按预备定理的条件有

$$\varphi(\alpha_1,\alpha_2,\cdots,\alpha_n,p_1,p_2,\cdots,p_n)=0$$

再,令 $x_1=\alpha_{i_1},x_2=\alpha_{i_2},\cdots,x_n=\alpha_{i_n}$,在未知量的这些值之下基本对称多项式显然仍有这些值 $\sigma_1=p_1,\sigma_2=p_2,\cdots,\sigma_n=p_n$. 如此,在关系(8)中我们可以令 $x_1=\alpha_{i_1},x_2=\alpha_{i_2},\cdots,x_n=\alpha_{i_n},\sigma_1=p_1,\sigma_2=p_2,\cdots,\sigma_n=p_n$,结果得到

$$\varphi(\alpha_{i_1},\alpha_{i_2},\cdots,\alpha_{i_n},p_1,p_2,\cdots,p_n)=0$$

既然 $\alpha_1,\alpha_2,\cdots,\alpha_n$ 诸数是任意的,所以有

$$\varphi(x_{i_1},x_{i_2},\cdots,x_{i_n},\sigma_1,\sigma_2,\cdots,\sigma_n)=0$$

第7章 论四次以上方程式不能解成根式

附注 要由关系(8)转移到关系(9),这显然可借助

$$\begin{bmatrix} 1 & 2 & \cdots & n \\ i_1 & i_2 & \cdots & i_n \end{bmatrix}$$

这个置换来实现.

所以,我们可以说关系(8)在 n 元对称群 S_n 的任何置换之下都保持成立.

最后,我们再证明一个柯西发现的定理作为预备.

预备定理 6 设 $r(x_1, x_2, \cdots, x_n)$ 是一个关于 $x_1, x_2, \cdots, x_n$ 的有理函数,如果在其未知量的所有置换下只能取到两个不同(形式)的值,则 $r(x_1, x_2, \cdots, x_n)$ 一定具有形式

$$A + B \cdot \prod_{1 \leq i < j \leq n} (x_i - x_j)$$

其中 A, B 均为 $x_1, x_2, \cdots, x_n$ 的对称函数.

证明 我们以 Ht 表示 $x_1, x_2, \cdots, x_n$ 的有理函数 H 施以置换 t 的结果所得的式子.

设 r 通过其未知量置换产生的另一个值为 r',则在任何置换下,r 与 r' 不能相等.事实上,若存在置换 s 使得

$$rs = r's$$

则按预备定理 5,我们可以对这个等式施以逆置换 s^{-1} 而保持等式仍然成立

$$rss^{-1} = r'ss^{-1}$$

但 $ss^{-1} = I$ 是单位置换.从而得出矛盾 $r = r'$. 又 r 在任何置换下只能取 r 或 r',r' 也一样,于是有理函数

$$r + r'$$

是一个对称函数,而有理函数
$$\rho = r - r'$$
在任何置换下仅能取二值 $\rho, -\rho$ 之一,但 ρ 的平方 ρ^2 是一个对称函数.

今设 t 能使 r 变为 r',则 t 必变 ρ 为 $-\rho$. 我们知道,任何置换因而 t 必可表示成一串对换的乘积,故存在某个对换 $(i_1 j_1)$ 使 r 变化
$$\rho(i_1 j_1) = -\rho \qquad (10)$$
即
$$\rho(x_1, \cdots, x_{j_1}, \cdots, x_{i_1}, \cdots, x_n)$$
$$= -\rho(x_1, \cdots, x_{i_1}, \cdots, x_{j_1}, \cdots, x_n)$$
或
$$\rho(x_1, \cdots, x_{j_1}, \cdots, x_{i_1}, \cdots, x_n) +$$
$$\rho(x_1, \cdots, x_{i_1}, \cdots, x_{j_1}, \cdots, x_n) = 0 \qquad (11)$$
若视 $\rho(x_1, \cdots, x_{i_1}, \cdots, x_{j_1}, \cdots, x_n)$ 为 x_{i_1} 的有理函数,则由(11)知当 $x_{i_1} = x_{j_1}$ 时,则 $\rho(x_1, \cdots, x_{i_1}, \cdots, x_{j_1}, \cdots, x_n) = 0$,$x_{j_1}$ 即为其一根,由此 ρ 应含因子 $x_{i_1} - x_{j_1}$,今将 ρ 中含有的 $x_{i_1} - x_{j_1}$ 全部提取出来
$$\rho = \rho'(x_{i_1} - x_{j_1})^m \qquad (12)$$
这里 ρ' 是有理函数,而 m 为正整数.

现在施置换 $\tau = (i_1 i)(j_1 j)$ —— 其中 $1 \leqslant i \leqslant n$, $1 \leqslant j \leqslant n$,而 $i \neq j$ —— 于等式(12)
$$\rho\tau = [\rho'(x_{i_1} - x_{j_1})^m]\tau$$
但 $[\rho'(x_{i_1} - x_{j_1})^m]\tau = (\rho'\tau)[(x_{i_1} - x_{j_1})^m \tau] = (\rho'\tau)(x_i - x_j)^m$,于是
$$\rho\tau = \rho''(x_i - x_j)^m$$

第7章 论四次以上方程式不能解成根式

这里 $\rho'' = \rho'\tau$. 这意味着 $\rho\tau$ 含有因子 $(x_i - x_j)^m$. 由 i, j 的任意性，$\rho\tau$ 应含有像

$$(x_i - x_j)^m \ (i \neq j, i, j = 1, 2, \cdots, n)$$

这样的因子.

既然 $\rho\tau = \rho$, 或 $\rho\tau = -\rho$, 于是我们可写

$$\rho = \rho'' \cdot \prod_{1 \leqslant i < j \leqslant n} (x_i - x_j)^m \tag{13}$$

或

$$-\rho = \rho'' \cdot \prod_{1 \leqslant i < j \leqslant n} (x_i - x_j)^m \tag{14}$$

下面我们先就 ρ 具有 (13) 的形式而来证明我们的结论. 首先证明 (13) 中的 m 不能为偶数. 事实上, 在相反的情况下对等式 (13) 施以前面用过的那个使得 ρ 变号的对换 ——$(i_1 j_1)$

$$\rho(i_1 j_1) = [\rho'' \cdot \prod_{1 \leqslant i < j \leqslant n} (x_i - x_j)^m](i_1 j_1)$$

既然 $\rho(i_1 j_1) = -\rho$, 同时注意到因 m 为偶数而 $\prod_{1 \leqslant i < j \leqslant n} (x_i - x_j)^m$ 对称，$[\prod_{1 \leqslant i < j \leqslant n} (x_i - x_j)^m (i_1 j_1)] = \prod_{1 \leqslant i < j \leqslant n} (x_i - x_j)^m$, 于是

$$-\rho = [\rho''(i_1 j_1)] \prod_{1 \leqslant i < j \leqslant n} (x_i - x_j)^m$$

将式 (13) 代入，我们得到类似于等式 (10) 的式子

$$\rho''(i_1 j_1) = -\rho''$$

如此, 像前面 ρ 一样, ρ'' 将含有因子 $x_{i_1} - x_{j_1}$, 而这与 ρ' 因而 ρ'' 不能含 $x_{i_1} - x_{j_1}$ 矛盾.

既然 m 是奇数, 我们可以写 ρ 为下面的形式

$$\rho = \rho'' \cdot \prod_{1 \leqslant i < j \leqslant n} (x_i - x_j)^{2k+1} \ (k \text{ 为非负整数})$$

Abel-Ruffini 定理

在这基础之上,我们来证明 ρ 对任一对换均变号. 若不然,则存在 $(i_2 j_2)$ 使 ρ 不变

$$\rho(i_2 j_2) = \rho$$

即

$$[-\rho''(i_2 j_2)] \prod_{1 \leqslant i < j \leqslant n} (x_i - x_j)^{2k+1} = \rho$$

由此 $-\rho''(i_2 j_2) = \rho''$,因而 ρ'' 含因子 $x_{i_2} - x_{j_2}$

$$\rho'' = \rho'''(x_{i_2} - x_{j_2})$$

或

$$\rho''^2 = \rho'''^2 (x_{i_2} - x_{j_2})^2$$

施置换 $(i_2 i_1)(j_2 j_1)$ 于这等式,同时注意到

$$\rho''^2 = \frac{\rho^2}{\prod_{1 \leqslant i < j \leqslant n}(x_i - x_j)^{4k+2}}$$

为对称函数,故

$$\rho''^2 = [\rho'''^2(i_2 i_1)(j_2 j_1)](x_{i_1} - x_{j_1})^2$$

这表明 ρ'' 含因子 $x_{i_1} - x_{j_1}$,可是我们前面已经指出这是不可能的.

如此任一对换,均能使 ρ, $\prod_{1 \leqslant i < j \leqslant n}(x_i - x_j)^{2k+1}$ 变号,故

$$\rho'' = \frac{\rho}{\prod_{1 \leqslant i < j \leqslant n}(x_i - x_j)^{2k+1}}$$

是一个对称函数.

令

$$\rho'' \cdot \prod_{1 \leqslant i < j \leqslant n}(x_i - x_j)^{2k} = 2B$$

而 B 是对称函数,于是

第 7 章　论四次以上方程式不能解成根式

$$r - r' = \rho = 2B \cdot \prod_{1 \leqslant i < j \leqslant n}(x_i - x_j) \qquad (15)$$

令

$$r + r' = 2A \qquad (16)$$

联立等式(15)(16)，我们得出

$$r = A + B \cdot \prod_{1 \leqslant i < j \leqslant n}(x_i - x_j)$$

如果 ρ 具有(14)的形式，则可以同样来证明我们的结论．

§3　不可能的第一证明·鲁菲尼－阿贝尔定理

现在我们接近四次以上代数方程式不能有根式解这一个著名定理了．

鲁菲尼－阿贝尔定理　当 $n \geqslant 5$ 时，一个给定的 n 次代数方程式不能有一般的公式把该方程式每个根表示成根式．

证明　我们假设其反面——设一个 $n \geqslant 5$ 次的任意代数方程式

$$f(x) = x^n - \sigma_1 x^{n-1} + \sigma_2 x^{n-2} - \cdots + (-1)^n \sigma_n = 0$$

的任何根 x_1 能按一般公式

$$x_1 = r(\rho_1, \rho_2, \cdots, \rho_h, \sigma_1, \sigma_2, \cdots, \sigma_n) \qquad (1)$$

以根式表示出来，这里 $r(\rho_1, \rho_2, \cdots, \rho_h, \sigma_1, \sigma_2, \cdots, \sigma_n)$ 是域 $T = \mathbf{Q}(\varepsilon_1, \varepsilon_2, \cdots, \varepsilon_k)$ 上 $\rho_1, \rho_2, \cdots, \rho_h, \sigma_1, \sigma_2, \cdots, \sigma_n$ 的一个有理函数，而域 T 是与方程式的选择无关的；ε_i，也如以前一样，表示 1 的 p_i 次本原根．因为这个代

数方程式是任意的,我们可以把它的根 $x_1, x_2, \cdots, x_n$ 看作是独立的未知量. 按预备定理 4 根式 ρ_i 应该是域 $K = \Delta(\varepsilon_1, \varepsilon_2, \cdots, \varepsilon_k)$① 上 $x_1, x_2, \cdots, x_n$ 的一个有理整函数,也是域 T 上 $x_1, x_2, \cdots, x_n, \sigma_1, \sigma_2, \cdots, \sigma_n$ 的有理函数

$$\rho_i = r_i(x_1, x_2, \cdots, x_n, \sigma_1, \sigma_2, \cdots, \sigma_n) \qquad (2)$$

并且,既然公式(1)是对所有给定的 $n \geqslant 5$ 代数方程式的一般公式,则

$$r_i(x_1, x_2, \cdots, x_n, \sigma_1, \sigma_2, \cdots, \sigma_n)$$

这个式子也应该与所给的 n 次方程式的选择法无关.

现在来考查第一根式 ρ_1. 既然 $\rho_1 = r_1(x_1, x_2, \cdots, x_n, \sigma_1, \sigma_2, \cdots, \sigma_n) = \sqrt[p_1]{A}$,并且 A_1 是域 T 上 $\sigma_1, \sigma_2, \cdots, \sigma_n$ 的有理函数,则等式

$$\rho_1^{p_1} = A_1$$

可以看作是域 T 上 $x_1, x_2, \cdots, x_n, \sigma_1, \sigma_2, \cdots, \sigma_n$ 之间的有理关系;如此,这关系按预备定理 5 施用任何置换 s 后不被破坏

$$(\rho_1^{p_1})s = A_1 s$$

或,既然 $(\rho_1)^{p_1} s = (\rho_1 s)^{p_1}$,并且 $A_1 s = A_1$,我们有

$$(\rho_1 s)^{p_1} = A_1$$

即 $\rho_1 s$ 亦是 A_1 的 p_1 次方根. 由此有 $\rho_1 s = \varepsilon_1^v \rho_1$,这里 v 可设为是一个不超过 p_1 的非负整数.

$\rho_1 = r_1(x_1, x_2, \cdots, x_n, \sigma_1, \sigma_2, \cdots, \sigma_n)$ 不能是 x_1,

---

① $\Delta = Q(\sigma_1, \sigma_2, \cdots, \sigma_n)$.

第 7 章 论四次以上方程式不能解成根式

$x_2,\cdots,x_n$ 的对称函数,因不然 ρ_1 将属于 Δ 而不需要再添加.如此,将存在某个置换使得 ρ_1 发生变化.我们知道,任意置换均可表示成一串对换的乘积,这样,将存在某个对换 τ 使得 $\rho_1\tau$ 变化

$$\rho_1\tau \neq \rho_1$$

或,在此有

$$\rho_1\tau = \varepsilon_1^v \rho_1,$$

而 v 是一个介于 0 和 p_1 的整数

而 $\rho_1\tau^2=(\rho_1\tau)\tau=\varepsilon_1^v(\rho_1\tau)=\varepsilon_1^{2v}\rho_1$,但 $\tau^2=I$,这里 I 是单位置换.所以,$\rho_1\tau^2=\rho_1=\varepsilon_1^{2v}\rho_1$,由此有 $\varepsilon_1^{2v}=1$,由 ε_1 是 1 的 p_1 次原根,得出 $2v$ 是 p_1 的倍数,即 p_1 是 $2v$ 的约数,而 v 小于 p_1 而不能被 p_1 所整除,故必有 p_1 整除 2,又 p_1 是一个素数,最后只能 $p_1=2$.这样,我们就得出了下面这有趣的结论:

若方程式能解成根式,则第一根式 ρ_1 是一个平方根.

于是 ρ_1 在所有置换下只能取到 2 个符号相反的值:$\rho_1, -\rho_1$.按预备定理 6,ρ_1 可写成

$$B \cdot \prod_{1 \leqslant i < j \leqslant n}(x_i - x_j)$$

其中 B 为对称函数(在这个情况下,容易明白 $A=0$).

这表明,任一对换 (ij) 均使 ρ_1 变号.

在继续考察第二根式之前,让我们先指出轮换的一些性质.

首先,偶数多个对换的乘积可以表示成一串三项轮换的乘积.

这一结论可由明显的等式:

$(ij)(ik)=(ijk)$,当 2 个对换相交时;

$(ij)(kh)=(jkh)(ijk)$,当2个对换不相交时,得出.

其次,由第一个等式还可看出,任何三项轮换均可表示成两个对换的乘积的形式.

转而考查第二根式

$$\rho_2=r_2(x_1,x_2,\cdots,x_n,\sigma_1,\sigma_2,\cdots,\sigma_n)=\sqrt[p_2]{A_2}$$

并且 A_2 是域 $\Delta(\rho_1)$ 中的元素.

注意到 $\rho_1^2=A_1$,即 ρ_1 对域 Δ 而言是代数的,由简单代数扩域结构定理(第3章定理1.1),我们可将 A_2 写成如下形式

$$A_2=A+B\rho_1$$

而 A,B 是域 Δ 的元素.并且我们还可以假定 B 不为零,因为否则添加根式 ρ_1 就成为多余的事情了.

由于任何三项轮换 (ijk) 均可表示成两个对换的乘积的形式

$$(ijk)=(ij)(ik)$$

而 $(ij),(ik)$ 均只使 ρ_1 变号,这样,$A_2=A+B\rho_1$ 对于任何三项轮换将不变形式.

但可以证明,第二根式不能对于任何施三项轮换 (ijk) 均不变.

事实上,假若不然,则对任意轮换 (ijk) 将有

$$\rho_2(ijk)=\rho_2$$

我们已经知道偶置换——偶数多个对换的乘积——可以表示成一串三项轮换的乘积,这就意味着对 ρ_2 施行偶数个对换,其形式不能变化.

我们再来看看奇置换对 ρ_2 的作用.由于任何奇置

第 7 章 论四次以上方程式不能解成根式

换均是一个偶置换和一个对换的乘积,而偶置换不能使 ρ_2 变化,因此我们只要考察对换对 ρ_2 的作用就行了.

令任二对换 $(ij),(kh)$ 分别施于 ρ_2
$$\rho_2(ij)=\rho_2',\rho_2(kh)=\rho_2''$$
现在再对第二个等式施以对换 (ij)
$$\rho_2(kh)(ij)=\rho_2''(ij)$$
既然 $(kh)(ij)$ 是一个偶置换,故有
$$\rho_2=\rho_2''(ij)$$
再对这个等式施以对换 (ij)
$$\rho_2(ij)=\rho_2''(ij)(ij)$$
而 $(ij)(ij)=I$,这里 I 是单位置换,我们得出
$$\rho_2'=\rho_2''$$
这样,在任何置换之下,ρ_2 只可能是 ρ_2' 或 ρ_2''. 依预备定理 6,ρ_2 一定具有形式
$$C+D\cdot\prod_{1\leqslant i<j\leqslant n}(x_i-x_j)$$
这里 C,D 均为对称函数.

前面我们已经知道
$$\rho_1=B\cdot\prod_{1\leqslant i<j\leqslant n}(x_i-x_j)$$
而 B 是对称函数. 于是,可以写 ρ_2 为下面的形式
$$\rho_2=C+\frac{D}{B}\cdot\rho_1$$
而 $\frac{D}{B}$ 是 $x_1,x_2,\cdots,x_n$ 的对称函数.

这样,在"第二根式对于任何三项轮换均不变"的假设之下,我们得出了矛盾:ρ_2 属于 $\Delta(\rho_1)$ 而不需要再

添加.

于是至少存在一个三项轮换 s 使得 ρ_2 发生变化. 接下去,类似于第一根式的处理,施用这三项轮换 s 于等式

$$\rho_2^{p_2} = A_2 \qquad (3)$$

而 $(\rho_1)^{p_1} s = (\rho_1 s)^{p_1}$,并且 $A_2 s = A_2$,我们有

$$(\rho_2 s)^{p_2} = A_2$$

即 $\rho_2 s$ 亦是 A_2 的 p_2 次方根. 由此有 $\rho_2 s = \varepsilon_2^v \rho_2$,并且由于 $\rho_2 s$ 不能等于 ρ_2,而 v 可设为一个介于 0 和 p_1 的整数. 于是有

$$\rho_2 s = \varepsilon_2^v \rho_2, \rho_2 s^2 = \varepsilon_2^{2v} \rho_2, \rho_2 s^3 = \varepsilon_2^{3v} \rho_2$$

因 $s^3 = I$,故必 $\varepsilon_2^{3v} = 1$,由 ε_2 是 1 的 p_2 次原根,得出 $3v$ 是 p_2 的倍数,即 p_2 是 $3v$ 的约数,而 v 小于于 p_2 而不能被 p_2 所整除,故必有 p_2 整除 3,又 p_2 是一个素数,最后只能 $p_2 = 3$. 这样,我们得到了与第一根式类似的结论:

若方程式能解成根式,则第二根式 ρ_2 是一个立方根.

如果原方程式的次数 n 高于 4,则至少有五个根. 今对等式(3)施以任意五项轮换 $s = (i_1 i_2 i_3 i_4 i_5)$,注意到

$$(i_1 i_2 i_3 i_4 i_5) = (i_1 i_2 i_3)(i_1 i_4 i_5)$$

并且前面已经得出 A_2 对于任何三项轮换均不变形式,于是 $A_2 s$ 将与 A_2 重合:$A_2 s = A_2$. 而 ρ_2 则或不变,或变成 $\varepsilon_2 \rho_2$,或变成 $\varepsilon_2^2 \rho_2$,这里 ε_2 是 1 的 3 次原根. 对于后两种情况,由于 $s^5 = I$,故将有 $\varepsilon_2^5 = 1$ 或 $\varepsilon_2^{10} = 1$,而这是不可能的事情. 因此,只有一种可能,那就是 ρ_2 对于任意

第7章 论四次以上方程式不能解成根式

五项轮换均无变化. 但每一三项轮换可由二个五项轮换组成, 例如

$$(123) = (54213)(13245)$$

故 ρ_2 亦将对于任意三项轮换均不变化, 而这件事情我们已经指出是不可能的. 由此断定, 没有这样的有理函数 ρ_2, 能满足等式(3). 于是定理得证.

最后指出, 虽然我们已经证明五次及以上代数方程式的根不能以其系数通过有限次加、减、乘、除、开方运算表示出来. 但在 1858 年, 法国数学家埃尔米特(Charles Hermite, 1822—1901) 证明五次一般方程式的根可以用其系数经过加、减、乘、除、开方和椭圆函数的组合表示出来. 进一步, 1880 年法国数学家庞加莱(Henri Poincaré, 1854—1912) 发现 n 次一般方程式的根可以用其系数经过加、减、乘、除、开方和 Fuchs 函数的组合表示出来.

§4 第二个证明的预备

上一节所证明的鲁菲尼 – 阿贝尔定理只揭发了 $n \geqslant 5$ 次的代数方程式, 根式解的普遍公式是不存在的, 但由此并不能推断有不能解为根式的数字方程式存在; 要知道还可能每个方程式都自有其特殊的根式解. 在下一节, 我们要找出这样的具体数字方程式的例子.

设 $f(x), g(x)$ 是域 P 上的两个多项式, 则它们的

最大公因式的系数亦必属于 P. 现在如果 $f(x)$ 是不可约的,则只有两种可能性:或者 $f(x)$ 整除 $g(x)$,或者 $f(x)$ 与 $g(x)$ 互素. 由此可得到方程式论中的一个重要结论 —— 阿贝尔不可约性定理[①].

预备定理 1 设 $f(x), g(x)$ 是 $P[x]$ 中的两个多项式,如果 $f(x)$ 不可约并且它的一个根也是 $g(x)$ 的一个根,则 $f(x)$ 是 $g(x)$ 的一个因子. 同时,$f(x)$ 的所有根都是 $g(x)$ 的根.

证明 设 α 是它们的共同的根,于是 $f(x)$ 与 $g(x)$ 存在公因式 $x-\alpha$. 设其最大公因式为 $D(x)$,而其系数在域 P 内. 在 P 内以 $D(x)$ 来除 $f(x)$,由 $f(x)$ 的不可约性知其商式必为 P 中一常数 c,如此 $f(x) = cD(x)$. 又 $D(x)$ 为 $g(x)$ 的一个因式

$$g(x) = h(x)D(x)$$

这里 $h(x)$ 是域 P 上的某个多项式. 于是

$$g(x) = \frac{1}{c}h(x)f(x) \qquad (1)$$

即 $f(x)$ 是 $g(x)$ 的一个因子.

若 β 是 $f(x)$ 的另一个根,则由 (1) 可知 $g(\beta) = \frac{1}{c}h(\beta)f(\beta) = 0$. 于是 $f(x)$ 的所有根都是 $g(x)$ 的根.

这个定理直接包含了两个重要的推论:

Ⅰ. 如果 P 上不可约多项式 $f(x)$ 的一个根也是同域 P 上次数低于 $f(x)$ 的多项式 $g(x)$ 的根,则 $g(x)$ 的

---

① 这个定理是阿贝尔于 1829 年发表的.

第7章 论四次以上方程式不能解成根式

所有系数均等于零.

Ⅱ. 如果 $f(x)$ 是 P 上的不可约多项式,则 $P[x]$ 中不存在别的与 $f(x)$ 有一个共同根的不可约多项式,除非它们只差一个常数因子.

由这个推论可知,在 P 上以 α 为根的多项式之中,首项系数为 1 且不可约的是唯一的. 这正是 α 在 P 上的极小多项式.

另一方面,我们知道,多项式的可约与否,与所讨论的数域有很大关系. 例如,x^2+1 在有理数域上不可约,但如将 $i=\sqrt{-1}$ 添入其中,则 x^2+1 即可分解
$$x^2+1=(x+i)(x-i)$$
这里 i 是 x^2+1 的一个根.

刚刚所看到的是一个域上的不可约多项式,借助在原域上添加它自身的一个根而转变为可约的简单的例子. 但并非一定要添加它自身的根才能使其成为可约的:有理数域上的不可约多项式
$$x^2-10x+7$$
在添入 $\sqrt{2}$ 后亦能成为可约的
$$x^2-10x+7=(x-5-3\sqrt{2})(x-5+3\sqrt{2})$$
这里 $\sqrt{2}$ 并非原多项式的根.

现在我们就来考察后面那种更一般的情形,设 $f(x)$ 是次数为素数 p 的多项式,它在 P 上不可约,但将同域 P 上的 q 次不可约多项式 $g(x)$ 的一个根 α 添入后即成为可约. 在这种情况下,首先成立下面的关于域 P 上不可约多项式在 P 的扩域上可约的第一个

Abel-Ruffini 定理

定理:

预备定理 2 $f(x)$ 是系数在域 P 中且次数为素数 p 的不可约多项式,α 为域 P 上另一个 q 次不可约多项式 $g(x)$ 的一个根. 如果 $f(x)$ 在扩域 $P(\alpha)$ 成为可约

$$f(x) = \varphi(x,\alpha)\psi(x,\alpha)①$$

则对 $g(x)$ 的所有根 $\alpha_1 = \alpha, \alpha_2, \cdots, \alpha_q$,均有

$$f(x) = \varphi(x,\alpha_i)\psi(x,\alpha_i), i = 1, 2, \cdots, n$$

证明 既然数域 P 包含有理数域 $\mathbf{Q}$,于是对每个有理数 r,我们可令

$$u(x) = f(r) - \varphi(r,x)\psi(r,x)$$

则 $u(x)$ 显然是 P 上的多项式并且 $u(\alpha) = 0$. 这表明,$u(x)$ 和不可约多项式 $g(x)$ 有公共根 α. 由阿贝尔不可约性定理知 $g(x)$ 的每个根 $\alpha_1 = \alpha, \alpha_2, \cdots, \alpha_q$ 亦是 $u(x)$ 的根,即 $u(\alpha_i) = 0 (i = 1, 2, \cdots, q)$. 从另一个角度看,多项式 $f(x) - \varphi(x,\alpha_i)\psi(x,\alpha_i)$ 当 x 取每个有理数 r 时均为零,就是说,它有无限多个根,这只能是零多项式. 于是,有下述 q 个恒等式

$$f(x) = \varphi(x,\alpha_1)\psi(x,\alpha_1)$$
$$f(x) = \varphi(x,\alpha_2)\psi(x,\alpha_2)$$
$$\vdots$$
$$f(x) = \varphi(x,\alpha_q)\psi(x,\alpha_q)$$

这就得到了我们的结论.

---

① 在讨论数域 $P(\alpha)$ 上的多项式 $\varphi(x)$ 时,为明确起见我们把 α 从 $\varphi(x)$ 的系数中分离出来而把 $\varphi(x)$ 记为 $\varphi(x,\alpha)$,即把 φ 看作系数在 P 中的关于未知量 x 和 α 的一个二元多项式. 这是可以的,因为 $P(\alpha)$ 中的元素均可写成 α 的系数在 P 中的多项式的形式.

第7章 论四次以上方程式不能解成根式

现在,把上述 q 个恒等式左右两边分别相乘得到
$$f(x)^q = \Phi(x) \cdot \Psi(x)$$
其中 $\Phi(x)$ 及 $\Psi(x)$ 分别为 q 个多项式 $\varphi(x,\alpha_1), \varphi(x,\alpha_2), \cdots$ 及 $\psi(x,\alpha_1), \psi(x,\alpha_2), \cdots$ 的乘积.

注意到 $\Phi(x)$ 是多项式 $g(x)$ 的全部根 $\alpha_1, \alpha_2, \cdots, \alpha_q$ 的对称函数,根据对称多项式的基本定理,$\Phi(x)$ 可以表示为 $g(x)$ 诸系数的多项式,因此 $\Phi(x)$ 是 $P[x]$ 中的多项式. 由于同样的原因,$\Psi(x)$ 也是 $P[x]$ 中的多项式.

又多项式 $f(x)$ 在 P 上不可约,所以 $\Phi(x)$ 和 $\Psi(x)$ 都只能是 $f(x)$ 的方幂(当然可能相差一个常数系数). 令
$$\Phi(x) = f(x)^u, \Psi(x) = f(x)^v$$
其中 $u+v=q$. 今设 $\varphi(x,\alpha)$ 与 $\psi(x,\alpha)$ 关于 x 次数分别为 m 与 n. 比较左边和右边的次数可得
$$mq = up, nq = vp$$
又因为 m 与 n 均小于素数 p,由此可知 p 为 q 的因子. 这就得到了下面的关于域 P 上不可约多项式在 P 的扩域上可约的第二个定理:

预备定理 3(阿贝尔引理) $f(x)$ 是系数在域 P 中且次数为素数 p 的不可约多项式,α 为域 P 上另一个不可约多项式 $g(x)$ 的一个根. 如果 $f(x)$ 在扩域 $P(\alpha)$ 成为可约,则 p 必定整除 $g(x)$ 的次数.

预备定理 2 和预备定理 3 及其证明思想在下面的克罗内克定理的证明中将反复被用到,是一些深刻的结果.

转而来讨论一个关于数域的问题. 我们知道一个数域对于四种算术运算是封闭的, 也就是说含于其中的任何两个数进行四种算术运算后的结果仍然在这个数域中. 但是数域对于复数的共轭这种运算就不一定再封闭了.

例如我们来考虑数域 $\mathbf{Q}(\varepsilon\sqrt[3]{2})$, 这里 ε 是 3 次单位本原根. 这数域是在有理数域上添加方程式 $x^3-2=0$ 的根 $\varepsilon\sqrt[3]{2}$ 产生的. 我们来证明数 $\varepsilon\sqrt[3]{2}$ 的复共轭不在这个数域中. 事实上, $\varepsilon\sqrt[3]{2}$ 的复共轭 $\overline{\varepsilon\sqrt[3]{2}}=\bar{\varepsilon}\sqrt[3]{2}=\varepsilon^2\sqrt[3]{2}$(注意到 $\varepsilon^2\sqrt[3]{2}$ 亦是 $x^3-2=0$ 的根). 如果 $\varepsilon^2\sqrt[3]{2}$ 在 $\mathbf{Q}(\varepsilon\sqrt[3]{2})$ 内, 那么它将可写成 $a+b\varepsilon\sqrt[3]{2}+c\varepsilon^2\sqrt[3]{2^2}$ 的形式, 这里 a,b,c 均是有理数. 即

$$\varepsilon^2\sqrt[3]{2}=a+b\varepsilon\sqrt[3]{2}+c\varepsilon^2\sqrt[3]{2^2}$$

既然 $\varepsilon\sqrt[3]{2}, \varepsilon^2\sqrt[3]{2^2}$ 均是无理数, 那么 a 应该等于 0. 然后将这等式两端立方后, 得到

$$2=b^3+4c^3+6b^2c\varepsilon\sqrt[3]{2}+6bc^2\varepsilon^2\sqrt[3]{4}$$

遂产生矛盾: 无论 b,c 取何值时, 这等式均不能成立. 于是 $\varepsilon^2\sqrt[3]{2}\notin\mathbf{Q}(\varepsilon\sqrt[3]{2})$.

我们引入定义: 如果一个数域内的任何一个数的复共轭还在这个数域内, 则称这个数域对复共轭是封闭的.

显然实数域及其任意子域均是复共轭封闭的, 因为其中每个数都是自共轭的. 复数域 **C** 也是复共轭封闭域.

现在证明下面的定理.

第7章 论四次以上方程式不能解成根式

预备定理 4 设域 P 是复共轭封闭的. 如果 P 上二项方程式 $x^n - a = 0$ 的一个根 α 不在 P 内,那么扩域 $P(\alpha, \bar{\alpha})$ 是复共轭封闭的,这里 $\bar{\alpha}$ 表示与 α 共轭的数.

证明 首先指出,扩域 $P(\alpha)$ 可能还不是复共轭封闭的. 其次,α 的共轭复数 $\bar{\alpha}$ 亦是数域 P 的代数元素:既然 α 是 P 上方程式 $x^n - a = 0$ 的根,则 $\bar{\alpha}$ 是同域上方程式 $x^n - \bar{a} = 0$($\bar{a}$ 为 a 的共轭)的根,因为 P 是复共轭封闭的.

现在来对域 $P(\alpha)$ 添加(α 的)共轭复数 $\bar{\alpha}$. 分 2 种情形:

$1°$ 如果 $\bar{\alpha} \in P(\alpha)$,即 $P(\alpha)$ 已含有 $\bar{\alpha}$. 此时 $P(\alpha, \bar{\alpha}) = P(\alpha)$. 于是对于 $P(\alpha)$ 的任一数 $\beta = c_0 + c_1\alpha + c_2\alpha^2 + \cdots + c_{n-1}\alpha^{n-1}$(这里 $c_0, c_1, c_2, \cdots, c_{n-1} \in P$),它的共轭 $\bar{\beta} = \overline{c_0} + \overline{c_1}\,\bar{\alpha} + \overline{c_2}\,\bar{\alpha}^2 + \cdots + \overline{c_{n-1}}\,\bar{\alpha}^{n-1}$ 应该也属于 $P(\alpha)$,因为 $\overline{c_0}, \overline{c_1}, \overline{c_2}, \cdots, \overline{c_{n-1}}, \bar{\alpha}$ 均是 $P(\alpha)$ 中的数.

$2°$ 如果 $\bar{\alpha} \notin P(\alpha)$,此时真扩域 $P(\alpha, \bar{\alpha}) = P(\alpha)(\bar{\alpha})$ 的任何元素可表示为

$$\gamma = d_0 + d_1\bar{\alpha} + d_2\bar{\alpha}^2 + \cdots + d_{n-1}\bar{\alpha}^{n-1}$$

这里 $d_j = c_0 + c_1\alpha + c_2\alpha^2 + \cdots + c_{n-1}\alpha^{n-1} = \sum_{i=0}^{n-1} c_{ij}\alpha^i$(其中 $c_{ij} \in P$)是 $P(\alpha)$ 中的数,由此

$$\gamma = \sum_{j=0}^{n-1}\left(\sum_{i=0}^{n-1} c_{ij}\alpha^i\right)\bar{\alpha}^j$$

它的复共轭

$$\bar{\gamma} = \sum_{j=0}^{n-1}\left(\sum_{i=0}^{n-1} \overline{c_{ij}}\,\bar{\alpha}^i\right)\alpha^j = \sum_{i=0}^{n-1}\left(\sum_{j=0}^{n-1} \overline{c_{ij}}\alpha^j\right)\bar{\alpha}^i \in P(\alpha, \bar{\alpha})$$

综上所述，$P(\alpha, \bar{\alpha})$ 是复共轭封闭的域.

§5 不可能的第二证明·克罗内克定理

有了上述准备工作以后，现在我们就可以来证明一个以克罗内克命名的有趣的定理，它是克罗内克在 1856 年首先发现的.

定理 5.1 次数为奇素数，并且在有理数域内不可约的代数可解方程式，或者仅有一个实根，或者仅有实根.

证明 为方便起见，假设我们考虑的方程式 $f(x)=0$ 的最高次项系数为 1，而次数为 p. 按题设 $f(x)$ 有一个根 ω 能用根式表示，故存在数域的根式扩张（§1）

$$\mathbf{Q} = P_0 \subseteq P_1 \subseteq P_2 \subseteq \cdots \subseteq P_n \qquad (1)$$

使得每个数域 P_{i+1} 总是通过添加 P_i 中某个数的素数次方根 ρ_i 而得到：$P_i = P_{i-1}(\rho_i)$，$i=1,2,\cdots,m$，并且最后一个数域 P_n 包含了 ω.

现在，把 p 次单位本原根 $\varepsilon = \cos\dfrac{2\pi}{p} + \mathrm{i}\sin\dfrac{2\pi}{p}$ 添加到 (1) 的每个数域上去，我们得到

$$\mathbf{Q}(\varepsilon) = P_0(\varepsilon) \subseteq P_1(\varepsilon) \subseteq P_2(\varepsilon) \subseteq \cdots \subseteq P_n(\varepsilon)$$

在此基础上，进一步来考虑下面的扩张系

$$P'_0(\varepsilon) \subseteq P'_1(\varepsilon) \subseteq P'_2(\varepsilon) \subseteq \cdots \subseteq P'_n(\varepsilon)$$
$$\parallel \qquad \parallel \qquad \parallel \qquad\qquad \parallel$$
$$P_0(\varepsilon) \quad P_0(\varepsilon)(\rho_0, \bar{\rho}_0) \quad P_1(\varepsilon)(\rho_1, \bar{\rho}_1) \quad \cdots \quad P_{n-1}(\varepsilon)(\rho_{n-1}, \bar{\rho}_{n-1})$$

第 7 章 论四次以上方程式不能解成根式

这里 $\bar{\rho_i}$ 是 ρ_i 的共轭复数. 换句话说, 这里要求 $\mathbf{Q}(\varepsilon)$ 逐步扩大而成为 $P_n{}'(\varepsilon)$ 的过程中, 在每次添加一个方根的同时也把该方根的共轭复数添加进来. 这样做的目的是保证每个 $P_i{}'(\varepsilon)$ 还满足条件: $P_i{}'(\varepsilon)$ 中每个复数的共轭复数也在 $P_i{}'(\varepsilon)$ 中(预备定理 4).

如此, ω 将被包含在更大的数域 $P_n{}'(\varepsilon)$ 中, 于是 $f(x)$ 在域 $P_n{}'(\varepsilon)$ 上是可约的(含有因子 $x-\omega$), 但 $f(x)$ 在 $P_0{}'(\varepsilon) = \mathbf{Q}(\varepsilon)$ 上是不可约的: 因为 ε 是分圆多项式 $x^{p-1} + x^{p-2} + \cdots + x + 1$ 的一个根, 并且该多项式在有理数域上不可约(第 10 章 §1). 根据阿贝尔引理, $f(x)$ 在扩域 $\mathbf{Q}(\varepsilon)$ 中还是不可约的, 否则将得出 p 整除 $p-1$ 的矛盾.

今设在 $P_0{}'(\varepsilon), P_1{}'(\varepsilon), \cdots, P_n{}'(\varepsilon)$ 中第一个使 $f(x)$ 成为可约的域为 $P_k{}'(\varepsilon)$: $f(x)$ 在 $P_{k-1}{}'(\varepsilon)$ 上不可约, 但在 $P_k{}'(\varepsilon)$ 上可约.

为方便起见, 记 $P = P_{k-1}{}'(\varepsilon), \alpha = \rho_k, \bar{\alpha} = \bar{\rho_k}$. 令
$$P \subseteq P(\alpha) \subseteq P(\alpha, \bar{\alpha})$$
这里 α 是 P 中元素 a 的素数次方根 $\alpha = \sqrt[h]{a}$ (h 为素数).

既然 a 不能是 P 中某个元素的 h 次幂(否则 P 将与 $P(\alpha)$ 重合), 于是按 §2 预备定理 1, 多项式 $x^h - a$ 在 P 上不可约. 根据阿贝尔引理, 得出 $f(x)$ 的次数 p 应该整除素数 h, 但 p 也是素数, 这显然只能是 $h = p$.

现在, 令 $f(x)$ 在数域 $P(\alpha)$ 上的不可约分解为
$$f(x) = \varphi(x, \alpha) \psi(x, \alpha) \cdots$$
其中 $\varphi(x, \alpha), \psi(x, \alpha), \cdots$, 均为 $P(\alpha)$ 上关于未知量 x 的不可约多项式. 当然, 从 $f(x)$ 在 P 上的不可约性可

知诸因式 $\varphi(x,\alpha), \psi(x,\alpha), \cdots$,都不是 P 上关于 x 的多项式.

为了需要,我们先来证明扩域 $P(\alpha)$ 上不可约因式 $\varphi(x,\alpha), \psi(x,\alpha), \cdots$ 的若干性质.预先指出,数域 P 上不可约多项式 $x^p - a$ 的 p 个根可以表示为

$$\alpha_0 = \alpha, \alpha_1 = \varepsilon\alpha, \cdots, \alpha_{p-1} = \varepsilon^{p-1}\alpha, \varepsilon = \cos\frac{2\pi}{p} + i\sin\frac{2\pi}{p}$$

ⅰ 在数域 $P(\alpha)$ 上,每个 $\varphi(x,\alpha_i)(i=0,1,\cdots,p-1)$ 均可整除 $f(x)$.

这是因为,$f(x) = \varphi(x,\alpha)\psi(x,\alpha)\cdots$,于是按预备定理 2,可以得到 $f(x) = \varphi(x,\alpha_i)\psi(x,\alpha_i)\cdots$ 对每个 $i = 1, 2, \cdots, p-1$ 也成立,从而每个 $\varphi(x,\alpha_i)$ 均可整除 $f(x)$.

ⅱ 多项式 $\varphi(x,\alpha_i)(i=0,1,\cdots,p-1)$ 在 $P(\alpha)$ 中不可约.

假若有 $\varphi(x,\alpha_i) = u(x,\alpha_i)v(x,\alpha_i)$,类似于预备定理 2 的证明,对有理数 r,构造 P 上多项式 $w(x) = \varphi(r,x) - u(r,x)v(r,x)$.显然 $w(x)$ 和 P 上的不可约多项式 $x^p - a$ 有一个公共根 α_i,因而后者能整除前者,故每个 α_j 都是 $w(x) = 0$ 的根.所以,多项式 $\varphi(x,\alpha_j) - u(x,\alpha_j)v(x,\alpha_j)$ 在每个有理数 r 上的取值均为零,故为恒等式.由此即知 $\varphi(x,\alpha_j) = u(x,\alpha_j)v(x,\alpha_j)$,对每个 $j = 0, 1, 2, \cdots, p-1$ 均成立.取 $j = 0$ 得到 $\varphi(x,\alpha) = u(x,\alpha)v(x,\alpha)$,但它与 $\varphi(x,\alpha)$ 在 $P(\alpha)$ 上不可约的假设相矛盾.

ⅲ p 个多项式 $\varphi(x,\alpha_i)$ 两两不同.

第 7 章 论四次以上方程式不能解成根式

假如存在 $\varphi(x,\alpha_s)=\varphi(x,\alpha_t)$,而 $s\neq t$. 由于 $\alpha_s=\varepsilon^s\alpha$,$\alpha_t=\varepsilon^t\alpha$,则

$$\varphi(x,\alpha_s)-\varphi(x,\alpha_t)=\varphi(x,\varepsilon^s\alpha)-\varphi(x,\varepsilon^t\alpha)=0$$

如同以前的做法,对于任意 $r\in\mathbf{Q}$ 定义

$$u(x)=\varphi(r,\varepsilon^s x)-\varphi(r,\varepsilon^t x)$$

因为其中没有 α,所以 $u(x)$ 是 P 上的多项式,且 $u(\alpha)=0$. 注意到 α 同时是 P 上不可约多项式 x^p-a 的根,按照预备定理 1,它的所有根 $\alpha_i=\varepsilon^i\alpha$ 也是 $u(x)$ 的根,即有

$$u(\varepsilon^i\alpha)=\varphi(r,\varepsilon^s\varepsilon^i\alpha)-\varphi(r,\varepsilon^t\varepsilon^i\alpha)=0$$

由于 r 的任意性,即有恒等式

$$\varphi(x,\alpha)-\varphi(x,\varepsilon^{s-t}\alpha)=0$$

这就证明了在等式 $\varphi(x,\varepsilon^s\alpha)=\varphi(x,\varepsilon^t\alpha)$ 中,可以把 α 替换为任意一个 $\alpha_k=\varepsilon^k\alpha$. 特别地,取 $k=p-s$ 即得 $\varphi(x,\alpha)=\varphi(x,\alpha\eta)$,这里 $\eta=\varepsilon^{t-s}$. 接着,再把 α 替换成另外一个根 $\alpha\eta$,同理又得到 $\varphi(x,\alpha\eta)=\varphi(x,\alpha\eta^2)$. 不断重复下去,就得到

$$\varphi(x,\alpha)=\varphi(x,\alpha\eta)=\varphi(x,\alpha\eta^2)=\cdots=\varphi(x,\alpha\eta^{p-1})$$

因 $s\neq t$,故素数 p 不能整除 $t-s$,此时 η 也是一个 p 次单位本原根. 因此 $\alpha,\alpha\eta,\cdots,\alpha\eta^{p-1}$ 恰好给出了 x^p-a 的全部根. 从而

$$p\varphi(x,\alpha)=\varphi(x,\alpha\eta)+\varphi(x,\alpha\eta^2)+\cdots+\varphi(x,\alpha\eta^{p-1})$$

是 x^p-a 的全部根的一个对称多项式. 由对称多项式基本定理,它可以用 x^p-a 的系数表示出来,即 $p\varphi(x,\alpha)$ 关于 x 的系数均在 P 中,换句话说,$\varphi(x,\alpha)$ 是 P 上关于 x 的多项式,即是说 $f(x)$ 在 P 上有一个因式 $\varphi(x,\alpha)$ 而变得可约了,这矛盾表明 $\varphi(x,\alpha_i)$ 两两

Abel-Ruffini 定理

不同.

回到定理的证明上来. 由于 $\Phi(x)=\varphi(x,\alpha_0)\varphi(x,\alpha_1)\cdots\varphi(x,\alpha_{p-1})$ 是多项式 x^p-a 的 p 个根 $\alpha_i(i=0,1,\cdots,p-1)$ 的对称多项式, 故 $\Phi(x)$ 能用 x^p-a 的系数表出, 因而是域 P 上的多项式. 由上述性质 ⅰ 知, 多项式 $\Phi(x)$ 应该整除 $f(x)$. 但 $f(x)$ 不可约, 这只有 $f(x)=\Phi(x)$ (有可能相差一个常数因子) 才为可能. 因为已经假设 $f(x)$ 最高次项的系数为 1, 故不妨也要求它在 $P(\alpha)$ 上的每个不可约因式 $\varphi(x,\alpha)$ 关于 x 的最高次项的系数也为 1.

注意到 $f(x)$ 的次数为 p, 于是, 诸 $\varphi(x,\alpha_i)$ 只能是一次多项式, 令 $\varphi(x,\alpha_i)=x-\omega_i(i=0,1,\cdots,p-1)$, 则 $\omega_0,\omega_1,\omega_2,\cdots,\omega_{p-1}$ 即为 $f(x)$ 的全部根, 并且都在 $P(\alpha)$ 中. 当把 $\varphi(x,\alpha)$ 写成关于 x 的多项式时, 按照简单代数扩域结构定理, 相应的常数项可记为 $c(\alpha)=c_0+c_1\alpha+c_2\alpha^2+\cdots+c_{p-1}\alpha^{p-1}$, 其中 c_i 皆属于 P, 则 $\omega_i=c(\alpha_i)$ 对每个 $i=0,1,\cdots,p-1$ 均成立.

因为实系数多项式的根总是按复数共轭成对出现的. 又 $f(x)$ 的次数为奇素数 p, 所以 $f(x)$ 至少有一个实数根, 不妨设 $\omega=\omega_0$ 即为其实根. 下面分两种情形讨论:

Ⅰ $a \in P$ 为实数.

设 $\alpha=\sqrt[p]{a}$ 为 a 的一个 p 次方根. 因为已经假定了 P 包含 p 次单位本原根 ε, 所以可以假设 α 亦为实数 (必要时乘以一个 p 次单位根). 因为
$$\omega=c(\alpha_0)=c_0+c_1\alpha+c_2\alpha^2+\cdots+c_{p-1}\alpha^{p-1}$$

第 7 章 论四次以上方程式不能解成根式

其共轭复数为
$$\bar{\omega} = \bar{c_0} + \bar{c_1}\bar{\alpha} + \bar{c_2}\bar{\alpha}^2 + \cdots + \bar{c_{p-1}}\bar{\alpha}^{p-1}$$

从 $\omega = \bar{\omega}$ 以及 $P(\alpha)$ 中元素的唯一表示法(简单代数扩张结构定理)可知每个 $c_i = \bar{c_i}$,即每个 c_i 均为实数. 此时,由 ε^k 的复共轭为 $\bar{\varepsilon^k} = \varepsilon^{-k} = \varepsilon^{p-k}$ 以及 $\alpha_k = \varepsilon^k \alpha$,可知 $\bar{\alpha_k} = \varepsilon^{-k}\alpha = \alpha_{p-k}$,所以

$$\bar{\omega_k} = c_0 + c_1 \bar{\alpha_k} + c_2 \bar{\alpha_k^2} + \cdots + c_{p-1} \bar{\alpha_k^{p-1}}$$
$$= c_0 + c_1 \alpha_{p-k} + c_2 \alpha_{p-k}^2 + \cdots + c_{p-1} \alpha_{p-k}^{p-1}$$
$$= \omega_{p-k}$$

注意到不可约多项式没有重根,即诸 ω_k 两两不等. 又因为 p 为奇素数,从而 $k \neq p-k$,说明 $\bar{\omega_k} \neq \omega_k$,即 ω_k 不是实数,所以 $f(x)$ 仅有一个实根 ω,其余 $p-1$ 个根皆为复根.

Ⅱ $a \in P$ 不是实数.

因 $\alpha = \sqrt[p]{a}$,则 α 的共轭 $\bar{\alpha} = \sqrt[p]{\bar{a}}$. 令 $\lambda = \alpha\bar{\alpha}$,如果把 λ 添加到 P 上,就能使 $f(x)$ 成为可约(在 $P(\lambda)$ 上),这时可以归结为 Ⅰ 的情形. 因此以下我们假定 $f(x)$ 在 $P(\lambda)$ 上仍然不可约,接着把 α 继续添加到 $P(\lambda)$ 上而得到一个更大的数域 $P(\alpha,\lambda)$. 因为 $P(\alpha) \subseteq P(\lambda,\alpha)$,所以 $f(x)$ 在数域 $P(\lambda,\alpha)$ 上也是可约的. 注意到

$$\omega = c(\alpha_0) = c_0 + c_1\alpha + c_2\alpha^2 + \cdots + c_{p-1}\alpha^{p-1}$$

以及 α 的共轭 $\bar{\alpha} = \dfrac{\lambda}{\alpha}$,所以

$$\bar{\omega} = \bar{c_0} + \bar{c_1}\bar{\alpha} + \bar{c_2}\bar{\alpha}^2 + \cdots + \bar{c_{p-1}}\bar{\alpha}^{p-1}$$
$$= \bar{c_0} + \bar{c_1}\frac{\lambda}{\alpha} + \bar{c_2}\left(\frac{\lambda}{\alpha}\right)^2 + \cdots + \bar{c_{p-1}}\left(\frac{\lambda}{\alpha}\right)^{p-1}$$

因为 ω 已经被假定为实数，所以 $\omega = \bar{\omega}$，这样我们得到

$$c_0 + c_1\alpha + c_2\alpha^2 + \cdots + c_{p-1}\alpha^{p-1}$$
$$= \bar{c_0} + \bar{c_1}\overline{\frac{\lambda}{\alpha}} + \bar{c_2}\overline{\left(\frac{\lambda}{\alpha}\right)^2} + \cdots + \bar{c_{p-1}}\overline{\left(\frac{\lambda}{\alpha}\right)^{p-1}}$$

(2)

既然每个 c_i 及其共轭 $\bar{c_i}$ 都在 P 中，而 λ 在 $P(\lambda)$ 中，所以在等式(2)中除 α 外的每个复数都在数域 $P(\lambda)$ 中。

我们指出，多项式 $x^p - a$ 在 $P(\lambda)$ 上不可约。如若不然，则根据 §2 预备定理 1 可知，a 必为 $P(\lambda)$ 上某个元素 β 的 p 次方幂：$a = \beta^p$，即是说 β 也是 $x^p - a = 0$ 的一个根，故存在 i 使得 $\beta = \alpha_i = \varepsilon^i \alpha$。从此得出 $\alpha \in P(\lambda)$，继而推出 $P(\lambda, \alpha) = P(\lambda)$，因此 $f(x)$ 在 $P(\lambda)$ 上可约，矛盾。

现在在等式(2)两端同乘以 α^{p-1} 并将其整理成等式 $h(\alpha) = 0$，其中 $h(x)$ 为 $P(\lambda)$ 上的一个多项式。则从 $h(x)$ 和 $P(\lambda)$ 上的不可约多项式 $x^p - a$ 有公共根 α 可知后者能整除前者（阿贝尔不可约性定理），从而 $x^p - a = 0$ 的每个根 α_i 都是 $h(x) = 0$ 的根。由此推出等式(2)对每个 α_i 均成立，这时注意到

$$\frac{\lambda}{\alpha_i} = \frac{\overline{\alpha\alpha}}{\varepsilon^i \alpha} = \overline{\varepsilon^i \alpha} = \overline{\varepsilon^i \alpha} = \bar{\alpha_i}$$

于是在等式(2)中把 α 替换为 α_i 后，可以得到

$$c_0 + c_1\alpha_i + c_2\alpha_i^2 + \cdots + c_{p-1}\alpha_i^{p-1}$$
$$= \bar{c_0} + \bar{c_1}\bar{\alpha_i} + \bar{c_2}\bar{\alpha_i^2} + \cdots + \bar{c_{p-1}}\bar{\alpha_i^{p-1}}$$

即 $\omega_i = \bar{\omega_i}$，这表明 $f(x)$ 的每个根 ω_i 都是实数。

结合 Ⅰ 和 Ⅱ 两种情况，就证明了克罗内克定理。

第7章 论四次以上方程式不能解成根式

在这个定理的证明中,克罗内克的高明之处在于,他并不直接去构造那些有理数域 Q 的根式扩张,而是抓住了多项式不可约性在根式扩张下的动态这个关键问题,即重点考察 $f(x)$ 不可约性在何时发生了改变. 此外,在上面的证明过程中,还可以看出如果 $f(x)$ 的一个根能用根式表示,那么它的所有根也都可以用根式表示.

克罗内克定理同样给出了一个"高于四次的方程式一般不能用代数方法解出"的证明:它把方程式的根式求解问题归结为计算方程式实根个数的问题,而一个多项式的实根个数在很多时候是容易计算出来的. 例如,像五次方程式

$$x^5 - 4x - 2 = 0 ①$$

就不能解成根式.

为了确定这方程式实根的数目,考虑函数 $f(x) = x^5 - 4x - 2 (x \in \mathbf{R})$ 的图像. 为此求出导数 $f'(x) = 5x^4 - 4 = 0$ 的实根 $x_1 = \sqrt[4]{\dfrac{4}{5}}, x_2 = -\sqrt[4]{\dfrac{4}{5}}$. 由于

---

① 对于这些不能解为根式的方程式的根可以作下面的几何解释. 我们知道,整数通过加、减、乘、除(除数不为 0)得到有理数域,但有理数域并没有填满实数轴,其中还有间隙(即存在着无理数). 将有理数进行扩张,四项运算之外,再加上开方运算,经过这样运算后得到的数已拓展到了复平面,但其实并没有填满复平面,其中仍有间隙,而高次方程的根往往就落在这些间隙中(当然,次数小于等于四次的方程的根只是恰好避开了这些间隙罢了).

我们还要指出,即便将方程的根再添上去,得到的数域依然不能填满复平面,因为还存在着超越数(即圆周率 π、自然对数底 e 之类).

Abel-Ruffini 定理

$f''(x_1) > 0, f''(x_2) < 0$，所以 $f(x)$ 在 x_1 取得极小值，在 x_2 取得极大值. 再，由 $f'(x)$ 容易确定出 $f(x)$ 的增区间为 $(-\infty, -\sqrt[4]{\frac{4}{5}}) \cup (\sqrt[4]{\frac{4}{5}}, +\infty)$，减区间为 $[-\sqrt[4]{\frac{4}{5}}, \sqrt[4]{\frac{4}{5}}]$.

注意到 $f(-2) < 0, f(-1) > 0, f(-2) < 0, f(0) < 0, f(1) < 0, f(2) > 0$，可以大致确定出 $f(x)$ 的图像如图 2：有三个实数根和两个复数根，于是，按照克罗内克定理，这个方程式是代数不可解的.

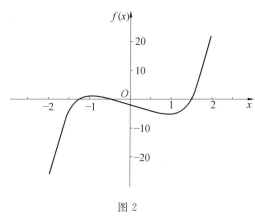

图 2

有理函数与置换群

第 8 章

§1 引言·域上方程式的群

鲁菲尼－阿贝尔定理表明了五次代数方程式通用的求根公式是不存在的,进一步克罗内克定理举出了不存在根式解的数字方程式的例子;另一方面有相当数量的 5 次和 5 次以上代数方程是可以用根式求解的(例如方程式 $x^5-1=0$ 就是这样). 现在的问题是:给定一个数字方程式,如何判定它能否用根式解. 如此须对代数方程式根式解的可能性问题做更完全的研究.

为了将置换理论应用到具体数字方程式上去,我们来引入域上方程式的群这一个很重要的概念.

设
$$f(x)=x^n+a_1x^{n-1}+\cdots+a_n=0 \quad (1)$$

Abel-Ruffini 定理

是数域 P 上的一个 n 次代数方程式,并且假设它的 n 个复根 $\alpha_1,\alpha_2,\cdots,\alpha_n$ 是相异的. 我们称方程式(1)为基本方程式,而数域 P 称为基域.

现在考虑以 $f(x)$ 的 n 个根 $\alpha_1,\alpha_2,\cdots,\alpha_n$ 为变量,P 中的数为系数的任意有理函数. 这样的函数可分为两类:第一类是函数值仍在 P 中的,第二类是函数值不在 P 中的.

再考察 n 个根 $\alpha_1,\alpha_2,\cdots,\alpha_n$ 的所有 n 次置换(共有 $n!$ 个). 如果随便从中取出一个置换作用到上述任一个有理函数上,则变换的结果,或者函数值不变,或者函数值改变. 现在我们将使第一类有理函数值保持不变(从而变换后的函数值仍在 P 中)的所有置换构成的集合记为 G.

我们来证明,集合 G 对置换的乘法而言形成一群①.

要证明这一点,可以利用下面这群论中熟悉的命题(以后我们将经常用到这个结论):如果 M 是一个若干置换构成的有限集合,则它对在这个集合中所规定的服从结合律的代数运算而言形成一个群.

如此,我们须证明,置换的乘法是 G 的代数运算,即置换的乘法永远可以在集合 G 里面进行.

我们取 G 中两个任意的置换 s_1 及 s_2,再取关于 α_1,

---

① 这不排除群中某些置换(例如恒等置换)也使得第二类有理函数保持不变,但可以证明对于任一第二类的有理函数,群中至少有一个置换能改变这个函数的值. 参阅第 12 章定理 4.1 的推论.

第 8 章　有理函数与置换群

$\alpha_2,\cdots,\alpha_n$ 的任一第一类函数 $r(\alpha_1,\alpha_2,\cdots,\alpha_n)$，设它的值等于 a

$$r(\alpha_1,\alpha_2,\cdots,\alpha_n)=a, a\in P \qquad (2)$$

既然 s_1 和 s_2 均不改变 $r_1(\alpha_1,\alpha_2,\cdots,\alpha_n)$ 的值，于是乘积 $s_1 s_2$ 亦不改变 $r(\alpha_1,\alpha_2,\cdots,\alpha_n)$ 的值. 因此 $s_1 s_2$ 亦应该属于 G. 既然 G 是一个有限集合，由此知道 G 形成一个群.

这个群叫作域 P 上方程式(1)的伽罗瓦群或简称为域 P 上方程式(1)的群. 在 P 是方程式的有理域的情形 "域 P 上" 这几个字通常可以省略.

按照定义，伽罗瓦群应该与具有下面性质的置换群重合：

Ⅰ. 凡函数值在域 P 中的任何有理函数 $r(\alpha_1,\alpha_2,\cdots,\alpha_n)$，在群中每一个置换下保持函数值不变.

Ⅱ. 任一有理函数 $r(\alpha_1,\alpha_2,\cdots,\alpha_n)$，若在群中的每个置换下都保持不变，则其函数值必在 P 中.

设 H 满足性质 Ⅰ 和 Ⅱ. 则性质 Ⅰ 表明 $H\subseteq G$，而性质 Ⅱ 表明 $G\subseteq H$，所以 $H=G$.

如果根 $\alpha_1,\alpha_2,\cdots,\alpha_n$ 之间的两个有理函数的值相等

$$r_1(\alpha_1,\alpha_2,\cdots,\alpha_n)=r_2(\alpha_1,\alpha_2,\cdots,\alpha_n) \qquad (3)$$

则称根 $\alpha_1,\alpha_2,\cdots,\alpha_n$ 满足有理关系(3).

这时差 r_1-r_2 亦为一有理函数，并且它的值等于数域 P 内的 0. 故按性质 Ⅰ，即表明伽罗瓦群 G 中的任何置换 s，不改变其值. 于是

$$(r_1-r_2)_s=(r_1)_s-(r_2)_s=r_1-r_2=0$$

Abel-Ruffini 定理

即

$$(r_1)_s = (r_2)_s$$

另一方面,等式(2)亦可以看作是 $\alpha_1, \alpha_2, \cdots, \alpha_n$ 间的一个有理关系.如此,群 G 是方程式(1)的根集的对称群 S_n[①] 中这样的置换的总体,它们使域 P 的元素保持不变,同时不破坏域 P 上 $\alpha_1, \alpha_2, \cdots, \alpha_n$ 诸根间的任何一个有理关系[②].

域 P 上的一般 n 次方程式,也就是系数为独立变量的那种方程.它的根 $x_1, x_2, \cdots, x_n$ 亦将是独立变量.因此,有理关系

$$r_1(x_1, x_2, \cdots, x_n) = r_2(x_1, x_2, \cdots, x_n)$$

意味着在 $x_1, x_2, \cdots, x_n$ 以一切数值代入时皆相等,意即恒等.这时候 S_n 中的任何置换都不能改变这个恒等式.于是这种方程式在域 P 上的群即为 S_n.

作为另一个例子,我们来找二次方程式

$$x^2 + px + q = 0 \qquad (4)$$

的群.这个方程式具有有理系数,并且有两个相异的无理实根 α_1 及 α_2.

显然,在当前这个场合 P 是有理数域.再,方程式(4)的根之间的任一有理关系都可以假设是有理整关系,因为 α_1 与 α_2(对有理数域而言)是代数数.此外,我们还可以假设进入关系 $r(\alpha_1, \alpha_2) = 0$ 中的每个根 α_1 或

---

① 即根集 $\{\alpha_1, \alpha_2, \cdots, \alpha_n\}$ 上所有置换所构成的群.

② 既然任何有理关系(3)都可写成 $r = r_1 - r_2$ 的形式,于是这意思是说,若 $r(\alpha_1, \alpha_2, \cdots, \alpha_n) = 0$,则 $r(\alpha_1 s, \alpha_2 s, \cdots, \alpha_n s) = 0$,这里 $r(x_1, x_2, \cdots, x_n) \in P(x_1, x_2, \cdots, x_n), s \in S_n$.

第 8 章　有理函数与置换群

α_2 次数都不超过 1，因为在相反的情况下我们可借方程式(4)来降低相应根的次数．这样，关系 $r(\alpha_1,\alpha_2)=0$ 可以写成

$$r(\alpha_1,\alpha_2)=a\alpha_1\alpha_2+b\alpha_1+c\alpha_2+d=0$$
$$(a,b,c,d \text{ 是有理数})$$

的形式．但按韦达公式有 $\alpha_1\alpha_2=q$，所以，令 $aq+d=m$，我们有

$$r(\alpha_1,\alpha_2)=b\alpha_1+c\alpha_2+m=0$$

既然 $\alpha_2=-p-\alpha_1$，则得

$$r(\alpha_1,\alpha_2)=(b-c)\alpha_1+(m-pc)=0$$

如其 $b-c\neq 0$，则我们将有 $\alpha_1=\dfrac{pc-m}{b-c}$，而这是不可能的，因为 α_1 是无理数．所以 $b-c=0$，因此 $r(\alpha_1,\alpha_2)=0$ 取这样的最后形式

$$r(\alpha_1,\alpha_2)=b(\alpha_1+\alpha_2)+m=0 \qquad (5)$$

关系(5)显然在二次对称群 S_2 的任何置换之下不被破坏(甚至保持同一)，所以，S_2 就是方程式(4)的群．

§2　伽罗瓦群作为伽罗瓦预解方程式诸根间的置换群

设 P 为所设数域，而基本方程式为

$$f(x)=x^n+a_1x^{n-1}+\cdots+a_n=0 \qquad (1)$$

它的 n 个复根为 $\alpha_1,\alpha_2,\cdots,\alpha_n$．则我们能作出这些根的一个有理函数 V，它的系数为域 P 中的数，并且对于 $\alpha_1,\alpha_2,\cdots,\alpha_n$ 的 $n!$ 个置换，V 有 $n!$ 个不同的值．

为此，取

Abel-Ruffini 定理

$$V = m_1\alpha_1 + m_2\alpha_2 + \cdots + m_n\alpha_n \qquad (2)$$

其中 $m_1, m_2, \cdots, m_n$ 为待定的 P 中的数. 任取两个不同的置换 a 与 b, 施于 V 得 V_a 与 V_b. 既然基本方程式的根 $\alpha_1, \alpha_2, \cdots, \alpha_n$ 互不相等, 故 V_a 与 V_b 不能对 $m_1, m_2, \cdots, m_n$ 的一切值皆相等. 令 a,b 遍历 $n!$ 个置换, 则可得到形如 $V_a = V_b$ 的关系式 $C_{n!}^2 = \frac{1}{2}n!(n!-1)$ 个. 我们这样选择 $m_1, m_2, \cdots, m_n$ 诸数的值, 使它不能满足其中的任何一个关系式. 如此, 所得到的 V 即为所求函数.

$n!$ — 值函数 (2) 在所有置换下的 $n!$ 个值: $V_1 = V, V_2, \cdots, V_{n!}$, 为方程式

$$F(y) = (y-V_1)(y-V_2)\cdots(y-V_{n!}) = 0 \qquad (3)$$

的根. 这是域 P 上的方程式, 因为它的系数是原方程式诸根 $\alpha_1, \alpha_2, \cdots, \alpha_n$ 的对称函数, 即可以表示为 $m_1, m_2, \cdots, m_n$ 及 $a_1, a_2, \cdots, a_n$ 的有理整函数, 由此即知诸系数均在 P 内.

如果 $F(y)$ 在 P 内可约, 则令 $F_0(y)$ 表示 $F(y)$ 的那个有 V_1 为其根的不可约因子; 如果 $F(y)$ 在 P 内已经不可约, 则 $F_0(y)$ 即为 $F(y)$ 自身. 不可分解方程式

$$F_0(y) = 0 \qquad (4)$$

称为方程式 (1) 在域 P 上的伽罗瓦 (群) 预解方程式.

现在可以引入下面的定理.

定理 2.1 所设方程式 (1) 诸根的任意有理函数 (系数在数域 P 内的), 必能表示为 $n!$ — 值函数 V 的有理函数 (系数亦在 P 内), 即

$$\varphi(\alpha_1, \alpha_2, \cdots, \alpha_n) = \Phi(V)$$

第 8 章　有理函数与置换群

证明　设有理函数 φ, V 在 $\alpha_1, \alpha_2, \cdots, \alpha_n$ 的 $n!$ 个置换下的值分别为

$$\varphi_1 = \varphi, \varphi_2, \cdots, \varphi_{n!} \text{（有可能有相同的）}$$
$$V_1 = V, V_2, \cdots, V_{n!}$$

引入关于 y 的有理函数如下

$$g(y) = F(y) \sum_{i=1}^{n!} \frac{\varphi_i}{y - V_i}$$

这个有理函数是根 $\alpha_1, \alpha_2, \cdots, \alpha_n$ 的对称函数，因而其系数是 $a_1, a_2, \cdots, a_n$ 的有理函数，所以 $g(y)$ 是域 P 上的函数。令 $y = V = V_1$，则

$$g(V_1) = (V_1 - V_2)(V_1 - V_3) \cdots (V_1 - V_{n!}) \cdot \varphi_1$$
$$= F'(V_1) \cdot \varphi_1$$

如此便得到了我们需要的结果：φ 表成了 V 的有理函数

$$\varphi(\alpha_1, \alpha_2, \cdots, \alpha_n) = \frac{g(V)}{F'(V)} = \Phi(V)$$

这里 $F'(t)$ 表示 $F(t)$ 的导数。

这个定理的一个重要情形为：方程式(1)的根均可以表示为 $n!$ －值函数 V 的有理函数

$$\alpha_1 = \Phi_1(V), \alpha_2 = \Phi_2(V), \cdots, \alpha_n = \Phi_n(V)$$

其系数均在 P 内。所以如果我们能够确定某个 $n!$ －值函数的值，即等同于解出所设方程式。

下一个命题是

定理 2.2　设方程式(1)的根 $\alpha_1, \alpha_2, \cdots, \alpha_n$ 的有理函数 $\varphi(\alpha_1, \alpha_2, \cdots, \alpha_n)$ 按照定理 2.1 表示成了 $n!$ －值函数 V 的有理函数

Abel-Ruffini 定理

$$\varphi(\alpha_1,\alpha_2,\cdots,\alpha_n) = \Phi(V)^{①}.$$

则对这等式两端的函数分别施以诸根的任一置换 s 后,等式仍然成立

$$\varphi_s(\alpha_1,\alpha_2,\cdots,\alpha_n) = \Phi(V_s)$$

证明 事实上,若 $s=I$,则结论显然成立. 今设 s 为非单位置换,既然 V 是 $n!$ 一值函数,于是函数组

$$V_1 = V, V_2, \cdots, V_{n!}$$

中的每个均施行 s 后,将得到一组同样的函数(排列次数自然不同)

$$V_1, V_2, \cdots, V_{n!}$$

若设 $V_s = V_i$,则函数

$$(V_1 - V_2)(V_1 - V_3)\cdots(V_1 - V_{n!})$$

施行 s 后将变为

$$(V_s - V_1)(V_s - V_2)\cdots(V_s - V_{i-1})(V_s - V_{i+1})(V_s - V_{n!})$$

于是定理 2.1 中的函数

$$g(V_1) = (V_1 - V_2)(V_1 - V_3)\cdots(V_1 - V_{n!}) \cdot \varphi$$

施行 s 后变为

$$g(V_s) = (V_s - V_1)(V_s - V_2)\cdots(V_s - V_{i-1})(V_s - V_{i+1})(V_s - V_{n!}) \cdot \varphi$$

由此

$$\varphi_s(\alpha_1,\alpha_2,\cdots,\alpha_n) = \frac{g(V_s)}{F'(V_s)} = \Phi(V_s)$$

转而来建立原方程式(1)的群 G 与伽罗瓦预解方

---

① 这里假定我们不得利用伽罗瓦群预解方程式 $F_0(y) = 0$ 将 $\Phi(V_1)$ 的形式化简,若加以简化,则致结果失效. 详见下一节的例子.

第8章 有理函数与置换群

程式(4)诸根间的联系.

定理 2.3 设预解方程式 $F_0(y)=0$ 的全部根为

$$V_1, V_a, V_b, \cdots, V_h \qquad (5)$$

又设导出各根所用的置换为

$$I, a, b, \cdots, h \qquad (6)$$

则这些置换构成一个群并且与原来方程式(1)的群重合.

证明 设 r 及 s 为(5)内的任二置换,于是 V_r 与 V_s 为 $F_0(y)=0$ 的根

$$F_0(V_r)=0$$

既然 V_r 亦为域 P 上根 $\alpha_1, \alpha_2, \cdots, \alpha_n$ 的有理函数,于是按定理 2.1 可将 V_r 表为 V_1 的有理函数(系数在 P 内)

$$V_r = \Phi(V_1) \qquad (7)$$

代入得 $F_0[\Phi(V_1)]=0$. 于是 P 内的不可约方程 $F_0(y)=0$ 有一根能满足方程式

$$F_0[\Phi(y)]=0$$

(其系数在 P 内). 由此:方程式 $F_0(y)=0$ 的所有根亦满足这方程式,所以

$$F_0[\Phi(V_s)]=0$$

以置换 s 施于(7),得(按定理 2.2)

$$(V_r)_s = V_{rs} = \Phi(V_s)$$

故得 $F_0(V_{rs})=0$,可见 V_{rs} 亦为 $F_0(y)=0$ 的根. 于是 rs 含于(5)内,由 r 及 s 的任意性知(5)中诸置换构成一个群 H.

现在来证明 H 满足伽罗瓦群的条件 Ⅰ 和 Ⅱ.

设 $\varphi = \varphi(\alpha_1, \alpha_2, \cdots, \alpha_n)$ 为根 $\alpha_1, \alpha_2, \cdots, \alpha_n$ 的任一

有理函数,按定理 2.1,有

$$\varphi = \Phi(V_1), \varphi_a = \Phi(V_a), \varphi_b = \Phi(V_b), \cdots, \varphi_h = \Phi(V_h) \tag{8}$$

此处 V_1 为一 $n!$ 一值函数,而 Φ 为系数在 P 内的有理函数.

Ⅰ的证明. 设 $\varphi(\alpha_1, \alpha_2, \cdots, \alpha_n)$ 等于 P 内之一数 q,则由式(8)得等式

$$\Phi(V_1) - q = 0$$

换句话说, V_1 为方程式

$$\Phi(y) - q = 0 \tag{9}$$

(其系数在 P 内)的一个根. 既然 V_1 是不可约方程式 $F_0(y) = 0$ 的根,所以 $F_0(y) = 0$ 的一切根 $V_1, V_a, V_b, \cdots, V_h$ 亦将适合方程式(9),而有

$$\Phi(V_1) - q = 0, \Phi(V_a) - q = 0, \cdots, \Phi(V_h) - q = 0$$

故由式(8),得 $\varphi = \varphi_a = \varphi_b = \cdots = \varphi_h$,即 φ 对于 H 之一切置换,其值皆不变.

Ⅱ的证明. 既然 $\varphi = \varphi_a = \varphi_b = \cdots = \varphi_h$,则由(8)得

$$\varphi = \frac{1}{m} [\Phi(V_1) + \Phi(V_a) + \Phi(V_b) + \cdots + \Phi(V_h)]$$

但,等式的右端为伽罗瓦群预解方程式 $F_0(y) = 0$ 的 m 个根 $V_1, V_a, V_b, \cdots, V_h$ 的对称函数,故为 $F_0(y) = 0$ 各系数的有理函数,所以 φ 为 P 内之数.

§3 例 子

作为上一节诸结论的解释,我们来讲一个例子.

第8章　有理函数与置换群

考虑有理数域 $\mathbf{Q}$ 上的方程式 $x^3+x^2+x+1=0$，它的根为
$$\alpha_1=-1, \alpha_2=\mathrm{i}, \alpha_3=-\mathrm{i}$$
为了获得诸根的一个 $6-$值函数，我们取 $V=m_1\alpha_1+m_2\alpha_2+m_3\alpha_3=-m_1+\mathrm{i}m_2-\mathrm{i}m_3$，它在根 $\alpha_1,\alpha_2,\alpha_3$ 的 $3!=6$ 个置换下得到六个函数
$$V_1=-m_1+\mathrm{i}m_2-\mathrm{i}m_3$$
$$V_2=V_{(23)}=-m_1-\mathrm{i}m_2+\mathrm{i}m_3$$
$$V_3=V_{(12)}=\mathrm{i}m_1-m_2-\mathrm{i}m_3$$
$$V_4=V_{(13)}=-\mathrm{i}m_1+\mathrm{i}m_2-m_3$$
$$V_5=V_{(123)}=-\mathrm{i}m_1-m_2+\mathrm{i}m_3$$
$$V_6=V_{(132)}=\mathrm{i}m_1-\mathrm{i}m_2-m_3$$

在 $V_i-V_j=0 (i,j=1,2,3,4,5,6, i\neq j)$ 的 15 个关系式中，可得到诸 m_i 的 9 个不同关系式：

$m_2-m_3=0$，相应于
$$V_1-V_2=0, V_3-V_6=0, V_4-V_5=0$$
$m_1-m_2=0$，相应于
$$V_1-V_3=0, V_2-V_5=0, V_4-V_6=0$$
$(\mathrm{i}-1)m_1+(\mathrm{i}+1)m_2-2\mathrm{i}m_3=0$，相应于 $V_1-V_5=0$；
$(\mathrm{i}+1)m_1-2\mathrm{i}m_2+(\mathrm{i}-1)m_3=0$，相应于 $V_1-V_6=0$；
$(\mathrm{i}-1)m_1-2\mathrm{i}m_2+(\mathrm{i}+1)m_3=0$，相应于 $V_2-V_4=0$；
$(\mathrm{i}+1)m_1+(\mathrm{i}-1)m_2-2\mathrm{i}m_3=0$，相应于 $V_2-V_3=0$；
$2\mathrm{i}m_1-(\mathrm{i}+1)m_2-(\mathrm{i}-1)m_3=0$，相应于 $V_3-V_4=0$；
$-2\mathrm{i}m_1+(\mathrm{i}-1)m_2+(\mathrm{i}+1)m_3=0$，相应于 $V_5-V_6=0$.

若取 $m_3=0$，则由前三个关系式，知不得再取 m_1 与 m_2 为 0，又由后面六个关系式知不能使 $m_1=km_2$，其中 $k=$

$1, \pm i, 1 \pm i, \dfrac{1}{2}(1 \pm i)$. 所以在有理数域内,只需取 m_1 为异于 0 和 1 的整数,则 $m_1\alpha_1 + \alpha_2$ 即为一个 6－值函数.

令 $V_1 = \alpha_2 - \alpha_1 = i + 1$ 而来作伽罗瓦预解方程式. V_1 在 6 个置换下的六个值为 $\pm V_1$,$\pm V_2 = \pm(\alpha_2 - \alpha_1) = \pm 2i$,$\pm V_3 = \pm(\alpha_3 - \alpha_1) = \pm(-i+1)$,以它们为根的方程式为

$$F(y) = (y^2 - V_1^2)(y^2 - V_2^2)(y^2 - V_3^2)$$
$$= (y^2 - 2i)(y^2 + 4)(y^2 + 2i)$$
$$= y^6 + 4y^4 + 4y^2 + 16 = 0$$

在有理数域内,$F(y)$ 的不可约因子有

$$y^2 + 4 = (y + V_2)(y - V_2)$$
$$y^2 - 2V + 2 = (y - V_1)(y - V_3)$$
$$y^2 + 2V + 2 = (y + V_1)(y + V_3)$$

于是得到伽罗瓦预解方程式为

$$F_0(y) = y^2 - 2y + 2 = 0$$

作为上节定理 2.1 的例子,我们去找以 $V_1 = \alpha_2 - \alpha_1$ 来表示 $\varphi = \alpha_2$ 的有理函数. 因 $F(y) = y^6 + 4y^4 + 4y^2 + 16$, $F'(y) = 6y^5 + 16y^3 + 8y$ 于是

$$g(y) = F(y) \cdot \left[\dfrac{\alpha_2}{y - V_1} + \dfrac{\alpha_1}{y + V_1} + \dfrac{\alpha_2}{y - V_2} + \dfrac{\alpha_3}{y - V_3} + \dfrac{\alpha_3}{y + V_2} + \dfrac{\alpha_1}{y + V_3} \right]$$

将 $\alpha_1 = -1, \alpha_2 = -i, \alpha_3 = -i, V_1 = i+1, V_2 = 2i, V_3 = -i+1$ 代入,我们得到

第 8 章　有理函数与置换群

$$g(y) = -2y^5 - 4y^4 - 12y^3 - 8y^2 - 16y - 48$$

最后

$$\varphi = \alpha_2 = \frac{g(V_1)}{F'(V_1)}$$

$$= \frac{-2V_1^5 - 2V_1^4 - 12V_1^3 - 8V_1^2 - 16V_1 - 48}{6V_1^5 + 16V_1^3 + 8V_1}$$

$$= \Phi(V_1)$$

这就得到了我们需要的函数. 施置换(12)于这个等式,得到

$$\alpha_1 = \Phi(V_2) = \frac{-2V_2^5 - 2V_2^4 - 12V_2^3 - 8V_2^2 - 16V_2 - 48}{6V_2^5 + 16V_2^3 + 8V_2}$$

这个等式的验证是容易的:将 $V_1 = -(\alpha_2 - \alpha_1) = -\mathrm{i} - 1$ 代入,得到

$$\Phi(V_2) = \frac{16\mathrm{i} - 48}{-16\mathrm{i} + 48} = -1$$

与 $\alpha_1 = -1$ 相等.

但如果借助关系式 $F_0(V_1) = 0$ 将 $\Phi(V_1)$ 的形式化简,则定理 2.2 不再成立. 将有理函数 $\Phi(y)$ 的分子与分母分别除以多项式 $F_0(y) = y^2 - 2y + 2 = 0$ 得出

$$-2y^5 - 2y^4 - 12y^3 - 8y^2 - 16y - 48$$
$$= -(2y^3 + 8y^2 + 24y + 40)F_0(y) + (-48y + 32)$$

$$6y^5 + 16y^3 + 8y = (6y^3 + 12y^2 + 28y + 32)F_0(y) + (16y - 64)$$

但 $F_0(V_1) = 0$,故以 V_1 代 y 即得

$$\alpha_2 = \Phi'(V_1) = \frac{-48V_1 + 32}{16V_1 - 64} = \frac{-3V_1 + 2}{V_1 - 4}$$

至此已证明 α_2 与 $\Phi'(V_1)$ 在数值上相等. 但若施以置

换(12),则变 α_2 为 $\alpha_1 = -1$,变 $\Phi'(V_1)$ 为 $\Phi'(V_2) = i - 4$,而不再成一等式. 这是因为将 $\Phi(V_1)$ 化为 $\Phi'(V_1)$ 时,须根据 $F_0(V_1) = 0$. 今施以 s,变 $F_0(V_1)$ 为 $F_0(V_s)$,但 $F_0(V_s)$ 未必为零,故未必能变 $\Phi(V_1)$ 为 $\Phi(V_s)$[①].

最后,我们来找域 **Q** 上方程式 $x^3 + x^2 + x + 1 = 0$ 的伽罗瓦群,前面已求得其伽罗瓦群的预解方程式为 $F_0(y) = y^2 - 2V + 2 = 0$,而其根为 V_1 及 V_3. 既然 V_3 可从 V_1 施以置换 $(\alpha_2 \alpha_3)$ 得来,故对于有理数域 **Q**,方程式 $x^3 + x^2 + x + 1 = 0$ 的群为 $\{I, (23)\}$.

§4 根的有理函数的对称性群

第6章 §2 置换群的引入,是以拉格朗日关于代数方程论的研究为基础的,它讨论的对象是一般的 n 次方程式. 在这种情况下,诸根的两个有理函数,只有在形式上全同时,才是相等的.

但是,对于具体的数字方程式就不同了:两个根的有理函数,只要它们的数值相等,就认为是相等的. 这时候,它们的表达式不一定相同.

例如,$x^3 + x^2 + x + 1 = 0$ 的根为
$$\alpha_1 = -1, \alpha_2 = i, \alpha_3 = -i \, (i = \sqrt{-1})$$
这时,有理函数 α_2^2, α_3^2 及 α_1 的形式虽然不同,但它们

---

① 这里置换(12)不属于 $x^3 + x^2 + x + 1 = 0$ 的群 G,但若施行 G 中的置换,则等式仍然成立.

第 8 章　有理函数与置换群

的值相同. 然而因为 $-1=\alpha_2^2 \neq \alpha_1^2=1$, 故我们不能施置换 $(\alpha_1\alpha_2\alpha_3)$ 于等式 $\alpha_2^2=\alpha_3^2$. 又根的置换中能使有理函数 α_2^2 的值不变的有 $I, (\alpha_1\alpha_3), (\alpha_2\alpha_3), (\alpha_1\alpha_2\alpha_3)$, 它们并不能组成一个群.

再就方程 $x^4+1=0$ 而言, 它的根为

$$\alpha_1=\varepsilon, \alpha_2=\mathrm{i}\varepsilon, \alpha_3=-\varepsilon, \alpha_4=-\mathrm{i}\varepsilon (\varepsilon=\frac{1+\mathrm{i}}{\sqrt{2}})$$

这里, 形式不同的有理函数 α_1^2 与 $\alpha_1\alpha_4$ 在数值上相等: $\alpha_1^2=\alpha_1\alpha_4=\varepsilon^2=\mathrm{i}$. 同样, 数值 α_1^2 等于 α_3^2 而不等于 α_1^2 及 α_4^2. 再, 使 α_1^2 的值不变的置换有

$$I, (23), (24), (234), (243), (13),$$
$$(13)(24), (213), (413), (4213), (4132) \quad (1)$$

这 12 个置换中的前 6 个不仅保持 α_1^2 的值不变, 甚至保持 α_1^2 的形式不变; 后 6 个则在形式上将 α_1^2 变为 α_3^2 (数值上相等). 这些置换并不组成一个群: 因为上述置换包括 $(13), (23),$ 但不包括它们的乘积 $(13)(23)$.

然而, 如果将考虑的置换限制在基本方程式的群内, 情形就不同了. 例如, 方程式 $x^4+1=0$ 对于有理数域 **Q** 的群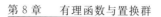为

$$G_4=\{I, (12)(34), (13)(24), (14)(23)\}$$

就 (1) 中的 12 个置换来说, 能使 α_1^2 数值上不变的, 仅为 G_4 内的 I 以及 $(13)(24)$. 故 $x^4+1=0$ 的根的函数

---

① 这伽罗瓦群的计算参见 §6.

Abel-Ruffini 定理

$\alpha_1{}^2$ 属于集合 $\{I,(13)(24)\}$,它构成一个置换群①.

一般地,我们可以证明下面的定理,它是与上一章的基本定理对应的.

定理 4.1 一个方程式的群中的置换,能使根的有理函数的值不变的所有置换构成一个群.

证明 设 G 为所考虑的方程式的群,而 G 内的置换 $I,a,b,\cdots,h$,能使有理函数 $\varphi(\alpha_1,\alpha_2,\cdots,\alpha_n)$ 的数值不变.今将置换 b 施行于有理关系

$$\varphi = \varphi_a$$

则

$$\varphi_b = \varphi_{ab}$$

于是,$\varphi_{ab} = \varphi$. 即乘积 ab 亦含于使 $\varphi(\alpha_1,\alpha_2,\cdots,\alpha_n)$ 的数值不变的诸置换中. 故置换 $I,a,b,\cdots,h$ 成一个群 H.

以后,为了区分起见,我们将称 $r(\alpha_1,\alpha_2,\cdots,\alpha_n)$ 在数值上或者在形式上属于某群 G. 亦称 $r(\alpha_1,\alpha_2,\cdots,\alpha_n)$ 为群 G 的特征不变值或者特征不变式.

反过来,我们来证明(与它成对应的是第 6 章的基本定理的逆定理)

定理 4.2 伽罗瓦群的任何子群 H,必定存在根的一个系数属于基域的有理函数,使它属于 H.

证明 设 $H = \{I,b,c,\cdots,h\}$. 我们可作诸根的 $n!$ — 函数(§2)

---

① 能使 $\alpha_1{}^2$ 形式上不变的置换群为 $\{I,(234),(23),(24),(34)\}$,它与 G_4 以及 $\{I,(13)(24)\}$ 均无关.

第 8 章　有理函数与置换群

$$V = m_1\alpha_1 + m_2\alpha_2 + \cdots + m_n\alpha_n$$

其中 $m_1, m_2, \cdots, m_n$ 均是基域内的数. 今将 H 中各置换施于 V, 得

$$V_I = V, V_a, V_b, \cdots, V_h \qquad (2)$$

亦各不相同. 再在 H 中取一置换 c 施于 (2) 中各有理函数, 得

$$V_{Ic}, V_{ac}, V_{bc}, \cdots, V_{hc} \qquad (3)$$

因为 $Ic, ac, bc, \cdots, hc$ 互不相同 (例如若 $ac = bc$, 则 $acc^{-1} = bcc^{-1}$ 即得矛盾结论 $a = b$), 但均属于 H, 故 (3) 中各有理函数仍为 (2) 所有, 不过次序不同而已. 令

$$\varphi = (\rho - V_I)(\rho - V_a)\cdots(\rho - V_h)$$

这里 ρ 为待定常数.

现在我们将说明, 可以适当地选取 ρ 的值, 使得不在 H 中的任一置换 s, 皆能改变 φ 的值. 为此设

$$\varphi_s = (\rho - V_{Is})(\rho - V_{as})\cdots(\rho - V_{hs})$$

则由于 V_{Is} 与 $V_I = V, V_a, V_b, \cdots, V_h$ 均不同, 故 φ 与 φ_s 不等. 使 s 遍历 S_n 中 H 外的一切置换, 而作连乘方程式

$$\prod_{s \in S_n, s \notin H} (\varphi - \varphi_s) = 0$$

则不满足上述方程式的 ρ 值, 必使得 $\varphi \neq \varphi_s$, 而 φ 即为所求之有理函数.

§5　有理函数的共轭值(式)·预解方程式

这一节将叙述方程式诸根的有理函数关于置换

群的理论. 我们所考虑的基域 P 内的基本方程式 $f(x) = x^n + a_1 x^{n-1} + \cdots + a_n = 0$, 可以是一般的方程式, 也可以是具体的数字方程式, 同以前一样这方程式的根 $\alpha_1, \alpha_2, \cdots, \alpha_n$ 假定没有两个是相同的. 以下诸定理中出现的群均为 $f(x) = 0$ 的伽罗瓦群 G_f 的子群 (当然也可与其重合).

定理 5.1 设根的有理函数 $\varphi(\alpha_1, \alpha_2, \cdots, \alpha_n)$ 在数值上(形式上)属于群 G 的一个子群 H, 而 H 对于 G 的指数为 v, 则 φ 在 G 下有 v 个值(v 种形式); 换言之, 即将 G 中一切置换施于 φ 时, 可得 v 个不同的值(v 种不同的形式).

证明 将 G 按子群 $H = \{h_1, h_2, \cdots, h_m\}$ 进行分解
$$G = Hg_1 \cup Hg_2 \cup \cdots \cup Hg_v \qquad (1)$$
这里 $Hg_i = \{h_1 g_i, h_2 g_i, \cdots, h_m g_i\}, i = 1, 2, \cdots, v.$

既然 φ 在数值上(形式上)属于子群 H, 则 H 中的任一置换施之于 φ, 所得的值(形式)均相同; 又
$$\varphi_{h_i g_j} = (\varphi_{h_i})_{g_j} = (\varphi)_{g_j} = \varphi_{g_j}$$
故由分解式(1)知将 G 中一切置换施于 φ 时, 至多可得 v 个不同的值(v 种不同的形式).

现在, 我们来证明在数值上(形式上)不属于同一 Hg_i 的二置换, 施之于 φ, 所得的值(形式)必不相同. 若不然, 如
$$\varphi_{g_i} = \varphi_{g_j}$$
则
$$\varphi_{g_i g_j^{-1}} = \varphi$$
即 $g_i g_j^{-1}$ 为 H 中的置换, 而这与分解式(1)矛盾. 于是

G 中 n 个置换施于 φ 时,至少可得 v 个不同的值(v 种不同的形式).

综上所述,定理成立.

若取 G 为对称群 S_n,则得拉格朗日定理:一 n 元有理函数,受 $n!$ 个置换的作用后,所得不同值的数目,必为 $n!$ 的约数.

定义 5.1 $\varphi,\varphi_{g_2},\varphi_{g_3},\cdots,\varphi_{g_v}$ 这 v 个不同值(v 种不同的形式),称为 φ 在群 G 下的共轭值(共轭式).

利用共轭值(共轭式)的概念,可以证明:

定理 5.2 设 $\psi(\alpha_1,\alpha_2,\cdots,\alpha_n)$ 是方程式 $f(x)=0$ 诸根的一个有理函数,系数在基域内. 如果 $f(x)=0$ 的伽罗瓦群中使另一有理函数 $\varphi(\alpha_1,\alpha_2,\cdots,\alpha_n)$ 数值(形式)不变的置换,亦使 $\psi(\alpha_1,\alpha_2,\cdots,\alpha_n)$ 的数值(形式)不变,则 ψ 必可有理地用 φ 及 $f(x)=0$ 的系数表示出来.

证明 设 $\varphi(\alpha_1,\alpha_2,\cdots,\alpha_n)$ 在数值上(形式上)的特征不变群为
$$H=\{h_1=I,h_2,\cdots,h_m\}$$
并且 H 对于 $f(x)=0$ 的伽罗瓦群 G_f 的指数为 v. 将 G_f 依 H 分解为如下
$$HI=\{h_1=I,h_2,\cdots,h_m\},\varphi_I=\varphi_1,\psi_I=\psi_1$$
$$Hg_2=\{g_2,h_2g_2,\cdots,h_mg_2\},\varphi_{g_2}=\varphi_2,\psi_{g_2}=\psi_2$$
$$\vdots$$
$$Hg_v=\{g_v,h_2g_v,\cdots,h_mg_v\},\varphi_{g_v}=\varphi_v,\psi_{g_v}=\psi_v$$

按定理 5.1,知 $\varphi_1,\varphi_2,\cdots,\varphi_v$ 的值(形式)均不相同,但 $\psi_1,\psi_2,\cdots,\psi_v$ 的值(形式)则未必,因为 ψ 可能在数值

上(形式上)属于一包含 H 的群 G. 又伽罗瓦群 G_f 中置换变 φ_i 为 φ_j 者,必变 ψ_i 为 ψ_j,因若置换 a 变 φ_1 为 φ_i,变 ψ_1 为 ψ_i,又置换 b 变 φ_1 为 φ_j,变 ψ_1 为 ψ_j,则置换 $s=a^{-1}b$ 变 φ_i 为 φ_j,同时变 ψ_i 为 ψ_j.

我们所要证明的,乃是 ψ 等于一有理函数 $R(\varphi, a_1, a_2, \cdots, a_n)$. 以群 G_f 中的置换施之,则基本方程式的系数(作为根的有理函数)

$$a_1 = -(\alpha_1 + \alpha_2 + \cdots + \alpha_n)$$

$$a_2 = \alpha_1\alpha_2 + \alpha_1\alpha_3 + \cdots + \alpha_1\alpha_n + \alpha_2\alpha_3 + \cdots + \alpha_{n-1}\alpha_n$$

$$\vdots$$

$$a_{n-1} = (-1)^n(\alpha_1\alpha_2\cdots\alpha_{n-1} + \alpha_1\alpha_2\cdots\alpha_{n-2}\alpha_n + \cdots + \alpha_2\alpha_3\cdots\alpha_n)$$

$$a_n = (-1)^n \alpha_1\alpha_2\cdots\alpha_n$$

的值(形式)均不变,而 φ 的相应值(形式)依次为 $\varphi_1 = \varphi, \varphi_2, \cdots, \varphi_v$,因此我们需求一有理函数 $R(t)$,当 $t = \varphi_i (i=1,2,\cdots,v)$ 时,有 $R(t) = \psi_i (i=1,2,\cdots,v)$. 为此依拉格朗日插值公式令

$$R(t) = \sum_{i=1}^{v} \frac{\psi_i(t-\varphi_1)\cdots(t-\varphi_{i-1})(t-\varphi_{i+1})\cdots(t-\varphi_v)}{(\varphi_i-\varphi_1)\cdots(\varphi_i-\varphi_{i-1})(\varphi_i-\varphi_{i+1})\cdots(\varphi_i-\varphi_v)}$$

则 $R(t)$ 为 t 的 $v-1$ 次多项式,并且满足 $t=\varphi_i$ 时,有 $R(t) = \psi_i$.

若令 $g(t) = (t-\varphi_1)(t-\varphi_2)\cdots(t-\varphi_v)$,则 $R(t)$ 可写成下面的形式

$$R(t) = g(t) \sum_{i=1}^{v} \frac{\psi_i}{g'(\varphi_i)(t-\varphi_i)}$$

这里 $g'(t)$ 表示 $g(t)$ 的导数.

由这表达式可以看出,$R(t)$ 施以各置换 s 均不变化,故其系数为 $\alpha_1, \alpha_2, \cdots, \alpha_n$ 的对称函数,亦即 a_1,

第8章 有理函数与置换群

$a_2, \cdots, a_n$ 的有理函数. 现以 $\varphi_1 = \varphi$ 替代 $R(t)$ 中的 t, 即得

$$\psi = \psi_1 = R(\varphi),$$

这样,我们就完成了这个定理的证明.

这个定理常用符号表示如下:

特征不变群　　　特征不变式

　　G　　　　　　$\varphi = \varphi(a_1, \cdots, a_n)$

若　∪

　　H　　　　　　$\psi = \psi(a_1, \cdots, a_n)$

则 $\varphi = R(\varphi, a_1, a_2, \cdots, a_n)$,这里 R 表示有理函数.

若取 H 为群 G 自身,则得

推论 1　如果两个有理函数在数值上(形式上)属于同一个群,则其中任一有理函数为另一有理函数与 $a_1, a_2, \cdots, a_n$ 的有理函数.

若取一 $n!$ -值函数,则其所属群只含单位置换,而为任何群的子群,故又得一推论如下.

推论 2　任一关于 $a_1, a_2, \cdots, a_n$ 的有理函数必为任一 $n!$ -值函数与 $a_1, a_2, \cdots, a_n$ 的有理函数.

这个推理的最简单的情形,即基本方程式的根 $a_i (i = 1, 2, \cdots, n)$ 本身,均可用 $n!$ -值函数及系数 a_1, $a_2, \cdots, a_n$ 的有理函数表示出来.

定理 5.2 表明了属于 G 的特征不变值(特征不变式)对于子群 H 的特征不变值(特征不变式)有怎样的关系,反过来我们可以证明

定理 5.3(定理 5.2 逆定理)　设有理函数 $\varphi(a_1, a_2, \cdots, a_n)$ 在数值上(形式上)属于群 G,如果另一有理

函数 $\psi(\alpha_1,\alpha_2,\cdots,\alpha_n)$ 在数值上(形式上)属于 G 的子群 H,且指数 $[G:H]=v$,则 ψ 必为一 v 次方程式的根,且此方程式的系数为 φ 及 $a_1,a_2,\cdots,a_n$ 的有理函数.

证明 取 ψ 在 G 下的 v 个共轭值(共轭式)
$$\psi_1,\psi_{g_2},\cdots,\psi_{g_v} \quad (1)$$
若以 G 中任一置换施于(1),则(1)中诸函数除排列次序可能有变化外,其余并无变化,于是(1)中诸函数的一个对称函数,必不为 G 中的置换所变(无论是数值上还是形式上). 按定理 5.2,这对称函数可由 φ 及 a_1, $a_2,\cdots,a_n$ 的有理函数表示出来. 定理第二部分成立.

今取方程式
$$F(y)=(y-\psi_1)(y-\psi_{g_2})\cdots(y-\psi_{g_v})=0$$
则此方程式以 ψ_1 为根,并且其系数为诸函数 ψ_i 的对称函数. 由此定理第一部分成立.

定理 5.3 中所取的 v 次方程式,称为在 G 下确定的 ψ 的预解方程式. 现在我们来证明它的两个性质:

1° 唯一性:假若 ψ 适合另一 v 次方程式,其系数为 φ 及 $a_1,a_2,\cdots,a_n$ 的有理函数,则此方程式与
$$F(y)=(y-\psi_1)(y-\psi_{g_2})\cdots(y-\psi_{g_v})=0$$
仅仅相差一个常数因子.

设 ψ 所适合的另一 v 次方程式为
$$f(y)=y^v+r_1(\varphi,a_1,a_2,\cdots,a_n)y^{v-1}+\cdots+$$
$$r_v(\varphi,a_1,a_2,\cdots,a_n)=0$$
其中诸 r 表示有理函数,则
$$f(\psi)=\psi^v+r_1(\varphi,a_1,a_2,\cdots,a_n)\psi^{v-1}+\cdots+$$
$$r_v(\varphi,a_1,a_2,\cdots,a_n)=0$$

可以看作根 $\alpha_1, \alpha_2, \cdots, \alpha_n$ 的等式。既然 $\varphi(\alpha_1, \alpha_2, \cdots, \alpha_n)$ 属于群 G，故对于 G 中的各置换，不变 φ 的形式，而变 ψ 为 $\psi_{g_i}(i=1,2,\cdots,v)$。现在施之于 $f(\psi)$，则得

$$\psi_{g_i}^v + r_1(\varphi, a_1, a_2, \cdots, a_n)\psi_{g_i}^{v-1} + \cdots + r_v(\varphi, a_1, a_2, \cdots, a_n) = 0$$

这表示 ψ_{g_i} 亦为 $f(y)=0$ 的根，于是 $f(y) = kF(y)$。

2° 不可约性：G 下确定 ψ 的预解方程式在基域内不可约。

事实上，如果 $F(y)$ 可以分解为两因子 $h(y)$ 和 $g(y)$，系数为 $a_1, a_2, \cdots, a_n$ 的有理函数，并设 $\psi_1, \psi_2, \cdots, \psi_q$ 为 $h(y)$ 的根，则这些根的基本对称函数应该也是 $a_1, a_2, \cdots, a_n$ 的有理函数，故对于 G 的一切置换均不变。但存在 G 中的一个置换使 ψ_1 变为 $\psi_1, \psi_2, \cdots, \psi_q$ 以外的根 $\psi_i(i=q+1, \cdots, v)$，于是 ψ_i 亦将为 $h(x)$ 的根。因而 $h(y)$ 必有 $F(y)$ 的所有根，即 $F(y)$ 不可分解。

§6 伽罗瓦群的缩减

按照定理 5.2，凡对于一子群 H 的置换在数值上不变的函数，属于一个数域 P'，它是由添加 H 的特征不变值于 P 而得到的。反之，凡是域 P' 中的数，对于 H 的置换显然不变。按定义，H 是基本方程式在扩大域 P' 上的伽罗瓦群。因此，我们有

定理 6.1 假若将伽罗瓦群 G_f 的子群 H 的特征不变值 φ 添入基域 P 内，则基本方程式的群即缩减为

其子群 H.

从伽罗瓦群的预解方程式的角度来看,P 中不可分解的方程式 $F_0(y)=0$(§2)在数域 $P(\varphi)$ 中将变为可分解. 今设 $F_0(y)=0$ 有一根为 V. 对其施行 H 中的置换 s_i,每次一个,则得

$$V_1=V, V_2, V_3, \cdots, V_m \tag{1}$$

诸值,其中 V_i 为由 s_i 施置换于 V 而得.

若施以群 H 内的任一置换,则(1)内诸 V_i 仅仅排列次序上可能发生改变,故

$$F_0(y,\varphi)=(y-V_1)(y-V_2)\cdots(y-V_m) \tag{2}$$

不为 H 中的任何置换所变,按伽罗瓦群的性质Ⅱ,(2)内 y 的系数为 $P(\varphi)$ 之数. 这里的记法 $F_0(y,\varphi)$ 意指 y 的函数,其中 y 的系数属于 $P(\varphi)$. 于是,$F_0(y,\varphi)$ 是 $P(\varphi)$ 内 $F_0(y)$ 的因子.

今若对(2)施以伽罗瓦 G_f 中而不在 H 中的置换 g,则得

$$F_0(y,\varphi_g)=(y-V_{1g})(y-V_{2g})\cdots(y-V_{mg}) \tag{3}$$

$V_{1g}, V_{2g}, \cdots, V_{mg}$ 诸值亦为 $F_0(y)=0$ 的根,故(3)亦为 $F_0(y)$ 的因子.

由两个不同的置换 g 所得两组根集 $\{V_{1g}, V_{2g}, \cdots, V_{mg}\}$ 或者完全相同,或者完全不同(不相交). 所以两个不同的函数 $F_0(y,\varphi_g)$ 没有公共因子,于是得到预解方程式 $F_0(y)=0$ 的分解式

$$F_0(y)=F_0(y,\varphi)F_0(y,\varphi_2)\cdots F_0(y,\varphi_v)$$

要注意的是,这里诸因子 $F_0(y,\varphi_i)$ 的系数未必属于同一数域,而分别属于 $P(\varphi), P(\varphi_2), \cdots, P(\varphi_v)$.

第8章 有理函数与置换群

有时,无须添加方程式根的有理函数,伽罗瓦群亦能缩减.这时,成立下面的定理.

定理 6.2 若在数域 P 内添入代数数 λ 后伽罗瓦群由 G_f 缩减为其子群 H,则 H 的特征不变值 $\varphi(\alpha_1, \alpha_2, \cdots, \alpha_n)$ 可表示为 P 内 λ 的有理函数.

证明 设 $H = \{s_1 = I, s_2, s_3, \cdots, s_m\}$,且它在 G_f 下的指数为 v.按定理 2.3,预解方程式 $F_0(y) = 0$ 在 $P(\lambda)$ 内的不可约因子的全部根可设为

$$V_1, V_2, V_3, \cdots, V_m$$

这里 V_i 为由 V 施置换 s_i 而得.于是

$$(y - V_1)(y - V_2) \cdots (y - V_m) \qquad (4)$$

不为 H 中的置换所变,故其系数属于 $P(\lambda)$,我们记这多项式为 $F_1(y, \lambda)$.但 φ 属于群 H,按定理 5.2,(4) 又可表示为 P 内 y 与 φ 的函数,记其为 $F_0(y, \varphi)$.于是

$$F_0(y, \varphi) = F_1(y, \lambda) \qquad (5)$$

按照定理 5.3,φ 是 P 内 v 次不可约方程式

$$g(z) = 0 \qquad (6)$$

的根.设其他诸根为 $\varphi_2, \varphi_3, \cdots, \varphi_v$.按照前面的讨论,$P$ 内的预解方程式 $F_0(y)$ 可分解为

$$F_0(y) = F_0(y, \varphi) F_0(y, \varphi_2) \cdots F_0(y, \varphi_v) \qquad (7)$$

若式(5)左端中的 φ 用其他共轭值来代替,则等式不再成立.若不然,则 $F_0(y, \varphi)$ 等于式(7)右端其他诸因子之一,而这与 $F_0(y)$ 不能有重根的事实矛盾($F_0(y)$ 在 P 内不可约).所以可赋予 y 以如此的值(P 内之数),使得关于 z 的方程

$$F_0(y, z) - F_1(y, \lambda) = 0$$

与方程式(6)仅有一个相同的根,即 $z=\varphi$.

所以(6)与(7)的最大公因式为一个关于 z 的一次二项式. 因为(6)与(7)内 z 的系数皆为 $P(\lambda)$ 的数,且求最大公因式(辗转相除法)仅用到减法、乘法、除法运算,即不可能产生不属于 $P(\lambda)$ 内的数. 于是最大公因式 $z-\varphi$ 为 $P(\lambda)$ 内的多项式. 换句话说,φ 为 P 内 λ 的有理函数.

推论 1 v 次扩域 $P(\varphi)$ 为扩域 $P(\lambda)$ 的子域.

因为 $P(\varphi)$ 内各数均为 P 内 λ 的有理函数.

推论 2 如果数 λ 的极小多项式为 $p(x)$,则 $p(x)$ 的次数为方程式(6)的次数 v 的倍数.

§7 伽罗瓦群的实际决定法

一般情况下,按照定义(或者性质 I 和 II)来找方程式的群是一件困难的事情,因为它涉及诸根的一切有理函数,其个数可能有无穷多个. 所以特殊方程式的群的确定,须用其他的方法. 下面的定理,只涉及一个有理函数,最便于实际应用.

定理 7.1 设 $r(\alpha_1,\alpha_2,\cdots,\alpha_n)$ 是值在数域 P 中的有理函数,如果它满足:

(1) 对于置换群 H 中的一切置换,它的形式不变,但 H 之外的置换则改变它的形式;

(2) $r(\alpha_1,\alpha_2,\cdots,\alpha_n)$ 在 S_n 下的共轭值,数值皆异于 $r(\alpha_1,\alpha_2,\cdots,\alpha_n)$.

第 8 章 有理函数与置换群

则已知方程式对于 P 的群,必为 H 的子群.

证明 只需证明 H 具有性质 Ⅱ:任何有理函数 $\varphi(\alpha_1,\alpha_2,\cdots,\alpha_n)$ 如数值不为 H 中一切置换所改变,则必为 P 中的数.设 H 的阶数为 m,而 $\varphi=\varphi_1,\varphi_2,\cdots,\varphi_m$ 是 φ 在 H 的 m 个置换下的共轭值.显然 $\varphi_1,\varphi_2,\cdots,\varphi_m$ 在数值上相等,但形式上则未必.今作有理函数

$$\frac{1}{m}(\varphi_1+\varphi_2+\cdots+\varphi_m)$$

这函数的值与 φ 的值相同(但形式上与 φ 不同).φ 改成这种形式后,对于 H 中的任何置换,形式上亦不会变化,于是按照定理 5.2①,φ 必为 H 的(形式上的)特征不变式 r 的有理函数,既然 $r(\alpha_1,\alpha_2,\cdots,\alpha_n)$ 的值在 P 中,因而 $\varphi(\alpha_1,\alpha_2,\cdots,\alpha_n)$ 亦为 P 中的数.

例 1 就有理数域而言,试求方程式 $x^3-1=0$ 的群.

这个方程式的三个根为

$$\alpha_1=1,\alpha_2=\frac{1}{2}(-1+\sqrt{-3}),\alpha_3=\frac{1}{2}(-1-\sqrt{-3})$$

令有理函数 $r(\alpha_1,\alpha_2,\alpha_3)=\alpha_1$.由定理 7.1 知方程式的群 G 为 $H=\{I,(\alpha_2\alpha_3)\}$ 的子群.因 α_2 不属于 **Q**,故 G 必非单位群(性质 Ⅱ).于是,$G=H$.

例 2 在有理数域上,求方程式 $y^3-7y+7=0$ 的群 G.

关于一般三次方程式 $y^3+py+q=0$ 的判别式为

---

① 定理 5.2 的成立需要定理 7.1 的第二个条件.

Abel-Ruffini 定理

$$D = (y_1 - y_2)^2 (y_2 - y_3)^2 (y_3 - y_1)^2 = -27q^2 - 4p^3$$

令 $p = -7, q = 7$，得 $D = 7^2$．于是，函数

$$r(\alpha_1, \alpha_2, \alpha_3) = (\alpha_1 - \alpha_2)(\alpha_2 - \alpha_3)(\alpha_3 - \alpha_1)$$

的值为 ± 7，属于有理数 **Q** 内的数．又在对称群 S_6 下，r 的共轭值为 r 与 $-r$，二者不同，故由定理 7.1，知 G 必为交错群 $A_3$①的子群，即 G 必为 A_3 自身，或为单位群．但，若方程式的群为单位群，则其根应该在 **Q** 内．但是整数系数的方程式 $y^3 - 7y + 7 = 0$ 不能以有理数为其根．于是，所设方程式的群 G 必为 A_3．

例 3 试求方程式 $x^4 + 1 = 0$ 关于有理数域 **Q** 的群 G．

这方程式的四个根为 $\alpha_1 = \varepsilon, \alpha_2 = i\varepsilon, \alpha_3 = -\varepsilon$，$\alpha_4 = -i\varepsilon$，这里 $\varepsilon^2 = i$．我们先求一个含根 $\alpha_1, \alpha_2, \alpha_3, \alpha_4$ 的有理函数，而其值等于有理数．试取函数 $y_1 = \alpha_1 \alpha_2 + \alpha_3 \alpha_4$．它在对称群 S_{24} 下的共轭值为 $y_1 = -2, y_2 = 0, y_3 = 2$．

于是，y_1 等于有理数，而它在 S_{24} 下的共轭值 y_1，y_2，y_3 各不相同，故 G 必为 G_8（即施于 $\alpha_1 \alpha_2 + \alpha_3 \alpha_4$ 而能保持其形式不变的群）

$$G_8 = \{I, (12), (34), (12)(34), (13)(24),$$
$$(14)(23), (1324), (1423)\}$$

的子群．同样，考虑 y_1 的共轭式 $y_2 = \alpha_1 \alpha_3 + \alpha_2 \alpha_4, y_3 = \alpha_1 \alpha_4 + \alpha_2 \alpha_3$，我们知道 G 应为 y_2 的形式上的不变群 G_8' 及 y_3 的形式上的不变群 G_8'' 的子群，这里

---

① 参阅下一章 §4．

第 8 章　有理函数与置换群

$$G_8' = \{I, (13), (24), (13)(24), (12)(34),$$
$$(14)(32), (1234), (1432)\}$$
$$G_8'' = \{I, (14), (32), (14)(32), (13)(42),$$
$$(12)(43), (1342), (1243)\}$$

所以 G 必为 G_8, G_8' 以及 G_8'' 三群的公共置换构成的群

$$G_4 = \{I, (12)(34), (13)(24), (14)(23)\}$$

的子群. 于是, G 必为 G_4, 或单位群, 或

$$G_2 = \{I, (\alpha_1 \alpha_2)(\alpha_3 \alpha_4)\}$$
$$G_2' = \{I, (\alpha_1 \alpha_3)(\alpha_2 \alpha_4)\}$$
$$G_2'' = \{I, (\alpha_1 \alpha_2)(\alpha_2 \alpha_3)\}$$

中之一.

但 G 不能是单位群, 因方程式 $x^4 + 1 = 0$ 的根均不是有理数.

为了检验 G_2, 我们来考虑它的 (形式上) 特征不变式 $t_1 = \alpha_1 + \alpha_2 - \alpha_3 - \alpha_4$, 这时计算可知 $t_1 = \sqrt{-8}$ 不为有理数, 故 $G \neq G_2$①.

对于为 G_2'', 它的特征不变式 $t_3 = \alpha_1 + \alpha_4 - \alpha_2 - \alpha_3 = \sqrt{8}$ 不为有理数, 故 $G \neq G_2''$.

最后, G_2', 取特征不变式 $\varphi = \alpha_1 \alpha_3 - \alpha_2 \alpha_4$, 但 $\varphi = \pm 2i$, 故 $G \neq G_2'$.

于是, 就有理数域而言, 方程式 $x^4 + 1 = 0$ 的群为 G_4.

---

① 这里 t_1 不必形式上属于群 G_2, 此处是利用伽罗瓦群的性质 Ⅱ 来检验 G_2.

以群之观点论代数方程式的解法

第 9 章

§1 利用预解方程式解代数方程式

假设基本方程式 $f(x)=0$ 关于基域 P 的伽罗瓦群为 G,而 H 是 G 的一个指数为 a 的子群,那么属于群 H 的有理函数 $\beta=\beta(\alpha_1,\alpha_2,\cdots,\alpha_n)$ 将满足一个 a 次的预解方程式

$$\beta^a + r_1(a_1,\cdots,a_n)\beta^{a-1} + \cdots = 0 \tag{1}$$

这里 $r_1(a_1,\cdots,a_n)$ 表示 $a_1,\cdots,a_n$ 的有理函数,亦即这方程的系数是基域中的一组数.

假设我们能根式解预解方程式(1),则其根之一 β_i 必属于子群 H. 既知 β_i,即可将此数添加到基域 P 上. 就此扩大的数域 P_1 而言,基本方程式 $f(x)=0$ 的群缩减为 H.

第 9 章　以群之观点论代数方程式的解法

设 $\gamma = \gamma(\alpha_1, \alpha_2, \cdots, \alpha_n)$ 是一个属于群 H 的子群 H_1 的有理函数,其系数在 P_1 内. 进一步我们假设能将含 γ 为一根的预解方程式解出,则我们又可取 γ 添加到数域 P_1,就这个更大的数域 $P_2 = P(\beta_i, \gamma)$ 来说,$f(x)=0$ 的群为 H_1.

如此继续下去,最后将得到一个数域 P_m,而 $f(x)=0$ 对它的群为单位群 $\{e\}$. 如果我们能够解出属于 $\{e\}$ 的有理函数 $\zeta = \zeta(\alpha_1, \alpha_2, \cdots, \alpha_n)$ 所满足的预解方程式,则对群 $\{e\}$ 不变的每个根 α_i($i=1,2,\cdots,n$)(作为根 $\alpha_1, \alpha_2, \cdots, \alpha_n$ 的函数) 将含在数域 P_m 中(伽罗瓦群的性质 Ⅱ),并且可以有理地用 ζ 及基本方程式的系数表示出来.

由上述讨论可知,如果各预解方程式均能根式解出,则基本方程式 $f(x)=0$ 亦可根式求解. 求解各预解方程式时,第一步乃是求其对于相应数域的群.

利用预解方程式解代数方程式的过程可以用群的观点示意如下:

伽罗瓦群	不变式	预解方程式
G	$a_1, \cdots, a_n$	
$a\,\bigcup$		
H	$\beta = \beta(\alpha_1, \cdots, \alpha_n)$	$\beta^a + r_1(a_1, \cdots, a_n)\beta^{a-1} + \cdots = 0$
$b\,\bigcup$		

Abel-Ruffini 定理

H_1　　$\gamma = \gamma(\alpha_1, \cdots, \alpha_n)$　　$\gamma^b + r_2(\beta, a_1, \cdots, a_n)\gamma^{b-1} + \cdots = 0$

$c \cup$

$\vdots$　　　　　$\vdots$　　　　　　　　$\vdots$

$d \cup$

H_{m-1}　$\delta = \delta(\alpha_1, \cdots, \alpha_n)$　　$\delta^d + \cdots = 0$

$e \cup$

H_m　　$\xi = \xi(\alpha_1, \cdots, \alpha_n)$　　$\xi^e + r(\delta, a_1, \cdots, a_n)\xi^{e-1} + \cdots = 0$

按照第 8 章的定理 4.2 和定理 5.3，这些不变式和预解方程式必定存在．

以前方程式的各种解法都可以归结为上述过程．例如 $y^3 + py + q = 0$ 的胡德解法可表示为

　　伽罗瓦群　　　　不变式　　　　　预解方程式

　　S_3　　　　　　p, q

　　$2 \cup$

$\{I, (123)(132)\}$　$\Delta = \dfrac{\sqrt{-3}}{18}(y_1 - y_2) \cdot (y_2 - y_3)(y_3 - y_1)$　$\Delta^2 - \left(\dfrac{q^2}{4} + \dfrac{p^3}{27}\right) = 0$

　　$3 \cup$

　　$\{I\}$　　　　　$z = \dfrac{1}{3}(y_1 + \varepsilon y_2 + \varepsilon^2 y_3)$　　$z^3 - \Delta = 0$

第9章 以群之观点论代数方程式的解法

最后得出 $y_1 = z - \dfrac{p}{3z}, y_2 = \omega z - \dfrac{\omega^2 p}{3z}, y_3 = \omega^2 z - \dfrac{\omega p}{3z}.$

第5章 §2 拉格朗日关于四次方程式的解法示意如下

伽罗瓦群	不变式	预解方程式
S_4	a,b,c,d	
3 ∪		
A_4	$\Delta = (x_1 + x_2 - x_3 - x_4)^2$	$\Delta^3 + (3a^2 - 8b)\Delta^2 - (3a^4 - 16a^2 b + 16b^2 + 16ac - 64b)\Delta - [8c - a(a^2 - 4b)]^2 = 0$
2 ∪		
B_4	$V = x_1 + x_2 - x_3 - x_4$	$V^2 - \Delta = 0$
4 ∪		
$\{I\}$	x_1	$x_1 = (V_1 + V_3 + V_5 - a)$

这里 $A_4 = \{I, (12), (34), (12)(34), (13)(24), (14)(23), (1324), (1423)\}, B_4 = \{I, (12)(34), (13)(24), (14)(23)\}.$

§2 预解方程式均为二项方程式的情形

利用上节的方法来解代数方程式,如果出现的预解方程式都是二项方程式,则每个预解式均可由原方程式的系数通过有理运算和开方求得,因之所给方程式诸根 $\alpha_1, \alpha_2, \cdots, \alpha_n$ 亦然,即原方程式可以根式求解.

于是我们来讨论预解方程式为二项方程式的条件.首先指出,只需要讨论次数为素数的二项方程式即可.若二项方程式的次数不为素数,则将其分解为素因数的乘积.设
$$z^n = A, \text{而} \ n = pq$$
式中 p 与 q 为素数,可相等或不等.假定其一根 z_1 属于群 H,故为诸根 $\alpha_1, \alpha_2, \cdots, \alpha_n$ 的有理函数,因之 z_1^q 亦然.这样就得到两个二项方程式
$$z^q = A, u^p = A$$
后一方程式有一根 $u_1 = z_1^q$,并且它是 $\alpha_1, \alpha_2, \cdots, \alpha_n$ 诸根的有理函数,故 u_1 必属于一群 H_1,但 u_1 是 $u^p - A = 0$ 的根,而 A 属于群 G,故 H_1 必是 G 的子群.因此有

伽罗瓦群	不变式	预解方程式
G	A	
$p_1 \cup$		
H_1	u_1	$u^p - A = 0$
$q_1 \cup$		
H	z_1	$z^q - u = 0$

设 H_1 对 G 的指数为 p_1,H 对 H_1 的指数为 q_1,因为 H 对 G 的指数为 $n = pq$,所以 $p_1 q_1 = pq$.现在按照第 8 章定理 5.3 的方法,作 u 的预解方程式 $f(u) = 0$,这是 p_1 次方程式.既然 $f(u)$ 与 $u^p - A = 0$ 有一公共根 u_1,则 $f(u) = 0$ 与 $u^p - A = 0$ 必有一非常数的最高公因式,其

第9章 以群之观点论代数方程式的解法

系数为 A 的有理函数,但 $u^p - A$ 不能分解成这样的因式,因此这个最高公因式必为 $u^p - A$,由此 $p_1 \geqslant p$. 同理 $q_1 \geqslant q$. 但 $pq = p_1 q_1$,故必有 $p_1 = p, q_1 = q$. 由此即可知

群	不变式	预解方程式
G	A	
$p_1 q \cup$		
H	z_1	$z^q - A = 0$

可由

伽罗瓦群	不变式	预解方程式
G	A	
$p \cup$		
H_1	u_1	$u^p - A = 0$
$q \cup$		
H	z_1	$z^q - u = 0$

替代.

对于次数可分解为若干素因数乘积的情形,则可由一系列素数次数的二项方程式替代.

现在我们讨论下面的问题:若

$G \quad \beta = \beta(\alpha_1, \cdots, \alpha_n)$

$p \cup$

$H \quad \gamma = \gamma(\alpha_1, \cdots, \alpha_n)$

问怎样才能使 γ 的预解方程式成为如下形式:$y^p = r(\beta, a_1, a_2, \cdots, a_n)$. 这里 r 表示有理函数,且 p 为素数. 从群的观点说,就是原群和伴随着开方运算形成的子群应满足怎样的关系?

既然 p 为素数,则必存在 1 的 p 次本原根 ε. 而方程式
$$y^p = r(\beta, a_1, a_2, \cdots, a_n)$$
的 p 个根可表示为
$$\gamma, \varepsilon\gamma, \varepsilon^2\gamma, \cdots, \varepsilon^{p-1}\gamma \tag{1}$$

令 $\gamma_1 = \gamma$,与 $\gamma_2, \gamma_3, \cdots, \gamma_p$ 为 γ 在群 G 之下的 p 个共轭值,则 γ 的预解方程式为
$$(y - \gamma_1)(y - \gamma_2)\cdots(y - \gamma_p) = 0$$
但有理函数的预解方程式是唯一确定的($\S 5$),故可断言 $\gamma_1, \gamma_2, \cdots, \gamma_p$ 诸根必与(1)相同,而为 γ_1 的共轭值.

按题设,γ_1 属于群 H,令 γ_2 属于群 H_2,γ_3 属于群 $H_3, \cdots, \gamma_p$ 属于群 H_p. 但(1)诸根只相差一常数因子,而应属于同一群 H,故得所提问题的必要条件:$H = H_2 = H_3 = \cdots = H_p$.

§3　正规子群·方程式解为根式的必要条件

设 $\gamma = \gamma(\alpha_1, \alpha_2, \cdots, \alpha_n)$ 属于群
$$H = \{h_1 = I, h_2, \cdots, h_p\}$$
而 H 施以置换 s 后则变为 γ_s,现在我们来求函数 γ_s 所属的群.

为此设置换 σ 使 γ_s 不变,即 $\gamma_{s\sigma} = \gamma_s$,于是
$$\gamma_{s\sigma s^{-1}} = \gamma_{ss^{-1}} = \gamma$$
令 $s\sigma s^{-1} = h$,而 h 表示群 H 内的某一置换,则得

第 9 章 以群之观点论代数方程式的解法

$$\sigma = s^{-1}hs$$

反之,凡是形式如 $s^{-1}hs$ 的置换,均使 γ_s 不变,故 γ_s 属于群

$$\{s^{-1}h_1s = I, s^{-1}h_2s, \cdots, s^{-1}h_ps\}$$

这群我们用记号 $s^{-1}Hs$ 表示.

这样我们就得到了下述定理:

定理 3.1 设 γ 属于群 G 的子群 H,而 H 在群 G 下的指数为 v,则 γ 在 G 下的共轭值

$$\gamma, \gamma_{g_2}, \cdots, \gamma_{g_v}$$

分别属于群

$$H, g_2^{-1}Hg_2, \cdots, g_v^{-1}Hg_v.$$

定义 3.1 群 $H, g_2^{-1}Hg_2, \cdots, g_v^{-1}Hg_v$ 称为 G 的共轭子群组. 若 $H = g_2^{-1}Hg_2 = \cdots = g_v^{-1}Hg_v$,则称 H 为 G 的正规子群,或称为 G 的不变子群.

因 $g^{-1}Ig = I$,故 $G_1 = \{I\}$ 是任何群的不变子群.

转而来讨论本段的第二个问题. 设数域 P 上的方程式 $f(x) = 0$ 可以解为根式 $\rho_1, \rho_2, \cdots, \rho_k$,那么按照第 7 章 §1 定理 1.1,存在一系列根式扩张

$$P \subseteq P(\rho_1) \subseteq P(\rho_1, \rho_2) \subseteq \cdots \subseteq P(\rho_1, \rho_2, \cdots, \rho_k)$$

这里 $\rho_1 = \sqrt[n_1]{A_1}, \rho_2 = \sqrt[n_2]{A_2}, \cdots, \rho_k = \sqrt[n_k]{A_k}$,而 A_1 属于 P,A_2 属于 $P(\rho_1), \cdots, A_k$ 属于 $P(\rho_1, \rho_2, \cdots, \rho_{k-1})$.

现在假设基域 P 包含 1 的 p_1 次原根 ε_1,p_2 次原根 $\varepsilon_2, \cdots, p_k$ 次原根 ε_k[①]. 那么按照第 7 章 §2 预备定理 4,

---

[①] 在下一章,我们将证明任意次单位根均可以表示为根式. 因此,这个假设并不影响对方程式根式解的讨论.

诸根式 $\rho_i(i=1,2,\cdots,k)$ 可表示为方程式诸根的有理函数. 于是可设 ρ_1 属于群 H_1, ρ_2 属于群 H_2, $\cdots$, ρ_k 属于群 H_k, 按第 8 章定理 6.1, 这里 H_{i+1} 是 H_i 的子群$(i=1,2,\cdots,k)$
$$H_1 \supseteq H_2 \supseteq \cdots \supseteq H_k$$
按照预解方程式的理论, 我们可写

伽罗瓦群	不变式	预解方程式
G	$a_1,\cdots,a_n$	
$p_1 \cup$		
H_1	$\rho_1 = \rho_1(\alpha_1,\cdots,\alpha_n)$	$\rho_1^{p_1} + A_1 = 0$
$p_2 \cup$		
H_2	$\rho_2 = \rho_2(\alpha_1,\cdots,\alpha_n)$	$\rho_2^{p_2} + A_2 = 0$
$p_3 \cup$		
$\vdots$	$\vdots$	$\vdots$
$p_{k-1} \cup$		
H_{k-1}	$\rho_{k-1} = \rho_{k-1}(\alpha_1,\cdots,\alpha_n)$	$\rho_{k-1}^{p_{k-1}} + A_{k-1} = 0$
$p_k \cup$		
H_k	$\rho_k = \rho_k(\alpha_1,\cdots,\alpha_n)$	$\rho_k^{p_k} + A_k = 0$

其中 G 是原方程式关于基域 P 的伽罗瓦群. 于是得到下面的定理

定理 3.2 凡根式可解的代数方程式, 必定可借助于一系列均为二项方程的预解方程式来求解.

结合上节的讨论, 就得到了下面属于伽罗瓦的著名结果的第一部分:

第9章 以群之观点论代数方程式的解法

定理 3.3 设基域 P 包含任意次单位根①,那么 P 上的一个代数方程式代数可解的必要条件是其伽罗瓦群 G 和单位群 $\{I\}$ 之间存在一个子群系列

$$G = G_0 \supseteq G_1 \supseteq G_2 \supseteq \cdots \supseteq G_s = \{I\}$$

这里任一群均为其前一群的不变子群,且指数为素数.

例 设 G 为对称群 S_3,H 为其子群 $A_3: \{I, (123), (132)\}$,而置换 $h_2 = (23)$ 不在 H 内,则

$$\varphi = (x_1 + \varepsilon x_2 + \varepsilon^2 x_3)^3$$

$$\varphi_{g_2} = (x_1 + \varepsilon x_3 + \varepsilon^2 x_2)^3$$

为 G 下的共轭值,二者同属于 A_3,故 A_3 为 S_3 的不变子群.

通过观察

$$(23)^{-1}(123)(23) = (132)$$

$$(23)^{-1}(132)(23) = (123)$$

亦可知

$$g_2^{-1} A_3 g_2 = A_3$$

由此例可知,上面的必要条件并不充分,因即使预解方程式诸根所属的共轭群,为同一群,但未必可断言诸根间只相差一常数因子.另外,即使差一常数因子,亦未必刚好就是 1 的 n 次本原根.本例中 φ 与在 S_3 下的共轭值为 φ_{g_2} 同属于 A_3,但并不相差一常数因子.

---

① 基域包含单位根的令人不愉快的假设是可以去掉的,参阅下一章相关内容.

§4 可解群·交错群与对称群的结构

在上一节,我们得出了一类特殊的子群——正规子群,它在伽罗瓦理论也有着重要的地位. 我们将引入它的另一个定义. 为此先来讲变形的概念.

设有一群,h 与 g 为它的两个元素,用 h 右乘 g,再用 h 的逆左乘,这个过程称为用 h 将 g 作变形. 即利用 h 将 g 变为 $h^{-1}gh$,例如在 3 次对称群 S_3 中取

$$g=\begin{pmatrix}1&2&3\\2&1&3\end{pmatrix}, h=\begin{pmatrix}1&2&3\\2&3&1\end{pmatrix}$$

则

$$h^{-1}=\begin{pmatrix}1&2&3\\3&1&2\end{pmatrix}$$

$$h^{-1}gh=\begin{pmatrix}1&2&3\\3&1&2\end{pmatrix}\begin{pmatrix}1&2&3\\2&1&3\end{pmatrix}\begin{pmatrix}1&2&3\\2&3&1\end{pmatrix}=\begin{pmatrix}1&2&3\\1&3&2\end{pmatrix}$$

所以 $\begin{pmatrix}1&2&3\\2&1&3\end{pmatrix}$ 用 $\begin{pmatrix}1&2&3\\2&3&1\end{pmatrix}$ 变形的结果为 $\begin{pmatrix}1&2&3\\1&3&2\end{pmatrix}$.

容易看出等式 $hg=gh$ 和 $h^{-1}gh=g$ 是同一回事. 因为群中元素的乘法一般不满足交换律,所以通常 $h^{-1}gh \neq g$,即一个元素经过变形之后通常不等于原来的元素. 但对于交换群则恒有 $h^{-1}gh=h^{-1}hg=g$,这时变形之后仍变成自身. 因此变形的概念就没有什么意

第 9 章 以群之观点论代数方程式的解法

义了.

现在导入到不变子群的等价定义.

定义 4.1 设 H 是群 G 的子群,若 H 中任一元素用 G 中任一元素加以变形,所得结果仍为 H 中的元素,则称 H 是 G 的正规子群.

由定义,若 G 是交换群,则它的任意子群必是正规子群.

例 1 置换群 $H=\{I,t_1,t_2\}$ 是 3 次对称群 $S_3=\{I,t_1,t_2,s_1,s_2,s_3\}$ 的正规子群,这里

$$I=\begin{pmatrix}1&2&3\\1&2&3\end{pmatrix},t_1=\begin{pmatrix}1&2&3\\3&1&2\end{pmatrix}$$

$$t_2=\begin{pmatrix}1&2&3\\2&3&1\end{pmatrix},s_1=\begin{pmatrix}1&2&3\\2&1&3\end{pmatrix}$$

$$s_2=\begin{pmatrix}1&2&3\\1&3&2\end{pmatrix},s_3=\begin{pmatrix}1&2&3\\3&2&1\end{pmatrix}$$

可以具体加以验证,例如,用 S_3 中的置换 s_1 将 H 中的 t_1 加以变形

$$s_1^{-1}t_1s_1=\begin{pmatrix}1&2&3\\2&1&3\end{pmatrix}^{-1}\begin{pmatrix}1&2&3\\2&1&3\end{pmatrix}\begin{pmatrix}1&2&3\\3&1&2\end{pmatrix}$$

$$=\begin{pmatrix}1&2&3\\2&1&3\end{pmatrix}\begin{pmatrix}1&2&3\\3&1&2\end{pmatrix}\begin{pmatrix}1&2&3\\2&1&3\end{pmatrix}$$

$$=\begin{pmatrix}1&2&3\\1&3&2\end{pmatrix}\begin{pmatrix}1&2&3\\2&1&3\end{pmatrix}$$

$$=\begin{pmatrix}1&2&3\\2&3&1\end{pmatrix}=t_2$$

仍属于 H,类似的有 $s_2^{-1}t_1s_2=t_2$,$s_3^{-1}t_1s_3=t_2$,$s_1^{-1}t_2s_1=$

$t_1, s_2^{-1} t_2 s_2 = t_1, s_3^{-1} t_2 s_3 = t_1.$

G 本身以及 $\{I\}$ 当然也是 G 的正规子群,这两个子群称为 G 的平凡正规子群.

例 2 群 $H = \{I, t\}$ 是置换群 $G = \{I, t, s_1, s_2, s_3, s_4, s_5, s_6, s_7, s_8, s_9, s_{10}\}$ 的子群,这里

$$I = \begin{pmatrix} 1 & 2 & 3 & 4 \\ 1 & 2 & 3 & 4 \end{pmatrix}, t = \begin{pmatrix} 1 & 2 & 3 & 4 \\ 2 & 1 & 4 & 3 \end{pmatrix}$$

$$s_1 = \begin{pmatrix} 1 & 2 & 3 & 4 \\ 3 & 4 & 1 & 2 \end{pmatrix}, s_2 = \begin{pmatrix} 1 & 2 & 3 & 4 \\ 4 & 3 & 2 & 1 \end{pmatrix}$$

$$s_3 = \begin{pmatrix} 1 & 2 & 3 & 4 \\ 2 & 3 & 1 & 4 \end{pmatrix}, s_4 = \begin{pmatrix} 1 & 2 & 3 & 4 \\ 2 & 4 & 3 & 1 \end{pmatrix}$$

$$s_5 = \begin{pmatrix} 1 & 2 & 3 & 4 \\ 3 & 2 & 1 & 4 \end{pmatrix}, s_6 = \begin{pmatrix} 1 & 2 & 3 & 4 \\ 1 & 3 & 4 & 2 \end{pmatrix}$$

$$s_7 = \begin{pmatrix} 1 & 2 & 3 & 4 \\ 3 & 1 & 2 & 4 \end{pmatrix}, s_8 = \begin{pmatrix} 1 & 2 & 3 & 4 \\ 4 & 1 & 3 & 2 \end{pmatrix}$$

$$s_9 = \begin{pmatrix} 1 & 2 & 3 & 4 \\ 4 & 2 & 1 & 3 \end{pmatrix}, s_{10} = \begin{pmatrix} 1 & 2 & 3 & 4 \\ 1 & 4 & 2 & 3 \end{pmatrix}$$

但是因为

$$s_3^{-1} t s_3 = \begin{pmatrix} 1 & 2 & 3 & 4 \\ 2 & 3 & 1 & 4 \end{pmatrix}^{-1} \begin{pmatrix} 1 & 2 & 3 & 4 \\ 2 & 1 & 4 & 3 \end{pmatrix} \begin{pmatrix} 1 & 2 & 3 & 4 \\ 2 & 3 & 1 & 4 \end{pmatrix}$$

$$= \begin{pmatrix} 1 & 2 & 3 & 4 \\ 3 & 1 & 2 & 4 \end{pmatrix} \begin{pmatrix} 1 & 2 & 3 & 4 \\ 2 & 1 & 4 & 3 \end{pmatrix} \begin{pmatrix} 1 & 2 & 3 & 4 \\ 2 & 3 & 1 & 4 \end{pmatrix}$$

$$= \begin{pmatrix} 1 & 2 & 3 & 4 \\ 4 & 3 & 2 & 1 \end{pmatrix}$$

已经不在 H 中了,所以 H 不是 G 的正规子群.

很多时候,作变形运算是很麻烦的,下面的定理

第9章 以群之观点论代数方程式的解法

可以简化这一过程.

定理 4.1 乘积 $h^{-1} \cdot g \cdot h$ 可由置换 g 中诸轮换施行置换 h 而得到.

证明 设
$$g = (abc\cdots)(a'b'c'\cdots)$$
及
$$h = \begin{bmatrix} a & b & c & \cdots & a' & b' & c' & \cdots \\ \alpha & \beta & \gamma & \cdots & \alpha' & \beta' & \gamma' & \cdots \end{bmatrix}$$

今取 $\alpha,\beta,\gamma,\cdots,\alpha',\beta',\gamma',\cdots$ 诸元素中的任意一个,例如 β,由 h^{-1},β 变为 b;由 g,b 变为 c;最后,由 h,c 变为 γ. 所以,经置换 $h^{-1} \cdot g \cdot h$,β 将变为 γ.

而在 g 的诸轮换中,由 h,b 变为 β,c 变为 γ,于是在 g 内排列 bc 变为排列 $\beta\gamma$. 而这就是 β 变为 γ,而与前面的结果相同.

例如,我们来计算例 2 中的 $s_3^{-1}ts_3$. 把 t 写成轮换的形式 $t=(12)(34)$,然后对它施行置换 s_3,我们得到 $(23)(14)$,这与结果 $s_3^{-1}ts_3$ 相同.

回到不变子群. 我们已经知道,任意置换均可表示成若干对换的乘积(第 6 章 §1 定理 1.1,推论). 一个置换称为是偶的,如果它可以分解为偶数个对换的乘积;不然的话,称为奇置换.

容易证明:全体 n 次偶置换构成一个群,这个群称为交错群,记为 A_n. 它是 n 次对称群 S_n 的子群,为了确定其阶数,设 $A_n=\{s_1,s_2,\cdots,s_m\}$. 任取 S_n 中的对换 σ,则 $A_n s=\{s_1\sigma,s_2\sigma,\cdots,s_m\sigma\}$ 的元素均为奇置换,并且两两不同:$s_i\sigma=s_j\sigma$,则得 $s_i=s_j$. 现在证明 $A_n s$ 包含了所

有的奇置换:对任一奇置换 t,因为 σt 为偶置换,必在 A_n 中,设其为 s_k,则 $t=s_k\sigma^{-1}=s_k\sigma$(注意到 $\sigma^2=I$)含在 $A_n s$ 中. 因此 S_n 中偶置换的个数与奇置换的个数相等,它们都等于全体置换的个数($=n!$)的一半,所以 A_n 的阶数为 $\dfrac{n!}{2}$.

进一步,交错群 A_n 必为对称群 S_n 的正规子群. 这是因为,若 t 是一偶置换($t\in A_n$),s 为 S_n 中一任意置换,则 sts^{-1} 仍是偶置换(即 sts^{-1} 仍属于 A_n). 同时

$$\frac{|S_n|}{|A_n|}=2$$

定义 4.2 群 G 称为可解群,如果 G 存在一个子群列

$$G=G_0\supseteq G_1\supseteq G_2\supseteq\cdots\supseteq G_s=\{I\}$$

其中 G_i 是 G_{i-1} 的正规子群,并且 $[G_{i-1}:G_i]$ 是素数[①].

我们知道,每一个代数方程式都有一个置换群与它对应,以后我们将会证明当且仅当这个群可解时,方程式才能根式求解. 特别地说,一般的 n 次代数方程式是否可根式解的关键在于其伽罗瓦群——对称群 S_n 是否可解.

于是我们来讨论对称群 S_n 的可解情况.

(ⅰ)$n=2$:$S_2=\{I,(12)\}$,$A_2=\{I\}$,S_2 是可解群.

[①] 在群论中,可解群是这样定义的:一个群称为可解的,如果 G 存在一个正规子群列 $G_0\supseteq G_1\supseteq G_2\supseteq\cdots\supseteq G_s=\{I\}$,且商群 G_i/G_{i+1} 是一个交换群.

在群 G 有限的情况下,我们的定义(定义 4.2)与这定义等价.

第9章 以群之观点论代数方程式的解法

（ⅱ）$n=3$：S_3 是 6 阶群；A_3 的阶数为素数 3，所以是循环群（第 6 章 §4 定理 4.1，推论 2），因而是 S_3 的正规子群．又 A_3 的可解性是显然的，所以 S_3 是可解群．

（ⅲ）$n=4$ 的情形．

首先，交错群 A_4 是 12 阶的，它包含了下列偶置换

$$I, t_1=(12)(34), t_2=(13)(24), t_3=(14)(23)$$
$$s_1=(123), s_2=(124), s_3=(132), s_4=(134)$$
$$s_5=(142), s_6=(143), s_7=(234), s_8=(243)$$

容易验证

$$t_1{}^2 = t_2{}^2 = t_3{}^2 = I, t_1 t_2 = t_2 t_1 = t_3$$
$$t_1 t_3 = t_3 t_1 = t_2, t_2 t_3 = t_3 t_2 = t_1$$

所以 $B_4 = \{I, t_1, t_2, t_3\}$ 构成 A_4 的一个子群，它是 4 阶交换群，因而是 A_4 的正规子群，并且 $\dfrac{|A_4|}{|B_4|}=3$．又 $C_2=\{I,t_1\}$ 是交换群 B_4 的正规子群而 $\dfrac{|B_4|}{|C_2|}=2$．于是我们得到一个正规子群系列

$$A_4 \supseteq B_4 \supseteq C_2 \supseteq \{I\}$$

这就是说，A_4 是可解群．

通过上面的讨论，我们得到结论：当 $n \leqslant 4$ 时，对称群 S_n 是可解的．但是 $n=5$ 的时候，情况就发生了变化．我们分 2 个定理来完成这个结论的证明：

定理 4.2 当 $n \geqslant 5$ 时，交错群 A_n 均不可解．

证明 既然 $n \geqslant 5$，于是 A_n 中的任意非单位置换 t 分解为不相交的轮换乘积后，共有四种可能的情形如下：

(1) t 有一长度 $\geqslant 4$ 的轮换 $t=(t_0 t_1 t_2 t_3 \cdots)(\cdots)$；

(2) t 有一长度等于 3 的轮换和其他轮换：$t=(t_0 t_1 t_2)(t_3 t_4 \cdots)(\cdots)$；

(3) t 是一个长度等于 3 的轮换：$t=(t_0 t_1 t_2)$；

(4) t 是一个若干长度等于 2 的轮换（即对换）的乘积：$t=(t_0 t_1)(t_2 t_3)(\cdots)$.

现在假设 A_n 除了 $\{I\}$ 之外尚有正规子群 $T \neq \{I\}$，则 T 必含有 I 以外的置换，设 r 为这样的置换，于是 r 的轮换表示式有如上四种可能情形. 既然 T 是 A_n 的正规子群，于是对于任何（偶）置换 $s \in A_n$ 有 $srs^{-1} \in T$. 又 T 是一个群，于是
$$srs^{-1}r^{-1} \in T$$
针对前面所讲的四种情况，分别选择 s 为下列形式的偶置换
$$s=(t_1 t_2 t_3); s=(t_1 t_2 t_4)$$
$$s=(t_1 t_2 t_3); s=(t_1 t_2 t_3)$$
则对于前面 4 种情形的 t，置换 $h=srs^{-1}r^{-1}$ 有下列形式：

(1)′ $h=(t_0 t_2 t_3)$；

(2)′ $h=(t_0 t_3 t_1 t_2 t_4)$；

(3)′ $h=(t_0 t_3)(t_1 t_2)$；

(4)′ $h=(t_0 t_2)(t_1 t_3)$.

因此，如果 A_n 中有类型（1）的元素，则可以转化为类型（1）′也就是类型（3）的元素，而这又可转化成类型（3）′即（4）的元素；如果 A_n 有类型（2）的元素，则可转化成类型（2）′即（1）的元素，然后再转化成类型

第9章 以群之观点论代数方程式的解法

$(3)'$即(4)的元素;如果A_n中有元素(3),则可以转化成$(3)'$即类型(4)的元素. 所以A_n中任何元素都可以转化成类型$(4)'$的元素. 但置换$h=srs^{-1}r^{-1}\in T$,这说明:正规子群T包含所有A_n中形式为$(4)'$的元素以及它们的乘积.

但是这样一来,T就包含A_n中全部元素. 因为任一长度为3的轮换均可以表示成偶数个对换的乘积

$$(s_1 s_2 s_3) = (s_1 s_2)(s_1 s_3)$$
$$= (s_1 s_2)(t_1 t_2) \cdot (t_2 t_1)(s_1 s_3) \in T$$

于是$T=A_n$.

这就证明了,A_n除$\{I\}$之外不能有其他正规子群,但$\dfrac{|A_n|}{|\{I\}|}=\dfrac{n!}{2}$在$n\geqslant 5$时不是素数,于是交错群$A_n(n\geqslant 5)$不可解.

下面是所需的第二个定理:

定理4.3 可解群的子群可解.

为了证明这个定理,我们先来证明一个有用的乘法公式:

乘积公式 如果H和K是有限群G的子群,则$|HK||H\cap K|=|H||K|$. 这里HK表示集合$\{hk\mid h\in H,k\in K\}$[①].

证明 为了证明我们的公式,先构造一个集合
$$H\times K=\{(h,k)\mid h\in H,k\in K\}$$

---

① 要注意的是,集合HK未必是G的子群,但是如果H和K中有一个是G的正规子群,则HK是子群.

换句话说,集合 $H \times K$ 是由那样的序偶所组成:它的第一个元素取自 H,第二个元素取自 K.

再建立集合 $H \times K$ 到 HK 的一个对应
$$f((h,k)) = hk$$
显然 f 是一个满射. 现在用记号 $f^{-1}(x)$ 表示 $H \times K$ 中这样元素的集合:它在映射 f 下与 HK 中的 x 对应.

现在证明对于每个 $x \in HK$,均有 $|f^{-1}(x)| = |H \cap K|$. 为此我们断言,如果 $x = hk$,则
$$f^{-1}(x) = \{(hd, d^{-1}k) | d \in H \cap K\}$$
因为 $f((hd, d^{-1}k)) = hdd^{-1}k = hk = x$,所以每个 $(hd, d^{-1}k) \in f^{-1}(x)$. 关于反包含,设 $(h', k') \in f^{-1}(x)$,于是 $h'k' = hk$,从而 $h^{-1}h' = kk'^{-1} \in H \cap K$,把这个元素记作 d,则 $h' = hd$,$k' = d^{-1}k$,因此 (h', k') 位于左端的集合中. 因为 $d \to (hd, d^{-1}k)$ 是一一映射,所以
$$|f^{-1}(x)| = |\{(hd, d^{-1}k) | d \in H \cap K\}|$$
$$= |H \cap K|$$

注意到,集合 $H \times K$ 可以表示为一系列不相交的集合的并: $\bigcup_{x \in HK} f^{-1}(x)$. 于是
$$|H||K| = |H \times K| = |\bigcup_{x \in HK} f^{-1}(x)|$$
$$= \sum_{x \in HK} |f^{-1}(x)|$$
$$= |HK||H \cap K|$$

转而来完成定理 4.3 的证明. 设群 G 可解,于是 G 存在一个正规子群列
$$G = G_0 \supseteq G_1 \supseteq \cdots \supseteq G_{s-1} \supseteq G_s = \{I\} \quad (1)$$
且 $[G_i : G_{i+1}] = p_i$ 是素数.

第 9 章 以群之观点论代数方程式的解法

任取 G 的一个子群,如果它正好等于子群列(1)中的某个 $G_k(0\leqslant k\leqslant s)$,则它显然是可解的. 现在对于 G 的任一不重合于序列(1)中任何群的子群 H,我们考虑下面的子群列

$$H = H_0 \supseteq H_1 \supseteq \cdots \supseteq H_{s-1} \supseteq H_s = \{I\} \quad (2)$$

这里 $H_i = G_i \cap H, i = 0, 1, \cdots, s.$

容易验证,子群列(2)中 H_i 是 H_{i-1} 的正规子群,$i = 1, \cdots, s.$

利用刚才的乘积公式,有

$$\frac{|HG_k|}{|HG_{k+1}|} \cdot \frac{|H_k|}{|H_{k+1}|} = \frac{|HG_k|}{|HG_{k+1}|} \cdot \frac{|H \cap G_k|}{|H \cap G_{k+1}|}$$

$$= \frac{|HG_k||H \cap G_k|}{|HG_{k+1}||H \cap G_{k+1}|}$$

$$= \frac{|H||G_k|}{|H||G_{k+1}|} = \frac{|G_k|}{|G_{k+1}|} = p_k$$

我们已经知道 $\frac{|H_k|}{|H_{k+1}|}$ 是一个整数(H_{k+1} 是 H_k 的子群),于是 $\frac{|H_k|}{|H_{k+1}|}$ 是素数 p_k 的一个因子,就是说

$$\frac{|H_k|}{|H_{k+1}|} = p_k \text{ 或者 } \frac{|H_k|}{|H_{k+1}|} = 1$$

后面那种情况意味着 $H_{k+1} = H_k$,在子群列(2)中可以除去这些重复. 总之我们就得到了 H 的正规子群列并且相邻两个群的阶数比是素数,即 H 可解.

由于定理 4.2 以及定理 4.3 这两个定理,我们得出:当 $n \geqslant 5$ 时,对称群 S_n 是不可解的.

Abel-Ruffini 定理

§5 预解方程式的群

设已知方程式 $f(x)=0$ 对于基域 P 的伽罗瓦群 G. 取系数在 P 内的诸根 $\alpha_1,\alpha_2,\cdots,\alpha_n$ 的有理函数 $\varphi(\alpha_1,\alpha_2,\cdots,\alpha_n)$，并设其数值上（形式上）的特征不变群为 H. 若 H 在 G 下的指数为 v. 将 G 依 H 分解如下

$$HI=\{h_1=I,h_2,\cdots,h_m\},\varphi_1=\varphi_I$$
$$Hg_2=\{g_2,h_2g_2,\cdots,h_mg_2\},\varphi_2=\varphi_{g_2}$$
$$\vdots$$
$$Hg_v=\{g_v,h_2g_v,\cdots,h_mg_v\},\varphi_v=\varphi_{g_v}$$

按第 8 章定理 5.1，诸共轭值（共轭式）均不相同.

今以 G 内任一置换 g 施于上述的 v 个共轭值（共轭式）

$$\varphi_1,\varphi_2,\cdots,\varphi_v \tag{1}$$

得到

$$\varphi_g,\varphi_{g_2g},\varphi_{g_3g},\cdots,\varphi_{g_vg} \tag{2}$$

则如第 8 章 §5 的定理 5.2 所示，(2) 不过为 (1) 中诸函数的另一种排列，于是对于群 G 中任何置换 g，均有一个确定的置换

$$\lambda=\begin{pmatrix}\varphi_1 & \varphi_{g_2} & \cdots & \varphi_{g_v} \\ \varphi_g & \varphi_{g_2g} & \cdots & \varphi_{g_vg}\end{pmatrix}=\begin{pmatrix}\varphi_{g_i} \\ \varphi_{g_ig}\end{pmatrix}$$

与之对应. 于此我们可以得到一组置换（其中抑或有相同者），重要的是：

定理 5.1 由诸置换 λ 构成的集合 Λ 对于置换的

第 9 章 以群之观点论代数方程式的解法

乘法构成一个群.

证明 设 Λ 中与 G 中置换 g, g', gg' 对应的置换为

$$\lambda = \begin{pmatrix} \varphi_{g_i} \\ \varphi_{g_i g} \end{pmatrix}, \lambda' = \begin{pmatrix} \varphi_{g_i} \\ \varphi_{g_i g'} \end{pmatrix}, \lambda'' = \begin{pmatrix} \varphi_{g_i} \\ \varphi_{g_i gg'} \end{pmatrix}$$

我们来证明 $\lambda \lambda' = \lambda''$. 事实上,为了计算 $\lambda \lambda'$,可将 λ' 中第一行元素的次序作一适宜的排列,得

$$\lambda' = \begin{pmatrix} \varphi_{g_i g} \\ \varphi_{g_i gg'} \end{pmatrix}$$

于是

$$\lambda \lambda' = \begin{pmatrix} \varphi_{g_i} \\ \varphi_{g_i gg'} \end{pmatrix}$$

而与 λ'' 相等.

置换群 Λ 中既然含有变 φ_1 为 $\varphi_{g_i g}$ 的置换,而 $i = 1, 2, \cdots, v$. 故 Λ 是一个可迁群.

定义在共轭函数组 $\{\varphi_1, \varphi_2, \cdots, \varphi_v\}$ 上的置换群 Λ,对于研究系数在 P 内的预解方程式

$$g(y) = (y - \varphi_1)(y - \varphi_2) \cdots (y - \varphi_v) = 0 \quad (3)$$

来说是很重要的,因为可以证明下面的定理:

定理 5.2 预解方程式(3)对于数域 P 的伽罗瓦群为 Λ.

证明 我们来证明群 Λ 满足伽罗瓦群的条件 Ⅰ,Ⅱ.

任取系数在 P 内的 $\varphi_1, \varphi_2, \cdots, \varphi_v$ 的有理函数 $R(\varphi_1, \varphi_2, \cdots, \varphi_v)$,则因 φ_1 是原方程式诸根 $\alpha_1, \alpha_2, \cdots,$

Abel-Ruffini 定理

α_n 的有理函数,故其共轭函数 $\varphi_2,\cdots,\varphi_v$ 亦然.如此可得一有理关系

$$R(\varphi_1,\varphi_2,\cdots,\varphi_v)=r(\alpha_1,\alpha_2,\cdots,\alpha_n) \quad (4)$$

按定义,伽罗瓦群 G 中的任一置换 g 不改变这个有理关系.但 g 与 Λ 中置换 λ 对应,故置换后的关系式为

$$R_\lambda(\varphi_1,\varphi_2,\cdots,\varphi_v)=r_g(\alpha_1,\alpha_2,\cdots,\alpha_n) \quad (5)$$

Λ 有性质 I. 设 $R(\varphi_1,\varphi_2,\cdots,\varphi_v)$ 在域 P 内,由式 (4),知 r 亦在 P 内.故按伽罗瓦群 G 的性质 I,知 $r_g=r$ 对于 G 中所有置换 g 均成立.就 (4) 与 (5),即可知 $R_\lambda=R$.这就是说 R 不为 Λ 中任一置换所变.

Λ 有性质 II. 设 $R(\varphi_1,\varphi_2,\cdots,\varphi_v)$ 不因 Λ 中任意置换而变值,即对于 Λ 中置换 λ,均有 $R_\lambda=R$. 由 (4) 与 (5) 知对于 G 内任一置换 g,均有 $r_g=r$. 按照伽罗瓦群 G 的性质 II,r 应在域 P 内.因此 R 也是这样.

推论 因为群 Λ 可迁,所以预解方程式 (3) 在 P 内不可约.

这个推论我们曾在 §5 得到过.

§6 商　群

转而确定群 Λ 的阶数,为此我们来找 Λ 中二置换 λ,λ' 相等的条件.采用定理 5.1 的记号,即求

$$\varphi_{g_ig}=\varphi_{g_ig'} \quad (i=1,2,\cdots,v)$$

的条件.等式中 $g_1=I$. 以置换 $g^{-1}g_i^{-1}$ 施于这个等式,我们有

第9章　以群之观点论代数方程式的解法

于是 $h = g_i g' g^{-1} g_i^{-1}$ 为不变 φ_1 的置换,故应在群 H 内. 因此

$$g'g^{-1} = g_i^{-1} h g_i \ (i=1,2,\cdots,v)$$

但 $g_i^{-1} h g_i$ 属于 $g_i^{-1} H g_i$,这是 φ_{g_i} 所属之群(§3). 于是 $g'g^{-1}$ 这一置换必同时属于

$$g_1^{-1} H g_1, g_2^{-1} H g_2, \cdots, g_v^{-1} H g_v$$

换句话说,$g'g^{-1}$ 属于上述各共轭子群的交集群[①] J.

反之,J 中任何置换 σ,使 $\varphi_1, \varphi_2, \cdots, \varphi_v$ 诸函数均不变,而与 Λ 中的单位置换相对应. 所以如果 g 与 $g' = \sigma g$ 对应的元素,分别为 λ 与 λ',则 λ 与 λ' 相同.

这样就得到了下面的结论.

定理 6.1　如果 G 的阶为 m,而 $g_1^{-1} H g_1, g_2^{-1} H g_2, \cdots, g_v^{-1} H g_v$ 诸共轭子群的交集群 J 的阶为 j,则 Λ 的阶数为 m/j.

在 H 为 G 的不变子群时,即

$$g_1^{-1} H g_1 = g_2^{-1} H g_2 = \cdots = g_v^{-1} H g_v$$

这一情形时特别重要. 在此时 $J = H$,而 Λ 的阶数 m/j 即与 H 在 G 下的指数 v 相等. 亦即 Λ 中置换的数目与相关函数 φ_1 的共轭值个数相等.

定义 6.1　设 H 是 G 的不变子群,则群 Λ 称为 G 对于 H 的商群,而以记号 G/H 表示.

记号 G/H 以及商群这一名称蕴含 G/H 的阶数等

[①]　容易证明,这交集是一个群.

于两群阶之商 $\left|\dfrac{G}{H}\right|$ 的含义.

定理 6.2 如果 G 的不变子群 H,在 G 下的指数 v 为素数,则商群 G/H 为一 v 阶循环群.

证明 按定理 6.1,G/H 的阶为 v,但素数阶群必为循环群,故得本定理.

§7 群 的 同 态

将原方程式 $f(x)=0$ 的群 G 与预解方程式的群 Λ 之间的那种关系推广到任意两个群上去,便得到群同态的概念.

设某一个群 G 单值地反映到一个群 $\overline{G}$ 上,并且这种映射也可以不是双方单值的. 如果在这种映射之下群 G 的任何两个元素的乘积对应于群 $\overline{G}$ 的相应元素的乘积,则这种映射称为是同态的. 把群 G 反映为群 $\overline{G}$ 的这种同态映像,我们将写成这样的形式:$G \sim \overline{G}$.

由于同态,第一群 G 的性质常常可以转移到第二群 $\overline{G}$ 上去.

定理 7.1 交换群的同态像是交换群.

证明 设 $G \sim \overline{G}$,则对于任意的 g_1', g_2' 属于 $\overline{G}$,有 G 中的 g_1, g_2 分别与之对应,并且乘积 $g_1 g_2$ 对应于乘积 $g_1' g_2'$,由 G 的交换性:$g_1 g_2 = g_2 g_1$. 所以 $g_2 g_1$ 亦与 $g_1' g_2'$ 对应. 但 $g_2 g_1$ 唯一地对应着 $g_2' g_1'$. 所以最后 $g_1' g_2' = g_2' g_1'$,就是说 $\overline{G}$ 是交换群.

第 9 章　以群之观点论代数方程式的解法

定理 7.2　循环群的同态像是循环群.

证明　设 $G \sim \overline{G}$，并且 σ 是循环群 G 的生成元，令 $\overline{G}$ 中的 σ' 与之对应. 对于 $\overline{G}$ 中的任一元素 g'，令 G 之 g 与它对应. 因为可写 $g = \sigma^m$，这里 m 是某个自然数；又与 σ^m 成为对应的是 σ'^m，$g' = \sigma'^m$. $\overline{G}$ 为循环群.

比较难证明的是下面的定理.

定理 7.3　可解群的同态像是可解群.

证明　我们分四个步骤来完成定理的证明.

1. 假设 G 与 $\overline{G}$ 是两个群，并且 G 与 $\overline{G}$ 同态，那么在这个同态满射之下，G 的一个子群 H 的像 $\overline{H}$ 是 $\overline{G}$ 的一个子群.

我们用 ϕ 来表示给定的同态满射. 假定 $\overline{h_1}, \overline{h_2}$ 是 $\overline{H}$ 的两个任意元，并且在 ϕ 之下
$$h_1 \to \overline{h_1}, h_2 \to \overline{h_2} (h_1, h_2 \in H)$$
这样就有
$$h_1 h_2^{-1} \to \overline{h_1}\, \overline{h_2^{-1}}$$
但由于 H 是子群，$h_1 h_2^{-1} \in H$，因此由于 $\overline{H}$ 是 H 的在 ϕ 之下的像，$\overline{h_1}\, \overline{h_2^{-1}} \in \overline{H}$. 由 $\overline{h_1}, \overline{h_2}$ 的任意性知 $\overline{H}$ 是 $\overline{G}$ 的子群.

现在进一步，如果

2. H 是 G 的正规子群，则 $\overline{H}$ 是 $\overline{G}$ 的正规子群.

假设 $\overline{g}$ 是 $\overline{G}$ 的任意元，$\overline{h}$ 是 $\overline{H}$ 的任意元，而且在 ϕ 之下
$$g \to \overline{g}, h \to \overline{h} (g \in G, h \in H)$$
那么在 ϕ 之下将有
$$ghg^{-1} \to \overline{g}\, \overline{h}\, \overline{g}^{-1}$$

既然 H 是 G 的正规子群：$ghg^{-1} \in G$. 因此由于 $\overline{H}$ 是 H 在 ϕ 之下的像应该有 $\overline{g}\,\overline{h}\,\overline{g}^{-1} \in \overline{G}$. 如此只要 $\overline{g} \in \overline{G}$, $\overline{h} \in \overline{H}$ 就有 $\overline{g}\,\overline{h}\,\overline{g}^{-1} \in \overline{G}$. 即是说 $\overline{H}$ 是 $\overline{G}$ 的正规子群.

第三步，我们来证明

3. $[\overline{G}:\overline{H}] = [G:H]$.

设子群 H 有 m 个不同的元素，记为
$$h_1, h_2, \cdots, h_m$$
将 G 的元素按子群 H 分解成 $r+1$ 个不同的集合
$$H = \{h_1, h_2, \cdots, h_m\}$$
$$Hg_1 = \{h_1 g_1, h_2 g_1, \cdots, h_m g_1\}$$
$$\vdots$$
$$Hg_{r+1} = \{h_1 g_{r+1}, h_2 g_{r+1}, \cdots, h_m g_{r+1}\}$$
这里 $g_i \in G$, 但 $g_i \notin H$, $r+1 = [G:H]$.

设在同态 ϕ 之下
$$g_i \to \overline{g_i}, h_j \to \overline{h_j}, i=1,2,\cdots,r; j=1,2,\cdots,m$$
则在 ϕ 之下，所有 $\overline{h_j}$ 构成 $\overline{G}$ 的子群 $\overline{H} = \{\overline{h_1}, \overline{h_2}, \cdots, \overline{h_q}\}$, 这里 $q \leqslant m$. 同时 $\overline{g_i} \in \overline{G}$, 但 $\overline{g_i} \notin \overline{H}$ (若不然，则将有 $g_i \in H$).

现在我们证明 $\overline{g_i}(i=1,2,\cdots,r)$ 两两不同. 如若不然，例如 $\overline{g_1} = \overline{g_2}$, 考虑乘积 $g_2 g_1^{-1}$ 在 ϕ 下的像
$$\overline{g_2 g_1^{-1}} \to \overline{g_2 g_1^{-1}} = \overline{g_2}\,\overline{g_1}^{-1} = \overline{e}$$
这里 $\overline{e}$ 表示 $\overline{G}$ 的单位元. 换句话说，$g_2 g_1^{-1}$ 的像落在子群 $\overline{H}$ 之中，如此，元素 $g_2 g_1^{-1}$ 应该在 $\overline{H}$ 的逆像 H 之中，即 $g_2 g_1^{-1} = h \in H$, 或 $g_2 = hg_1$, 这样就有 $Hg_2 = H(hg_1) = (Hh)g_1 = Hg_1$ (因为 $h \in H$, 而 H 是群，所

以集合 Hh 与 H 重合),就是说集合 Hg_2 和 Hg_1 重合,这与这种集合的构造矛盾.

这样一来,群 $\overline{G}$ 的所有元素亦可划分成 $r+1$ 个集合
$$\overline{H} = \{\overline{h_1}, \overline{h_2}, \cdots, \overline{h_q}\}$$
$$\overline{H}\,\overline{g_1} = \{\overline{h_1}\,\overline{g_1}, \overline{h_2}\,\overline{g_1}, \cdots, \overline{h_q}\,\overline{g_1}\}$$
$$\vdots$$
$$\overline{H}\,\overline{g_r} = \{\overline{h_1}\,\overline{g_r}, \overline{h_2}\,\overline{g_r}, \cdots, \overline{h_q}\,\overline{g_r}\}$$

这些集合是两两不相交的:若有 $\overline{h_i}\,\overline{g_s} = \overline{h_j}\,\overline{g_t}$ ($s \neq t$),或 $\overline{g_s g_t^{-1}} = \overline{h_i^{-1}}\,\overline{h_j}$,则 $g_s g_t^{-1} = h_1 h_2^{-1} \in H$(这里 $g_s \to \overline{g_s}, g_t \to \overline{g_t}, h_i \to \overline{h_i}, h_j \to \overline{h_j}$),可是如前所述这将得出 $Hg_s = Hg_t$ 的矛盾. 如此 $\overline{G}$ 被分成了 $r+1$ 个不同的集合,从而 $[\overline{G} : \overline{H}] = r+1$.

所以,最终 $[\overline{G} : \overline{H}] = [G : H]$.

最后,我们证明

4. 若 G 可解,则 $\overline{G}$ 亦可解.

既然 G 可解,于是存在子群列
$$G = G_0 \supseteq G_1 \supseteq \cdots \supseteq G_r = \{e\}$$
其中 G_{i+1} 是 G_i 的正规子群,且 $[G_i : G_{i+1}] = p_i$(p_i 为素数).

对于群 $\overline{G}$,则集合列
$$\overline{G} = \overline{G_0} \supseteq \overline{G_1} \supseteq \cdots \supseteq \overline{G_r} = \{\overline{e}\}$$
是 $\overline{G}$ 的正规子群列,$[\overline{G_i} : \overline{G_{i+1}}] = [G_i : G_{i+1}] = p_i$,这里 $\overline{G_i}$ 表示 G_i 在同态 ϕ 之下的像.

分圆方程式的根式解

§1 分圆方程式的概念

二项方程式
$$x^n - 1 = 0 \quad (1)$$
的根,即 n 次单位根,在几何上可以用点来表示.这些点将单位圆由 $x=1$ 出发分成 n 等分.因此,方程式(1)亦称为分圆方程式,它的根——我们已经知道——可以超越的(非代数的)表示为

$$(\varepsilon_n)^k = \cos\frac{2\pi k}{n} + \mathrm{i}\sin\frac{2\pi k}{n} \quad (2)$$

$$(k = 0, 1, \cdots, n-1)$$

但在本章,我们的兴趣在于方程式(1)的根能否表示为根式.容易明白,如果 ε_n 可以表示为根式(用有理数的

第 10 章 分圆方程式的根式解

加、减、乘、除、开方根表示出来),则方程式(1)有根式解,因为 $(\varepsilon_n),(\varepsilon_n)^2,(\varepsilon_n)^3,\cdots,(\varepsilon_n)^{n-1},(\varepsilon_n)^n=1$ 是其所有的根.

为了以后的需要,先来讨论方程式(1)及其根的一些基本性质.

性质 1 方程式 $x^n-1=0$ 无重根.

设 $f(x)=x^n-1$,则其导数 $f'(x)=nx^{n-1}$. 而 $f(x)$ 与 $f'(x)$ 无含 x 的公因子.

性质 2 若 α 为方程式 $x^n-1=0$ 的一个根,则 α^k 亦为其一根,k 为任意整数.

性质 3 如果 m 与 n 互素,则方程式 $x^m-1=0$ 与 $x^n-1=0$ 不能有除 1 以外的共同根.

这个性质的证明需要数论上的结论:若 m 与 n 互为素数,则必定存在整数 u,v 使得 $vm-un=\pm 1$.

设 α 为 $x^m-1=0$ 与 $x^n-1=0$ 的共同根,则 $\alpha^m=1$,$\alpha^n=1$. 又 $\alpha^{vm}=1$,$\alpha^{un}=1$,这里 u 与 v 适合关系式 $vm-un=\pm 1$ 的整数. 故 $\alpha^{vm-un}=1$,即 $\alpha^{\pm 1}=1$,亦即 $\alpha=1$.

性质 4 如果 h 为 m 与 n 的最大公约数,则方程式 $x^h-1=0$ 的根为 $x^m-1=0$ 与 $x^n-1=0$ 的共同根.

设 $m=m'h$,$n=n'h$,则 m' 与 n' 互为素数,故可求得整数 u,v 使 $vm'-un'=\pm 1$. 以 h 乘之,则得 $vm-un=\pm h$. 若 α 为 $x^m-1=0$ 与 $x^n-1=0$ 的共同根,则 $\alpha^m=1$,$\alpha^n=1$,$\alpha^{vm-un}=1$ 或 $\alpha^{\pm h}=1$. 这就是说 α 为 $x^h-1=0$ 的根.

性质5 若 n 为因数 $p,q,\cdots,r$ 之积,则 $x^p-1=0$,$x^q-1=0,\cdots,x^r-1=0$ 的诸根皆适合方程

式 $x^n-1=0$.

因若 α 为 $x^p-1=0$ 的根,则 $\alpha^p=1$ 而 $(\alpha^p)^{q\cdots r}=1$,即 α 为 $x^{pq\cdots r}-1=0$ 的根.

性质 6 若 n 为素因数 $p,q,\cdots,r$ 之积,α 为 $x^p-1=0$ 的根,β 为 $x^q-1=0$ 的根,$\cdots$,γ 为 $x^r-1=0$ 的根,则方程式 $x^n-1=0$ 的根均可表示为 $\alpha^i\beta^j\cdots\gamma^k$,这里 $0\leqslant i\leqslant p-1, 0\leqslant j\leqslant q-1,\cdots,0\leqslant k\leqslant r-1$.

为方便起见,我们就三个素因数 p,q,r 的情形来证明.因 $\alpha^n=1,\beta^n=1,\gamma^n=1$.不论 i,j,k 为任何整数,均有 $\alpha^{ni}=1,\beta^{nj}=1,\gamma^{nk}=1$.因而 $(\alpha^i\beta^j\gamma^k)^n=1$,即 $\alpha^i\beta^j\gamma^k$ 为 $x^n-1=0$ 的根.

为了完成定理的证明.我们来证明在 $0\leqslant i\leqslant p-1, 0\leqslant j\leqslant q-1, 0\leqslant k\leqslant r-1$ 时,n 个根 $\alpha^i\beta^j\gamma^k$ 两两互异.如若 $\alpha^i\beta^j\gamma^k=\alpha^{i'}\beta^{j'}\gamma^{k'}$.则 $\alpha^{i-i'}=\beta^{j'-j}\gamma^{k'-k}=1$.这个等式的左端是方程式 $x^p-1=0$ 的根,右端是方程式 $x^{qr}-1=0$ 的根.于是 $x^p-1=0$ 与 $x^{qr}-1=0$ 有共同根.但 p 与 qr 互素,故这方程式不能有除 1 以外的共同根.是即 $\alpha^{i-i'}=1$ 而 $i=i'$.类似的可得出 $j=j',k=k'$. n 个根两两互异遂得证.

性质 7 若 $n=p^aq^b\cdots r^c$,其中 $p,q,\cdots,r$ 均为素数.则方程式 $x^n-1=0$ 的根均可表示为 $\alpha\beta\cdots\gamma$,这里 α 为 $x^{p^a}-1=0$ 的根,β 为 $x^{q^b}-1=0$ 的根,$\cdots$,γ 为 $x^{r^c}-1=0$ 的根.

首先,因为 $\alpha^{p^a}=1,\beta^{q^b}=1,\cdots,\gamma^{r^c}=1$,故 $\alpha^n=1, \beta^n=1, \gamma^n=1$.从而 $(\alpha\beta\cdots\gamma)^n=1$.即 $\alpha\beta\cdots\gamma$ 均是 $x^n-1=0$ 的根.

第 10 章 分圆方程式的根式解

现在证明 n 个可能的乘积 $\alpha\beta\cdots\gamma$ 两两不等. 今假设 $\alpha\beta\cdots\gamma = \alpha'\beta'\cdots\gamma'$,而左右两端相应之诸根不能相等. 两端自乘 $q^b\cdots r^c$ 次得

$$(\alpha\beta\cdots\gamma)^{q^b\cdots r^c} = (\alpha'\beta'\cdots\gamma')^{q^b\cdots r^c}$$

既然 β 为 $x^{q^b}-1=0$ 的根,$\cdots\cdots$,γ 为 $x^{r^c}-1=0$ 的根,所以

$$(\beta\cdots\gamma)^{q^b\cdots r^c} = (\beta'\cdots\gamma')^{q^b\cdots r^c}$$

对比上面两个等式,我们得到

$$\alpha^{q^b\cdots r^c} = \alpha'^{q^b\cdots r^c}$$

因为 α 与 α' 为 $x^{p^a}-1=0$ 的相异之根,故等于同一 p^a 次单位本原根 η 的不同幂,而可写为

$$\alpha = \eta^{k+k'}, \alpha' = \eta^{k'}$$

其中 $k+k'$ 与 k' 均小于 p^a. 故得

$$\eta^{(k+k')q^b\cdots r^c} = \eta^{k'q^b\cdots r^c}$$

或

$$\eta^{kq^b\cdots r^c} = 1$$

因为 η 为方程式 $x^{p^a}-1=0$ 与 $x^{kq^b\cdots r^c}-1=0$ 的共同根,故亦为 $x^s-1=0$ 的根,此处 s 为 p^a 与 $kq^b\cdots r^c$ 的最大公约数. 但 $s \leqslant k$,故 $s < p^a$. 按 η 的本原性,这是不可能的. 故原假设的等式 $\alpha\beta\cdots\gamma = \alpha'\beta'\cdots\gamma'$ 不能成立.

性质 8 若 p 为素数,则方程式 $x^{p^a}-1=0$ 的根可由形如 $x^p - A = 0$ 的方程式的根来表示.

令 ω_1 为 $x^p-1=0$ 的任一根,ω_2 为 $x^p-\omega_1=0$ 的任一根,ω_3 为 $x^p-\omega_2=0$ 的任一根,由此类推,最后 ω_a 为 $x^p-\omega_{a-1}=0$ 的任一根,则由乘积 $\alpha = \omega_1\omega_2\cdots\omega_a$ 就可得出 $x^{p^a}-1=0$ 的 p^a 个不同的根.

因 $\omega_1^p = 1, \omega_2^p = \omega_1, \omega_3^p = \omega_2, \cdots, \omega_a^p = \omega_{a-1}$,故依次得以下诸关系

$$\alpha^p = \omega_1^p \omega_2^p \cdots \omega_a^p = 1 \cdot \omega_1 \omega_2 \cdots \omega_{a-1}$$

$$\alpha^{p^2} = \omega_1^p \omega_2^p \cdots \omega_{a-1}^p = 1 \cdot \omega_1 \omega_2 \cdots \omega_{a-2}$$

$$\vdots$$

$$\alpha^{p^{a-1}} = \omega_1$$

$$\alpha^{p^a} = 1$$

由性质 7 和性质 8,得

性质 9 当 n 为任何非素数,则方程式 $x^n - 1 = 0$ 的解法可化为若干素数次二项方程式的求解.

将根因子 $x - 1$ 分解出后,可由(1)得出以下的 $n-1$ 次方程式

$$x^{n-1} + x^{n-2} + \cdots + x + 1 = 0$$

这个方程式的根为 $\varepsilon_n, (\varepsilon_n)^2, \cdots, (\varepsilon_n)^{n-1}$.

通过以上分析,要讨论分圆方程式(1)的根式解问题,只要讨论

$$x^{p-1} + x^{p-2} + \cdots + x + 1 = 0 \qquad (3)$$

就够了,这里 p 为素数.

方程式(3)称为真正意义上的分圆方程式.

现在我们来证明,在有理数域内,分圆方程式(3)是不可以分解的.事实上,设其根为

$$\varepsilon, \varepsilon^2, \cdots, \varepsilon^{p-1} \qquad (4)$$

同时令

$$x^{p-1} + x^{p-2} + \cdots + x + 1 = g(x) \cdot h(x)$$

这里 $g(x)$ 及 $h(x)$ 均为低于 $p-1$ 次的多项式,而其系

第 10 章　分圆方程式的根式解

数均为整数①. 令 $x=1$, 则得
$$p = g(1) \cdot h(1)$$
既然 p 是素数, 故其整数因子之一, 例如 $g(1)$, 必为 ± 1. 但因 $g(x)=0$ 至少含有方程式(1) 之一根, 即必有一 $\varepsilon^i (1 \leqslant i \leqslant p-1)$ 使得 $g(\varepsilon^i)$ 等于零. 于是
$$g(\varepsilon) \cdot g(\varepsilon^2) \cdot \cdots \cdot g(\varepsilon^{p-1}) = 0 \qquad (5)$$
对于比 p 小的任意正整数 k 而言, 数组
$$\varepsilon^k, \varepsilon^{2k}, \cdots, \varepsilon^{(p-1)k} \qquad (6)$$
将与数组(4)重合(次序可能不同). 这是因为数组(6)的 $p-1$ 各数两两不等. 不然, 设
$$\varepsilon^{ik} = \varepsilon^{jk} (1 \leqslant i \leqslant p-1, 1 \leqslant j \leqslant p-1)$$
则
$$\varepsilon^{(i-j)k} = 1$$
而 $(i-j)k$ 即能被 p 除尽, 既然 $0 < i, j, k < p$, 这只有在 $i-j=0$ 时才有可能.

所以当 ε 换为 ε^k 时, 等式(5)仍然成立. 故方程式
$$g(x) \cdot g(x^2) \cdot \cdots \cdot g(x^{p-1}) = 0$$
的根包括数组(4)中的每个数. 由此这个方程式的左端可以被 $x^{p-1} + x^{p-2} + \cdots + x + 1$ 整除, 即
$$g(x) \cdot g(x^2) \cdot \cdots \cdot g(x^{p-1})$$
$$= q(x) \cdot (x^{p-1} + x^{p-2} + \cdots + x + 1)$$
这里 $q(x)$ 为一整系数多项式. 令 $x=1$, 得

---

① 系数可假设为整数, 是因为可以证明: 如果一个整系数多项式在有理数域内可约, 那么它就能分解成为两个较低次的整系数多项式的乘积.

Abel-Ruffini 定理

$$[g(1)]^{p-1} = [\pm 1]^{p-1} = p \cdot q(1)$$

遂产生矛盾：± 1 能被 p 除尽.

§2 十一次以下的分圆方程式

分圆方程式

$$x^{n-1} + x^{n-2} + \cdots + x + 1 = 0 \tag{1}$$

($n-1$ 为一偶数)，为所谓的倒数型方程(其根两两互为倒数)：若 α 为其一根，则 $\dfrac{1}{\alpha}$ 亦为其根. 这种类型的方程，可归结为一个二次方程和一个次数减半的方程. 对于分圆方程式的任一根 ε 来说，有

$$\varepsilon^{n-1} = \frac{1}{\varepsilon}, \varepsilon^{n-2} = \frac{1}{\varepsilon^2}, \cdots, \varepsilon^{\frac{n+1}{2}} = \frac{1}{\varepsilon^{\frac{n-1}{2}}}$$

设 $\dfrac{n-1}{2} = v$，则可知方程(1)与下面的方程等同

$$(x^v + \frac{1}{x^v}) + (x^{v-1} + \frac{1}{x^{v-1}}) + \cdots + (x + \frac{1}{x}) = 0 \tag{2}$$

今设

$$x + \frac{1}{x} = z \tag{3}$$

则不难知

$$x^2 + \frac{1}{x^2} = z^2 - 2, \, x^3 + \frac{1}{x^3} = z^3 - 3z,$$
$$x^4 + \frac{1}{x^4} = z^4 - 4z^3 + 2, \cdots \tag{4}$$

第 10 章 分圆方程式的根式解

一般地说,$x^k + \dfrac{1}{x^k}$ 可表示为 z 的 k 次的多项式的形式,而方程(2)可成为 z 的 $\dfrac{n-1}{2}$ 次的方程. 此方程的解为

$$\varepsilon + \frac{1}{\varepsilon}, \varepsilon^2 + \frac{1}{\varepsilon^2}, \cdots, \varepsilon^v + \frac{1}{\varepsilon^v}$$

或

$$2\cos\frac{2\pi}{n}, 2\cos\frac{4\pi}{n}, \cdots, 2\cos\frac{(n-1)\pi}{n} \qquad (5)$$

如果(5)中的每项可由 z 的方程式代数解出,则 n 次单位根可由二次方程(2)代数解出.

这种方法对于很多的分圆方程式是可行的. 特别是 $n=11$ 次以下的情形.

于 $n=5$ 时,方程(2)为

$$(x^2 + \frac{1}{x^2}) + (x + \frac{1}{x}) + 1 = 0$$

设 $z = x + \dfrac{1}{x}$ 得

$$z^2 + z - 1 = 0$$

它的解为

$$z_1 = \frac{-1+\sqrt{5}}{2} = 2\cos\frac{2\pi}{5}, z_2 = \frac{-1-\sqrt{5}}{2} = 2\cos\frac{4\pi}{5}$$

最后求出

$$x_{1,2,3,4} = \frac{\sqrt{5}-1 \pm \sqrt{-2\sqrt{5}-10}}{4}, \frac{\sqrt{5}-1 \pm \sqrt{2\sqrt{5}-10}}{4}$$

于 $n=7$ 时,有方程为

$$(x^3 + \frac{1}{x^3}) + (x^2 + \frac{1}{x^2}) + (x + \frac{1}{x}) + 1 = 0$$

273

Abel-Ruffini 定理

设 $z = x + \dfrac{1}{x}$ 时,有

$$z^3 + z^2 - 2z - 1 = 0$$

其根为

$$z_1 = \frac{-2 + \sqrt[3]{28 + 84\sqrt{-3}} + \sqrt[3]{28 - 84\sqrt{-3}}}{6}$$

$$z_2 = \frac{-2 + \sqrt[3]{28 + 84\sqrt{-3}}\,\varepsilon + \sqrt[3]{28 - 84\sqrt{-3}}\,\varepsilon^2}{6}$$

$$z_3 = \frac{-2 + \sqrt[3]{28 + 84\sqrt{-3}}\,\varepsilon^2 + \sqrt[3]{28 - 84\sqrt{-3}}\,\varepsilon}{6}$$

然后由 $x^2 - zx + 1 = 0$(即 $z = x + \dfrac{1}{x}$)即可得到相应的 x 值

$$x_{1,2,3,4,5,6} = \frac{z_1 \pm \sqrt{z_1^2 - 4}}{2},\ \frac{z_2 \pm \sqrt{z_2^2 - 4}}{2},\ \frac{z_3 \pm \sqrt{z_3^2 - 4}}{2}$$

在 $n = 11$ 的时候,同上面一样,作替换 $z = x + \dfrac{1}{x}$,则得五次方程如下

$$z^5 + z^4 - 4z^3 - 3z^2 + 3z + 1 = 0$$

范德蒙在 1771 年用根式解出了这个五次方程,于是原方程有根式解.

第 10 章　分圆方程式的根式解

§3　分圆方程式的根式可解性

在本节和下一节,我们将讲述高斯[①]关于分圆方程式根式解的研究.设分圆方程式

$$x^{p-1}+x^{p-2}+\cdots+x+1=0(p\text{ 为素数}) \quad (1)$$

的 p 个根为

$$\varepsilon,\varepsilon^2,\cdots,\varepsilon^{p-1} \quad (2)$$

高斯求解方程式(1)的基本思想在于将(2)中的解以某种特定的次序来排列.

数论上可以证明,对任意的素数 p,存在一个整数 g 使得 $g^1,g^2,\cdots,g^{p-1}$ 关于模 p 是两两不同余的,并且 $g^{p-1}\equiv 1(\bmod p)$.于是(2)中的所有解,改变它们的次序后,亦可以如下列出

$$\varepsilon,\varepsilon^g,\varepsilon^{g^2},\varepsilon^{g^3},\cdots,\varepsilon^{g^{p-2}} \quad (3)$$

按照这个次序,每一解均为其前一解的 g 次方,而最后一个解的 g 次方,则因 $g^{p-1}\equiv 1(\bmod p)$ 而与第一个解重合,如此,我们将诸根排成一个环列.

数组(3)中的 g^i,亦可用其最小(正或负)余数($\bmod p$)来代替.为简单起见,今采用下面的记法

$$g^i\equiv [i](\bmod p) \quad (4)$$

[①]《算术研究》的第七章从 Article359 开始是文章的第二部分,主要致力于讨论分圆方程式的根式可解性.在原文中高斯只给出了证明的梗概,他所主要依赖的工具实际上就是拉格朗日预解式.这里我们用现代数学符号重新整理和解释高斯的做法.

则(3)中的解可写作下面的形式

$$\varepsilon^{[0]}, \varepsilon^{[1]}, \varepsilon^{[2]}, \cdots, \varepsilon^{[p-2]} \tag{5}$$

关于符号$[i]$,容易验证它适合以下规律:

1. 只有在$i \equiv j(\mod p)$,才满足$[i] = [j]$;
2. $[i][j] = [i+j]$;
3. $[p-1] = [0] \equiv 1(\mod p)$.

注意到方程式(1),按照韦达定理,我们知道(5)所有根的和应为-1

$$\varepsilon^{[0]} + \varepsilon^{[1]} + \varepsilon^{[2]} + \cdots + \varepsilon^{[p-2]} = -1 \tag{6}$$

为了证明分圆方程式的可解性,高斯首先给出一个定理:

引理 令p是一个素数,ε是一个p次单位本原根,而ω是一个$p-1$次单位本原根.如果$P_1(\omega)$, $P_2(\omega), \cdots, P_{p-1}(\omega)$是系数在$\mathbf{Q}$中关于$\omega$的多项式,并且

$$P_1(\omega)\varepsilon + P_2(\omega)\varepsilon^2 + \cdots + P_{p-1}(\omega)\varepsilon^{p-1} = 0$$

则有$P_1(\omega) = P_2(\omega) = \cdots = P_{p-1}(\omega) = 0$.

证明 按照阿贝尔不可约性定理的推论Ⅰ,只要证明$x^{p-1} + x^{p-2} + \cdots + x + 1$在域$\mathbf{Q}(\omega)$不可约就行了.设以$\omega$为根的有理数域上的不可约多项式的次数为$q$,于是$q$是$p-1$的因子.因为$x^{p-1} + x^{p-2} + \cdots + x + 1$在$\mathbf{Q}$上不可约,如果它在扩域$\mathbf{Q}(\omega)$可约,按阿贝尔引理,$p$必须整除$q$,而这是不可能的.所以$x^{p-1} + x^{p-2} + \cdots + x + 1$在域$\mathbf{Q}(\omega)$不可约.

定理 3.1 设p是素数,则分圆方程式$x^{p-1} + x^{p-2} + \cdots + x + 1 = 0$存在根式解.

第 10 章　分圆方程式的根式解

证明　对素数 p 的大小作归纳. 当 $p=2$ 时显然 $+1$ 和 -1 是两个 2 次单位根, 此时方程式可解为根式.

假设对于小于 p 的素数, 定理均成立. 现在把偶数 $p-1$ 分解为素因子的方幂之积: $p-1=p_1^{k_1} p_2^{k_2} \cdots p_s^{k_s}$, 这里每个 p_i 都是小于 p 的素数. 根据假设 $p_1, p_2, \cdots, p_s$ 次单位根 $\omega_{p_1}, \omega_{p_2}, \cdots, \omega_{p_s}$ 都有根式解. 由 §1 性质 2, $p_1^{k_1}, p_2^{k_2}, \cdots, p_s^{k_s}$ 次单位根 $\omega_{p_1^{k_1}}, \omega_{p_2^{k_2}}, \cdots, \omega_{p_s^{k_s}}$ 都有根式解. 再由 §1 性质 7, $p-1 (=p_1^{k_1} p_2^{k_2} \cdots p_s^{k_s})$ 次本原根 ω 也有根式解.

在这些讨论的基础上, 我们来证明 p 次单位根有根式解. 为此取预解式

$$u_1 = \varepsilon_1 + \omega \varepsilon_2 + \omega^2 \varepsilon_3 + \cdots + \omega^{p-2} \varepsilon_{p-1}$$
$$= \varepsilon^{[0]} + \omega \varepsilon^{[1]} + \omega^2 \varepsilon^{[2]} + \cdots + \omega^{p-2} \varepsilon^{[p-2]}$$

这里 $\varepsilon_1 = \varepsilon, \varepsilon_2, \cdots, \varepsilon_{p-1}$ 为方程式 $x^{p-1} + x^{p-2} + \cdots + x + 1 = 0$ 的 $p-1$ 个根, 并且 ε 还是本原的.

将 ω 换为 ω^i, 设对应的 u_1 变为 $u_i (i=2, 3, \cdots, p-1)$, 于是连同原来的 u_1, 成立下面的 $p-1$ 个线性方程组

$$\begin{cases} u_1 = \varepsilon^{[0]} + \omega \varepsilon^{[1]} + \omega^2 \varepsilon^{[2]} + \cdots + \omega^{p-2} \varepsilon^{[p-2]} \\ u_2 = \varepsilon^{[0]} + \omega^2 \varepsilon^{[1]} + \omega^4 \varepsilon^{[2]} + \cdots + \omega^{2(p-2)} \varepsilon^{[p-2]} \\ \quad\quad \vdots \\ u_{p-2} = \varepsilon^{[0]} + \omega^{p-2} \varepsilon^{[1]} + \omega^{2(p-2)} \varepsilon^{[2]} + \cdots + \omega^{(p-2)^2} \varepsilon^{[p-2]} \\ u_{p-1} = \varepsilon^{[0]} + \varepsilon^{[1]} + \varepsilon^{[2]} + \cdots + \varepsilon^{[p-1]} \end{cases}$$

(7)

由于 ω 是 $p-1$ 次单位本原根, 故对于 $i \not\equiv 0 \pmod{p-}$

Abel-Ruffini 定理

1) 可以得到
$$1+\omega^i+\omega^{2i}+\cdots+\omega^{(p-2)i}=0$$
所以解上面的方程组可得
$$\varepsilon_1=\varepsilon^{[0]}=\frac{1}{p-1}(u_1+u_2+\cdots+u_{p-1})$$

为了证明 ε_1 有根式解，我们采用这样的方式：首先证明 u_1^{p-1} 可以表示为 ω 的有理函数（如此，u_1 在 $\mathbf{Q}(\omega)$ 上便有根式解）；其次再证明每个 u_i $(i=2,3,\cdots,p-1)$ 均可表示为 u_1 与 ω 的根式函数（即 u_i 在 $\mathbf{Q}(\omega)$ 上有根式解）。

为了证明第一点，我们将置换
$$s=(\varepsilon,\varepsilon^{[1]})=\begin{pmatrix}1 & 2 & 3 & \cdots & p-2 & p-1 \\ 2 & 3 & 4 & \cdots & p-1 & 1\end{pmatrix}$$
作用于方程组(7)的任何一个方程式
$$u_k=\varepsilon^{[0]}+\omega^k\varepsilon^{[1]}+\omega^{2k}\varepsilon^{[2]}+\cdots+\omega^{(p-2)k}\varepsilon^{[p-2]}$$
这使我们得到
$$(u_k)_s=\varepsilon^{[1]}+\omega^k\varepsilon^{[2]}+\omega^{2k}\varepsilon^{[3]}+\cdots+\omega^{(p-2)k}\varepsilon^{[p-1]}$$
$$=\varepsilon^{[1]}+\omega^k\varepsilon^{[2]}+\omega^{2k}\varepsilon^{[3]}+\cdots+\omega^{(p-2)k}\varepsilon^{[0]}$$
注意到这式子的最左端乘以 ω^k 便得出 u_k
$$(\varepsilon^{[1]}+\omega^k\varepsilon^{[2]}+\omega^{2k}\varepsilon^{[3]}+\cdots+\omega^{(p-2)k}\varepsilon^{[0]})\omega^k$$
$$=\varepsilon^{[0]}+\omega^k\varepsilon^{[1]}+\omega^{2k}\varepsilon^{[2]}+\cdots+\omega^{(p-2)k}\varepsilon^{[p-2]}=u_k$$
于是可以写
$$(u_k)_s=\omega^{-k}\cdot u_k \qquad (8)$$
进一步有
$$(u_k^{p-1})_s=[(u_k)_s]^{p-1}=[\omega^{-k}\cdot u_k]^{p-1}=u_k^{p-1} \qquad (9)$$
这就是说，在置换 s 下，u_k^{p-1}（作为 $\varepsilon_1,\varepsilon_2,\cdots,\varepsilon_{p-1}$ 的有

理函数)的函数值保持不变.特别的,$(u_1^{p-1})_s = u_1^{p-1}$.

将 $u_1 = \varepsilon^{[0]} + \omega \varepsilon^{[1]} + \omega^2 \varepsilon^{[2]} + \cdots + \omega^{p-2} \varepsilon^{[p-2]}$ 自乘 $p-1$ 次得到

$$u_1^{p-1} = P_0(\omega) + P_1(\omega) \varepsilon^{[0]} + P_2(\omega) \varepsilon^{[1]} + \cdots + P_{p-1}(\omega) \varepsilon^{[p-2]}$$

而

$$(u_1^{p-1})_s = P_0(\omega) + P_1(\omega) \varepsilon^{[1]} + P_2(\omega) \varepsilon^{[2]} + \cdots + P_{p-2}(\omega) \varepsilon^{[p-2]} + P_{p-1}(\omega) \varepsilon^{[p-1]}$$

注意到 $\varepsilon^{[p-1]} = \varepsilon^{[0]}$,以及 $(u_1^{p-1})_s = u_1^{p-1}$(按照等式(9)),我们有

$$P_0(\omega) + P_{p-1}(\omega) \varepsilon^{[0]} + P_1(\omega) \varepsilon^{[1]} + P_2(\omega) \varepsilon^{[2]} + \cdots + P_{p-2}(\omega) \varepsilon^{[p-2]} = P_0(\omega) + P_1(\omega) \varepsilon^{[0]} + P_2(\omega) \varepsilon^{[1]} + \cdots + P_{p-1}(\omega) \varepsilon^{[p-2]}$$

或者

$$[P_1(\omega) - P_{p-1}(\omega)] \varepsilon^{[0]} + [P_2(\omega) - P_1(\omega)] \varepsilon^{[1]} + \cdots + [P_{p-1}(\omega) - P_{p-2}(\omega)] \varepsilon^{[p-2]} = 0$$

由前面的引理知

$$P_1(\omega) = P_2(\omega) = \cdots = P_{p-1}(\omega)$$

因此

$$\begin{aligned} u_1^{p-1} &= P_0(\omega) + P_1(\omega) \varepsilon^{[0]} + P_2(\omega) \varepsilon^{[1]} + \cdots + P_{p-1}(\omega) \varepsilon^{[p-2]} \\ &= P_0(\omega) + P_1(\omega)[\varepsilon^{[0]} + \varepsilon^{[1]} + \cdots + \varepsilon^{[p-2]}] \\ &= P_0(\omega) - P_1(\omega) \end{aligned}$$

如此我们就把 u_1^{p-1} 表示成了 ω 的有理函数.

再来证明第二点.我们利用前面的式子(8): $(u_k)_s = \omega^{-k} \cdot u_k$.下面的等式表明,$u_k \cdot u_1^{-k}$ 不为置换 s

所改变

$$(u_k \cdot u_1^{-k})_s = (u_k)_s \cdot [(u_1)_s]^{-k}$$
$$= (\omega^{-k} \cdot u_k) \cdot [\omega^{-1} \cdot u_1]^{-k}$$
$$= u_k \cdot u_1^{-k}$$

类似于前面对于 u_1^{p-1} 的处理,可以得到

$$u_k \cdot u_1^{-k} = P_0(\omega)$$

或者

$$u_k = u_1^k \cdot P_0(\omega) = f(u_1, \omega)$$

也就是说我们已经把 u_k 表示成了 u_1, ω 的函数.

ε 的根式可解性由此得证.

§4　高斯解法的理论基础

在 §1,我们已经指出分圆方程式

$$x^{p-1} + x^{p-2} + \cdots + x + 1 = 0 \qquad (1)$$

在有理数域内是不可约的. 现在我们来找它在有理数域上的群. 采用上节的符号,方程式(1)的根为

$$\varepsilon^{[0]}, \varepsilon^{[1]}, \varepsilon^{[2]}, \cdots, \varepsilon^{[p-2]} \qquad (2)$$

首先来证明下面这个定理:

定理 4.1　凡是系数为有理数的 ε 的有理整函数,如果施以置换$(\varepsilon, \varepsilon^{[1]})$后值不变,则它的值必为有理数[1].

证明　设 $f(\varepsilon)$ 是任一系数为有理数的 ε 的多项

---

① 如果 $f(\varepsilon)$ 的系数为整数,则它的值亦为整数.

第 10 章 分圆方程式的根式解

式. 注意到 $\varepsilon^p = 1$, 故 $f(\varepsilon)$ 的次数不能超过 p
$$f(\varepsilon) = a_0 + a_1\varepsilon + a_2\varepsilon^2 + \cdots + a_{p-1}\varepsilon^{p-1}$$
又 $\varepsilon^{p-1} + \varepsilon^{p-1} + \cdots + \varepsilon + 1 = 0$, 或 $a_0 = -a_0(\varepsilon^{p-1} + \varepsilon^{p-1} + \cdots + \varepsilon)$, 故上面那个多项式可以设为 (常数项系数为零)
$$f(\varepsilon) = b_1\varepsilon + b_2\varepsilon^2 + \cdots + b_{p-1}\varepsilon^{p-1} \qquad (3)$$
除次序以外, 每一幂 ε^i 与某一 $\varepsilon^{[j]}$ 相同, 故 $f(\varepsilon)$ 可用幂 $\varepsilon^{[j]}$ 表示为
$$f(\varepsilon) = c_0\varepsilon^{[0]} + c_1\varepsilon^{[1]} + \cdots + c_{p-2}\varepsilon^{[p-2]}$$
这里 $c_0, c_1, \cdots, c_{p-2}$ 均为有理数. 今将 $\varepsilon^{[0]} = \varepsilon$ 变为 $\varepsilon^{[1]}$, 则按照条件 $f(\varepsilon)$ 的值不变
$$f(\varepsilon) = c_0\varepsilon^{[1]} + c_1\varepsilon^{[2]} + \cdots + c_{p-2}\varepsilon^{[0]}$$
因而
$$(c_{p-2} - c_0)\varepsilon^{[0]} + (c_0 - c_1)\varepsilon^{[1]} +$$
$$(c_1 - c_2)\varepsilon^{[2]} + \cdots + (c_{p-3} - c_{p-2})\varepsilon^{[p-2]} = 0$$
若用 ε 来除这个等式的两端, 则右端将是一个 ε 的 $p-2$ 次的多项式, 即 ε 满足一个有理系数的次数为 $p-2$ 次的方程式. 这只有在方程式的所有系数都为 0 时才有可能, 因为分圆方程式在有理数域上是不可约的. 于是
$$c_0 = c_1 = \cdots = c_{p-2}$$
而 $f(\varepsilon)$ 的值为有理数
$$f(\varepsilon) = c_0(\varepsilon^{[0]} + c_1\varepsilon^{[1]} + \cdots + c_{p-2}\varepsilon^{[p-2]}) = -c_0$$

经置换 $(\varepsilon, \varepsilon^{[1]})$ 后, 排列 $\varepsilon^{[0]}, \varepsilon^{[1]}, \cdots, \varepsilon^{[p-2]}$ 变为 $\varepsilon^{[1]}, \varepsilon^{[2]}, \cdots, \varepsilon^{[0]}$, 就此而言, $(\varepsilon^{[0]}, \varepsilon^{[1]})$ 与循环置换
$$s = (1, 2, 3, \cdots, p-1)$$
效果相同. 由 s 可生成一个 $p-1$ 阶循环置换群

Abel-Ruffini 定理

$$H = \{s^{p-1} = I, s, s^2, \cdots, s^{p-2}\}$$

反过来,可以证明

定理 4.2 凡系数为有理数的单位根 ε 的有理整函数,如果它的值是有理数,则函数值必不为循环置换群 H 的置换所变.

这是因为这样的函数,均可以表示为(3)的形式,如果它的值是有理数,则因分圆方程式在有理数域上的不可约性可知

$$b_1 = b_2 = \cdots = b_{p-1} = -c$$

因而函数的形式为

$$-c(\varepsilon + \varepsilon^2 + \cdots + \varepsilon^{p-1})$$
$$= -c(\varepsilon^{[0]} + c_1 \varepsilon^{[1]} + \cdots + c_{p-2} \varepsilon^{[p-2]})$$

它对任何循环置换不变.

由这两个定理,我们可以说

定理 4.3 循环置换群 H 是分圆方程式的伽罗瓦群.

现在我们按照群论的观点来求解分圆方程式. H 的阶数 $p-1$ 恒为偶数,故非为素数. 今设

$$p - 1 = ef \tag{4}$$

则

$$H_e = \{s^{p-1} = I, s^e, s^{2e}, \cdots, s^{(f-1)e}\}$$

为 H 的 f 阶循环子群,并且还是不变子群. 与置换 s^e 相当者,为置换 $(\varepsilon, \varepsilon^{[e]})$.

按照分解式(4),我们将(2)中的解分为 e 个类,并分别作和(每和 f 个解)

第 10 章　分圆方程式的根式解

$$\begin{cases} \eta_0 = \varepsilon^{[0]} + \varepsilon^{[e]} + \varepsilon^{[2e]} + \cdots + \varepsilon^{[(f-1)e]} \\ \eta_1 = \varepsilon^{[1]} + \varepsilon^{[e+1]} + \varepsilon^{[2e+1]} + \cdots + \varepsilon^{[(f-1)e+1]} \\ \vdots \\ \eta_{e-1} = \varepsilon^{[e-1]} + \varepsilon^{[2e-1]} + \varepsilon^{[3e-1]} + \cdots + \varepsilon^{[p-2]} \end{cases} \quad (5)$$

由 (5) 定义的数 $\eta_0, \eta_1, \cdots, \eta_{e-1}$ 被高斯称为分圆方程式 (1) 的 f 项周期. 这些周期两两不等, 并且它们构成子群 H_e 的 e 个共轭值 (第 8 章 §5 定义 5.1).

定理 4.4　设 $p-1 = ef = gh$, 且 f 整除 g, 则任意的项数为 f 的周期是次数为 g/f 的方程的根, 且该方程的系数由项数为 g 的周期有理表达.

证明　f 项周期的不变群为 $H_e = \{s^{p-1} = I, s^e, s^{2e}, \cdots, s^{(f-1)e}\}$, g 项周期的不变群为 $H_h = \{s^{p-1} = I, s^h, s^{2h}, \cdots, s^{(f-1)h}\}$. 因为 f 整除 g, 所以可设 $g = fk$, k 是整数. 又 $p-1 = ef = gh$, 所以 $ef = (fk)h$, 得 $e = kh$. 如此, H_e 为 H_h 的指数为 k 的子群. 由第 8 章 §5 定理 5.3 立得本定理.

由上面的定义和定理, 就可以把方程 (1) 的解一步一步地求出来. 令 $f_0 = p-1, f_1, \cdots, f_{r-1}, f_r = 1$, 其中 f_{i-1} 整除 f_i, $i = 1, \cdots, r$. 令 v_i 是项数为 f_i 的周期, 其中 $i = 0, 1, \cdots, r$. 则 v_0 是项数为 $p-1$ 的周期等于 -1, v_i 可由一个次数为 f_{i-1}/f_i 的方程的根确定, 且该方程的系数由 v_{i-1} 有理表达. 由于 v_r 是项数为 1 的周期, 则方程的根可得出.

为了简单, 使要解的方程的次数尽可能的小, 则选 $f_0, f_1, \cdots, f_r$ 时, 须使 f_{i-1}/f_i 是素数且整除 $p-1$. 比如说 $p = 37$ 时, $p-1 = 36 = 2 \times 2 \times 3 \times 3$, 则只需解两

个二次方程和两个三次方程就可得出 $x^{36}+x^{35}+\cdots+x+1=0$ 的根.

又如 $p=71$ 时,$p-1=2\times 5\times 7$,要解方程 $x^{70}+x^{69}+\cdots+x+1=0$,则不可避免要解一个五次方程和一个七次方程.

这时如 §3 定理 3.1 所表明的那样(既然 ε 可根式求解,所以作为 ε 的有理整函数的 f_i 项周期自然可以根式求解),高斯证明了这些次数为 f_{i-1}/f_i 的方程都是根式可解的.

§5 分圆方程式的高斯解法·十七次的分圆方程式

高斯的具体求解步骤为:令 $p-1=2k_1=2r_1k_2=2r_1r_2k_3=\cdots=2r_1r_2r_3\cdots k_m$,首先找一个预解式 u,然后再找一些函数 $\varphi,\psi,\mu,\cdots,\eta$. 为了简单,可以取预解式 $u=\varepsilon_1=\varepsilon$,即

$$u=\varepsilon_1,(u)_{s^{j-1}}=u_j(j=1,2,\cdots,p-1)$$
$$\varphi=u_1+u_{1+k_1},(\varphi)_{s^{j-1}}=\varphi_j(j=1,2,\cdots,k_1)$$
$$\psi=\varphi_1+\varphi_{1+k_2}+\varphi_{1+2k_2}+\cdots+\varphi_{1+(2r_1-1)k_2}$$
$$(\psi)_{s^{j-1}}=\varphi_j(j=1,2,\cdots,k_2)$$
$$\mu=\psi_1+\psi_{1+k_3}+\psi_{1+2k_3}+\cdots+\psi_{1+(2r_1r_2-1)k_3}$$
$$(\mu)_{s^{j-1}}=\mu_j(j=1,2,\cdots,k_3)$$
$$\vdots$$

次令 $H(f)$ 为函数 f 的特征不变群,可以得到一

第 10 章 分圆方程式的根式解

个子群序列：

伽罗瓦群	不变式	群的阶数
$H(u)=\{I\}$	u	$\lvert H(u)\rvert=1$
$2\cap$		
$H(\varphi)=\{I,s^{k_1}\}$	φ	$\lvert H(\varphi)\rvert=2$
$r_1\cap$		
$H(\psi)=\{I,s^{k_2},s^{2k_2},\cdots,s^{(2r_1-1)k_2}\}$	ψ	$\lvert H(\psi)\rvert=2r_1$
$r_2\cap$		
$H(\mu)=\{I,s^{k_3},s^{2k_3},\cdots,s^{(2r_1r_2-1)k_3}\}$	μ	$\lvert H(\mu)\rvert=2r_2$
$\cap$		
$\vdots$	$\vdots$	$\vdots$
$\cap$		
$H=\{I,s,s^2,\cdots,s^{p-2}\}$	η	$\lvert H\rvert=p-1$

其中 $u,\varphi,\psi,\mu,\cdots,\eta$ 都是 ε_i 的有理函数,它们的选择顺序是

$$u\to\varphi\to\psi\to\mu\to\cdots\to\eta$$

我们目的是求 u 的值,于是解方程的顺序如下

$$\eta\to\cdots\to\mu_i\to\psi_i\to\varphi_i\to u_i$$

即 η 在 H 的所有置换下取 k_m 个不同的值,则 η 是一个次数为 k_m 的方程的根,又该方程的系数是有理数,于是可求出 η_i;$\cdots$,ψ 在 $H(\mu)$ 的所有置换下取 r_2 个不同的值 —— ψ 是 r_2 次的方程的根,并且这方程的系数可由前一函数 μ_i 有理地表达,即可求出 ψ_i. 同样的,可以得到 φ_i,u_i 的值. 因此,只需要解一些次数为 $2,r_1,r_2,$

$r_3, \cdots, k_m$ 的方程,就可得到方程 $x^{p-1}+x^{p-2}+\cdots+x+1=0$ 的根.

让我们举出 $p=17$ 时的著名例子[①]. 此时 $\varepsilon = \cos\dfrac{2\pi}{17}+\mathrm{i}\sin\dfrac{2\pi}{17}$ 为 17 次单位本原根. 取 $g=3$,从 $g^0=1$ 开始,在 $g^1=3^1=3, g^2=9$ 之后可以得到 $g^3=3^3=27\equiv 10(\bmod\ 17)$. 类似的,可以算出所有的 g^i 关于 17 的最小正余数:

$3^0\equiv 1(\bmod\ 17), 3^1\equiv 3(\bmod\ 17), 3^2\equiv 9(\bmod\ 17), 3^3\equiv 10(\bmod\ 17), 3^4\equiv 13(\bmod\ 17), 3^{10}\equiv 8(\bmod\ 17), 3^5\equiv 5(\bmod\ 17), 3^6\equiv 15(\bmod\ 17), 3^7\equiv 11(\bmod\ 17), 3^8\equiv 16(\bmod\ 17), 3^9\equiv 14(\bmod\ 17), 3^{11}\equiv 7(\bmod\ 17), 3^{12}\equiv 4(\bmod\ 17), 3^{13}\equiv 12(\bmod\ 17), 3^{14}\equiv 2(\bmod\ 17), 3^{15}\equiv 6(\bmod\ 17).$

如令 $\varepsilon_i=\varepsilon^{g^{i-1}}$,于是 $x^{16}+x^{15}+\cdots+x+1=0$ 的 16 个根排列如下: $\varepsilon_1=\varepsilon, \varepsilon_2=\varepsilon^3, \varepsilon_3=\varepsilon^9, \varepsilon_4=\varepsilon^{10}, \varepsilon_5=\varepsilon^{13}, \varepsilon_6=\varepsilon^5, \varepsilon_7=\varepsilon^{15}, \varepsilon_8=\varepsilon^{11}, \varepsilon_9=\varepsilon^{16}, \varepsilon_{10}=\varepsilon^{14}, \varepsilon_{11}=\varepsilon^8, \varepsilon_{12}=\varepsilon^7, \varepsilon_{13}=\varepsilon^4, \varepsilon_{14}=\varepsilon^{12}, \varepsilon_{15}=\varepsilon^2, \varepsilon_{16}=\varepsilon^6.$

既然 $p-1=16=2\times 2\times 2\times 2\times 2$,我们有

[①] 这个例子包含着正十七边形可以用尺规作出来. 高斯在大学二年级(1796 年,时年 19 岁)即得出正十七边形尺规作图的可能性(随后又给出了可用尺规作图的正多边形的条件),解决了两千年来悬而未决的难题.

第 10 章　分圆方程式的根式解

伽罗瓦群	不变式
$H(u) = \{I\}$	$u = \varepsilon_1$
$2 \cap$	
$H(\varphi) = \{I, s^8\}$	$\varphi = \varepsilon_1 + \varepsilon_9$
$2 \cap$	
$H(\psi) = \{I, s^4, s^8, s^{12}\}$	$\psi = \varepsilon_1 + \varepsilon_5 + \varepsilon_9 + \varepsilon_{13}$
$2 \cap$	
$H(\mu) = \{I, s, s^2, \cdots, s^{p-2}\}$	$\mu = \varepsilon_1 + \varepsilon_3 + \varepsilon_5 + \cdots + \varepsilon_{15}$
$2 \cap$	
$H(\eta) = H = \{I, s, s^2, \cdots, s^{p-2}\}$	$\eta = \varepsilon_1 + \varepsilon_2 + \varepsilon_3 + \cdots + \varepsilon_{16}$

① μ 在 H 的所有置换下取 2 个不同的值，即

$$\mu_1 = \mu_I = \varepsilon_1 + \varepsilon_3 + \varepsilon_5 + \cdots + \varepsilon_{15}$$
$$\mu_2 = \mu_s = \varepsilon_2 + \varepsilon_4 + \varepsilon_6 + \cdots + \varepsilon_{16}$$

由

$$\mu_1 + \mu_2 = -1, \mu_1 \cdot \mu_2 = -4$$

知道 μ 是方程 $y^2 + y - 4 = 0$ 的根，注意到

$$\mu_2 = \varepsilon_1 + \varepsilon_3 + \varepsilon_5 + \cdots + \varepsilon_{15}$$
$$= (\varepsilon^3 + \varepsilon^{14}) + (\varepsilon^5 + \varepsilon^{12}) + (\varepsilon^6 + \varepsilon^{11}) + (\varepsilon^7 + \varepsilon^{10})$$
$$= 2\cos\frac{6\pi}{17} + 2\cos\frac{10\pi}{17} + 2\cos\frac{12\pi}{17} + 2\cos\frac{14\pi}{17}$$
$$= 2\cos\frac{6\pi}{17} - 2\cos\frac{7\pi}{17} - 2\cos\frac{5\pi}{17} - 2\cos\frac{3\pi}{17}$$
$$= 2(\cos\frac{6\pi}{17} - 2\cos\frac{3\pi}{17}) - 2\cos\frac{7\pi}{17} - 2\cos\frac{5\pi}{17}$$
$$< 0$$

所以

Abel-Ruffini 定理

$$\mu_1 = \frac{-1+\sqrt{17}}{2}, \mu_2 = \frac{-1-\sqrt{17}}{2}$$

② ψ 在 $H(\mu)$ 的所有置换下取 2 个不同的值，即

$$\psi_1 = \psi_I = \varepsilon_1 + \varepsilon_5 + \varepsilon_7 + \varepsilon_9$$

$$\psi_2 = (\psi)_{s^2} = \varepsilon_3 + \varepsilon_5 + \varepsilon_7 + \varepsilon_9$$

$\psi_1 + \psi_2 = -\mu_1, \psi_1 \cdot \psi_2 = -1$ 表明 ψ 是方程 $y^2 - \mu_1 - 1 = 0$ 的根，同时

$$\psi_1 = \varepsilon_1 + \varepsilon_5 + \varepsilon_7 + \varepsilon_9 = (\varepsilon + \varepsilon^{16}) + (\varepsilon^4 + \varepsilon^{13})$$

$$= 2\cos\frac{2\pi}{17} + 2\cos\frac{8\pi}{17} > 0$$

于是

$$\psi_1 = \frac{-\mu_1 + \sqrt{\mu_1^2 + 4}}{2} = \frac{-1 + \sqrt{17} + \sqrt{34 - 2\sqrt{17}}}{4}$$

$$\psi_2 = \frac{-\mu_1 - \sqrt{\mu_1^2 + 4}}{2} = \frac{-1 + \sqrt{17} - \sqrt{34 - 2\sqrt{17}}}{4}$$

③ φ 在 $H(\psi)$ 的所有置换下取 2 个不同的值，则

$$\varphi_1 = \varphi_I = \varepsilon_1 + \varepsilon_9, \varphi_2 = (\psi)_{s^4} = \varepsilon_5 + \varepsilon_{13}$$

$$\varphi_1 + \varphi_2 = \psi_1, \varphi_1 \cdot \varphi_2 = \frac{1}{2}(\psi_1^2 + \psi_1 - \mu_1 - 1)$$

φ 是方程 $y^2 - \psi_1 y + \frac{1}{2}(\psi_1^2 + \psi_1 - \mu_1 - 1) = 0$ 的根

$$\varphi_{1,2} = \frac{\psi_1 \pm \sqrt{\psi_1^2 - 2(\psi_1^2 + \psi_1 - \mu_1 - 4)}}{2} = \frac{\psi_1 \pm \sqrt{-\psi_1 + 3}}{2}$$

但 $\varphi_1 = \varepsilon_1 + \varepsilon_9 = \varepsilon + \varepsilon^{16} = 2\cos\frac{2\pi}{17} > \varphi_2 = \varepsilon_5 + \varepsilon_{13} = \varepsilon^{13} + \varepsilon^4 = 2\cos\frac{8\pi}{17}$，所以

第 10 章　分圆方程式的根式解

$$\varphi_1 = \frac{\psi_1 + \sqrt{-\psi_1 + 3}}{2} = \frac{-1 + \sqrt{17} + \sqrt{34 - 2\sqrt{17}}}{8} +$$

$$\frac{\sqrt{17 + 3\sqrt{17} - 2\sqrt{34 + 2\sqrt{17}} - \sqrt{34 - 2\sqrt{17}}}}{4} \textcircled{1}$$

④u 在 $H(\varphi)$ 的所有置换下取 2 个不同的值

$$u_1 = u_I = \varepsilon_1, u_2 = (u)_{s^8} = \varepsilon_9$$

$u_1 + u_2 = \varphi_1, u_1 \cdot u_2 = 1$。$u$ 是方程 $y^2 - \varphi_1 y + 1 = 0$ 的根，即

$$u_{1,2} = \frac{\varphi_1 \pm \sqrt{\varphi_1^2 - 4}}{2}$$

这样就可以求出 u 的值，即可得出 17 次分圆方程的根。

§6　用根式来表示单位根

我们已经证明了分圆方程式的代数可解性。现在进一步证明下面的定理：

定理 6.1　无论 m 为素数或非素数，一切 m 次的单位根可以用低于 m 次的根式来表示。

---

① 尽管高斯由于给出了 $\cos\frac{2\pi}{17}$ 的这个根式表达式而证明了正十七边形是可尺规作图的（由于平方根总是可以作图的，相应的作图方法就暗含在这个公式给出的数字中），但他并没有描述它是如何构成的。第一个明确的作图是由乌尔里希冯休格利恩（Ulrichvon Huguenin）1803 年完成的，1893 年，利斯曼（Herbert William Richmond）发现了一种更简单的作图法。

Abel-Ruffini 定理

对于 $m=1$ 及 $m=2$ 时,此定理显而易见. 于 $m=3$ 时,有

$$\varepsilon_1 = 1, \varepsilon_2 = \frac{-1+\sqrt{-3}}{2}, \varepsilon_3 = \frac{-1-\sqrt{-3}}{2}$$

故可由(低于3次的)二次根式 $\sqrt{-3}$ 表出. 四次的单位根 $+i, -i$,则可由二项方程式 $x^2+1=0$ 得之.

今将用完全归纳法证明这个定理. 假设这定理对于次数小于 m 的一切单位根均能成立. 兹就 m 为素数和非素数两种情况来证明我们的定理.

设 m 为非素数,而

$$m = pm_1$$

于此,p 为 m 的素数因子,$m_1 > 1$ 且 $m_1 < m, p < m$.

如果 r 为 m 次的单位根,则 $r^p = a$ 为 m_1 次的单位根,故按所设,可用低于 m_1 的根式来表示. 因为,r 为二项方程式 $x^p - a = 0$ 的根,如果 a 不是某个有理数的 p 次方,按阿贝尔定理,$x^p - a$ 在有理数域内不可约. 从而 r 为有理数域内不可分解的根式 $\sqrt[p]{a}$,而可用低于 m 次的根式表示.

但如 $a = b^p$ 为有理数域内一数的 p 次方,ε 为 p 次单位根,则 $r = \varepsilon b$,因 $p < m$,故 ε 亦可用低于 m 次的根式表示.

尚须证明 $m = p$ 为素数的情形. 设 ε 为 p 次的单位本原根,如此 p 次的单位根除 1 外,可表示为

$$\varepsilon^{[0]}, \varepsilon^{[1]}, \varepsilon^{[2]}, \cdots, \varepsilon^{[p-2]}$$

并设 ω 为一 $(p-1)$ 次单位根,则因 $p-1 < m$ 而可用低于 $p-1$ 次的根式表示.

第 10 章 分圆方程式的根式解

像 §3 一样，在数域 $\mathbf{Q}(\omega)$ 内考虑 ε 的有理函数

$$\varphi(\varepsilon) = \varepsilon^{[0]} + \omega\varepsilon^{[1]} + \omega^2\varepsilon^{[2]} + \cdots + \omega^{p-2}\varepsilon^{[p-2]}$$

如果以 $\varepsilon^{[1]}$ 来替换 ε，则 $\varphi(\varepsilon)$ 变为

$$\varphi(\varepsilon^{[1]}) = \varepsilon^{[1]} + \omega\varepsilon^{[2]} + \omega^2\varepsilon^{[3]} + \cdots + \omega^{p-2}\varepsilon^{[0]}$$

因 $\omega^{p-1} = 1$，故有

$$\varphi(\varepsilon) = \omega\varphi(\varepsilon^{[1]})$$

以及

$$\varphi(\varepsilon^{[1]}) = \omega\varphi(\varepsilon^{[2]}), \varphi(\varepsilon^{[2]}) = \omega\varphi(\varepsilon^{[3]}), \cdots$$

由这些等式我们得出

$$\varphi(\varepsilon)^{p-1} = \varphi(\varepsilon^{[1]})^{p-1} = \varphi(\varepsilon^{[2]})^{p-1} = \cdots = \varphi(\varepsilon^{[p-2]})^{p-1}$$

所以

$$\varphi(\varepsilon)^{p-1} = \frac{1}{p-1}[\varphi(\varepsilon)^{p-1} + \varphi(\varepsilon^{[1]})^{p-1} + \cdots + \varphi(\varepsilon^{[p-2]})^{p-1}]$$

这个等式的右端是 $\varepsilon^{[0]}, \varepsilon^{[1]}, \varepsilon^{[2]}, \cdots, \varepsilon^{[p-2]}$ 的对称函数，故可以用 $\mathbf{Q}(\omega)$ 内的数有理地表示. 设

$$\varphi(\varepsilon)^{p-1} = A$$

这里 $A \in \mathbf{Q}(\omega)$. 则 $\varphi(\varepsilon)$ 的求法可归结为若干根式，其次数为 $p-1$ 的素数因子 q. 如果这里获得的二项方程式 $x^q - a = 0$ 在 $\mathbf{Q}(\omega)$ 内可约，即 $a = b^q$，则按前面 m 为非素数的情形，有一 q 次的单位根来代替 $\sqrt[q]{a} = b$，如此，数 $\varphi(\varepsilon)$ 可以用低于 $p-1$ 次的根式来表示.

对于 $p-1$ 个单位根 $\omega_1 = \omega, \omega_2, \cdots, \omega_{p-1}$，成立下面的等式

$$\sum_{i=1}^{p-1} \omega_i = 0, \sum_{i=1}^{p-1} \omega_i^2 = 0, \cdots, \sum_{i=1}^{p-1} \omega_i^{p-1} = 0 \qquad (1)$$

Abel-Ruffini 定理

将 $\omega_i(i=1,2,\cdots,p-1)$ 代替下面的 ω
$$\varphi(\varepsilon,\omega)=\varepsilon^{[0]}+\omega\varepsilon^{[1]}+\omega^2\varepsilon^{[2]}+\cdots+\omega^{p-2}\varepsilon^{[p-2]}$$
得到 $p-1$ 个等式,将这些式子左右两端分别相加并且注意到(1),我们得出
$$(p-1)\varphi(\varepsilon)=\sum_{i=1}^{p-1}\varphi(\varepsilon,\omega_i)$$
或
$$\varphi(\varepsilon)=\frac{1}{p-1}\sum_{i=1}^{p-1}\varphi(\varepsilon,\omega_i)$$
这等式表明 ε 亦可用低于 $p-1$ 次的根式表示.

循环型方程式·阿贝尔型方程式

第 11 章

§1 可 迁 群

为了讨论一些特殊类型的代数可解方程式,我们来研究一种重要的群.试观察下面的置换群
$$H = \{I,(12)(34),(13)(24),(14)(23)\}$$
这个群内,第二个置换将 1 换为 2,第三个置换将 1 换为 3,第四个置换将 1 换为 4.同样的这个群中的置换可将数字 2,3,或 4 变为其他任何数字.这种群称为可迁群[①].

一般地,一个 n 次置换群 G 称为可迁的,如果对于 $\{1,2,\cdots,n\}$ 中任何两个数 i 和 j,总存在 G 中的一个置换把 i 变成 j.

[①] 这里所讲的群均指置换群.可迁置换群又称为传递置换群.

Abel-Ruffini 定理

与上面的例子 H 同构[①]的群 $\{(1),(12),(34),(12)(34)\}$ 却不是可迁的,因为其中没有变 1 为 3 的置换,也没有变 1 为 4 的置换. S_3 也不是 S_4 的可迁子群.

由于 $(1j)(1i)$ 能使 i 变为 j,于此不难证明 G 是可迁的当且仅当对任意 $k \in \{1,2,\cdots,n\}$,有 $s \in G$,它变 1 为 k.

可迁群在代数方程式论中的地位可由下面这定理看出:

定理 1.1 n 次方程式 $f(x) = x^n + a_1 x^{n-1} + \cdots + a_{n-1}x + a_n = 0$($a_i$ 是复数)在数域 P 内不可约当且仅当这个方程式关于 P 的伽罗瓦群可迁.

证明 必要性.设 $f(x) = 0$ 在 P 内不可约,则 $f(x) = 0$ 对于 P 的群 G 必可迁.如若不然,G 为不可迁,则适当地设置 $f(x)$ 诸根的排列,可使 G 中的置换,有变 α_1 为 α_2 者,变 α_1 为 α_3 者,$\cdots$,以至变 α_1 为 α_m 者,但没有变 α_1 为 α_{m+1},为 α_{m+2},$\cdots$,为 α_n 者.所以 G 中的置换,使部分根 $\alpha_1,\alpha_2,\cdots,\alpha_m$ 之间彼此互换,而不改变其对称函数.按伽罗瓦群的性质 Ⅱ,知
$$g(x) = (x - \alpha_1)(x - \alpha_2)\cdots(x - \alpha_m)$$
的系数在数域 P 内,所以 $g(x)$ 是 $f(x)$ 的一个因子.遂生矛盾.

充分性.若 $f(x) = 0$ 在数域 P 内可约,则群 G 必不可迁.设
$$g(x) = (x - \alpha_1)(x - \alpha_2)\cdots(x - \alpha_m)$$

[①] 关于同构的概念见第 12 章 §1.

为 $f(x)$ 的一个系数在 P 内的因子,而 $m < n$. 既然有理关系 $g(\alpha_1) = 0$ 不因 G 中的置换而变. 如果 G 可迁,则其中有变 α_1 为 $\alpha_{m+1}, \alpha_{m+2}, \cdots, \alpha_n$ 的置换,取此等置换施于 $g(\alpha_1) = 0$ 得

$$g(\alpha_{m+1}) = 0, g(\alpha_{m+2}) = 0, \cdots, g(\alpha_n) = 0$$

这与 $g(x)$ 的定义矛盾.

下面是可迁群的一系列重要的性质.

定理 1.2 由轮换 $s = (x_1 x_2 \cdots x_n)$ 所生成的循环群 $G = \{I, s^1, \cdots, s^{n-1}\}$ 是可迁群;反之,如果一个循环群可迁,则其生成元素 s 必为轮换.

证明 因

$$s^{k-i+1} = (x_1 x_2 \cdots x_n)^{k-i+1} = (x_{i+1} x_{i+2} \cdots x_k \cdots x_{i-1})^{k-i+1}$$
$$= \begin{pmatrix} x_i & \cdots \\ x_k & \cdots \end{pmatrix}$$

G 中置换 s^{k-i+1} 变 x_i 为 x_k,故 G 为可迁群.

反过来,设 G 可迁而

$$s = (x_1 x_2 \cdots x_j)(x_{j+1} x_{j+2} \cdots x_k) \cdots$$

为其生成元素. 则 s 的任何次幂仅能变 x_1 为 x_2,或 x_2,或 $x_3, \cdots$,或 x_j,这与 G 的可迁性矛盾.

定理 1.3 可迁的交换群的任一置换分解为不相交的轮换后,这些轮换的长度皆相等,并且它们的和等于置换的次数.

证明 设可迁的 n 次交换群定义在集合 $M = \{x_1, x_2, \cdots, x_n\}$ 上,则因可迁性,G 含有变 x_1 至任何元素 x_i 的置换 s_i. 于是 G 包含元素 $I, s_2, s_3, \cdots, s_n$.

分 2 步来证明:

295

Abel-Ruffini 定理

$1°$ 设 s 为 G 中使 x_1 不变的任一置换（这样的置换是存在的，例如单位置换）。于是因 s_i^{-1} 变 x_i 为 x_1，而有

$$s_i \cdot s \cdot s_i^{-1}(x_i) = s_i \cdot s(x_1) = s_i(x_1) = x_i$$

这就是说，$s_i \cdot s \cdot s_i^{-1}$ 不变 x_i。但因 G 为交换群，故

$$s_i \cdot s \cdot s_i^{-1} = s_i \cdot s_i^{-1} \cdot s = s$$

因此 s 使 M 的任何元素都不改变，这只有在 s 为单位置换时始能成立。所以 G 内各置换，除单位 I 以外，其余所有置换均使 x_1 变为其他的元素。

应用同样的推理到其他元素 $x_j(j=2,3,\cdots,n)$ 上去，则可知群 G 内各置换，除单位 I 外，所有置换均使每个 x_j 变为其他的元素。

$2°$ 任取 G 中的非单位置换 ρ 并设它分解成了 m 个不相交轮换的乘积：$\rho = \sigma_1 \sigma_2 \cdots \sigma_m$。令 r 为诸轮换中的最小长度，不失去一般性可设 σ_1 的长度为 r。如此则 $\sigma_1^r = I$，今施置换 ρ^r 于 σ_1 中的某个元素 x_k，则由于 σ_2，$\sigma_3,\cdots,\sigma_m$ 中不含元素 x_k 且 $\rho^r = \sigma_1^r \sigma_2^r \cdots \sigma_m^r$，于是 ρ^r 使元素 x_k 不变。由 $1°$，G 中除单位置换外，没有使一元素不变的置换，故 ρ^r 为单位置换。这只有当其他轮换的长度皆为 r 才可能。

既然 ρ 变每个元素的值，所以 $\rho = \sigma_1 \sigma_2 \cdots \sigma_m$ 包含了 M 的所有元素，定理的第二部分成立。

为了指出可迁群的进一步特征，我们引入稳定化子的概念。设 n 次置换群 G 定义在 $\{1,2,\cdots,n\}$ 上。G 中保留符号 1 不变的置换形成一个子群 G_1；因为恒等置换肯定属于 G_1；G_1 的任意元素的逆元素以及任意两个

第 11 章 循环型方程式·阿贝尔型方程式

元素的乘积也属于 G_1. 我们称 G_1 为元素 1 的稳定化子. 对象 i 的稳定化子 G_i 也可类似地定义.

定理 1.4 n 次置换群 G 是可迁的,当且仅当稳定化子 G_1 在 G 中的指数是 n.

证明 (1) 假如 G 是可迁的,根据假定,G 包含

$$s_1, s_2, \cdots, s_n \tag{1}$$

它们分别将 1 变为 $1, 2, \cdots, n$. 下面的集合

$$G_1 s_1, G_1 s_2, \cdots, G_1 s_n \tag{2}$$

两两不同. 因为 $G_1 s_i$ 的所有元素将 1 变为 i,因此 $i \ne j$ 时,它与 $G_1 s_j$ 的元素不同. 现在再来证明(2)中的集合穷尽了 G 的所有元素. 设 s 是 G 的任一元素,假设 s 将 1 变为 k,那么 $s s_k^{-1}$ 使 1 不变,即 $s s_k^{-1} \in G_1$,因而 $s s_k^{-1} \in G_1 s_k$. 于是我们可写

$$G = G_1 s_1 \bigcup G_1 s_2 \bigcup \cdots \bigcup G_1 s_n$$

从这个等式看出 G_1 在 G 中的指数是 n.

(2) 反之,假设 G_1 在 G 中的指数是 n. 并设

$$G = G_1 t_1 \bigcup G_1 t_2 \bigcup \cdots \bigcup G_1 t_n$$

是 G 按子群 G_1 的右分解. 首先

$$t_1, t_2, \cdots, t_n \tag{3}$$

中没有两个在对象 1 上有相同的效果. 因为假若 t_i 与 t_j 两个置换都将 1 变为 k,那么 $t_i t_j^{-1}$ 使 1 不变,因此 $t_i t_j^{-1} \in G_1$,于是 $G_1 t_i = G_1 t_j$①. 除非 $i = j$,否则这是不可能的. 因而我们能在某种排列次序下把置换(3)取作(1). 将

---

① 事实上,若 $t_i t_j^{-1} = t \in G_1$,则 $t_i = t t_j$,因而 $G_1 t_i = G(t t_j) = G_1 t_j$.

(3) 这样排列使 $t_i = s_i (i=1,2,\cdots,n)$ 是方便的. 最后, 假如 i,j 是任一对符号, $t_i^{-1} t_j$ 将 i 变为 j, 这就证明了 G 是可迁的.

因为有限群的阶可以被它的任一子群的指数除尽(拉格朗日定理), 我们有下面有用的推论.

推论 1 可迁群的阶, 必为其次数所整除.

这个推论的逆是不正确的, 阶数为次数整数倍的群, 未必可迁. 例如前面的例子 $\{(1),(12),(34),(12)(34)\}$ 就是这样的(非可迁)群.

由这个推论, 知道若 n 次置换群的阶数小于 n, 则不能为可迁群.

推论 2 可迁的交换群的阶数等于它的次数.

证明 设 G 是一个 n 次的可迁交换群, 而 G_1 是 1 的稳定化子. 按照定理 1.4, 只需要证明 $G_1 = \{I\}$. 取 s 属于 G_1. 既然 G 可迁, 对任何 $i(1 \leqslant i \leqslant n)$, 存在 G 的置换 s_i 变 1 为 i. 于是
$$s(i) = s(s_i(1)) = s_i(s(1)) = s_i(1) = i$$
这里第二个等号利用了 G 的交换性. 所以 s 只能是单位置换. 推论得证.

§2 循环方程式

在高斯的分圆方程式之后, 阿贝尔研究了更为广泛的特殊类型的代数可解方程式. 这就是这一节和下一节所要讲述的.

一个方程式称为循环的, 如果它的各根 $\alpha_1, \alpha_2, \cdots,$

第 11 章 循环型方程式·阿贝尔型方程式

α_n 满足循环关系式

$$\alpha_2 = \varphi(\alpha_1), \alpha_3 = \varphi(\alpha_2), \cdots, \alpha_n = \varphi(\alpha_{n-1}), \alpha_1 = \varphi(\alpha_n) \tag{1}$$

其中 φ 是系数属于基域的有理函数.

分圆方程式

$$x^{p-1} + x^{p-2} + \cdots + 1 = 0$$

在有理数域上是循环的:采用第 10 章 §3 的记法,并令

$$\alpha_1 = \varepsilon, \alpha_2 = \varepsilon^g, \alpha_3 = \varepsilon^{g^2}, \cdots, \alpha_{p-1} = \varepsilon^{g^{p-2}}$$

则有

$$\alpha_2 = \alpha_1^g, \alpha_3 = \alpha_2^g, \cdots, \alpha_{p-1} = \alpha_{p-2}^g, \alpha_1 = \alpha_{p-1}^g$$

这里有理函数是 $\varphi(x) = x^g$.

定理 2.1 不可约循环型方程式的伽罗瓦群是循环的.

证明 设

$$s = \begin{pmatrix} \alpha_1 & \alpha_2 & \alpha_3 & \cdots & \alpha_n \\ \alpha_{i_1} & \alpha_{i_2} & \alpha_{i_3} & \cdots & \alpha_{i_n} \end{pmatrix}$$

是所考虑的伽罗瓦群 G 的任一置换. 今将此置换施于 (1) 中的诸有理关系,得

$$\alpha_{i_2} = \varphi(\alpha_{i_1}), \alpha_{i_3} = \varphi(\alpha_{i_2}), \cdots, \alpha_{i_1} = \varphi(\alpha_{i_n})$$

令对于任意 $j(1 \leqslant j \leqslant n): \alpha_j = \alpha_{j+n} = \alpha_{j+2n} = \cdots$,则由关系式 (1), $\varphi(\alpha_{i_1}) = \alpha_{i_1+1}$,即在 $i_1 = n$ 时,仍然成立. 于是

$$\alpha_{i_2} = \alpha_{i_1+1}, \alpha_{i_3} = \alpha_{i_2+1}, \cdots, \alpha_{i_1} = \alpha_{i_n+1}$$

因为所设方程式是不可约的,其根两两不同,故除去 n 的倍数外

$$i_2 = i_1 + 1, i_3 = i_2 + 1 = i_1 + 2,$$
$$i_4 = i_3 + 1 = i_1 + 3, \cdots$$

所以

$$s = \begin{pmatrix} \alpha_1 & \alpha_2 & \alpha_3 & \cdots & \alpha_n \\ \alpha_{i_1} & \alpha_{i_1+1} & \alpha_{i_1+2} & \cdots & \alpha_{i_1+(n-1)} \end{pmatrix}$$

因为 s 将 α_j 变为 α_{j+i_1-1},故等于将 α_j 变为 α_{j+1} 的置换 $t = (\alpha_1 \alpha_2 \cdots \alpha_n)$ 的 $i_1 - 1$ 次幂. 所以 G 为 $G' = \{I, t, t^2, \cdots, t^{n-1}\}$ 的子群. 但, 因方程式不可约, 故 G 为可迁群, 而 $G = G'$.

一个代数方程式循环与否,亦可由其伽罗瓦群决定:

定理 2.2 如果不可约循环型方程式的伽罗瓦群是循环的,那么这个方程式是循环的.

证明 设 $f(x) = 0$ 关于数域 P 的伽罗瓦群 G 循环. 既然 $f(x)$ 不可约,按定理 1.2 以及定理 1.3,群 G 的生成元素必为一轮换,并且这轮换包括 $f(x)$ 的所有根,即是说 G 的生成元为一个 n 项轮换. 考虑关于 x 的 $n-1$ 次函数

$$F(x) = f(x) \cdot \left[\frac{\alpha_2}{x-\alpha_1} + \frac{\alpha_3}{x-\alpha_2} + \cdots + \frac{\alpha_1}{x-\alpha_n} \right]$$

明显地,这函数不为群 G 的任何置换所变,故其系数在域 P 内. 若记 $g(x) = \dfrac{F(x)}{f'(x)}$,这里 $f'(x)$ 表示 $f(x)$ 的导数. 则 $g(x)$ 亦是 P 上的有理函数. 并且我们可写

$$\alpha_2 = g(\alpha_1), \alpha_3 = g(\alpha_2), \cdots, \alpha_n = g(\alpha_{n-1}), \alpha_1 = g(\alpha_n)$$

这就得到了所要的结论.

第11章 循环型方程式·阿贝尔型方程式

如果 $f(x)$ 可约,但若它没有重根,则定理 2.2 仍然成立.

根据这个定理,二次的方程式即为循环方程式,因其伽罗瓦群——对称群 S_2 循环. 一般的三次方程式 $x^3+ax^2+bx+c=0$,在其有理域 $\Delta=\mathbf{Q}(a,b,c)$ 上是不循环的:它的群 S_3 非循环. 但若添入

$$\sqrt{D}=(x_0-x_1)(x_0-x_2)(x_1-x_2)$$
$$=\sqrt{a^2b^2+18abc-4a^3c-4b^3-27c^2}$$

其伽罗瓦群即缩减为 $\{I,(123),(132)\}$,而此群循环. 故一般三次方程式对于域 $\Delta(\sqrt{D})$ 来说是循环方程式.

定理 2.3 不可约循环型方程式可根式求解.

证明 设循环型方程式 $f(x)=0$ 对其基域 P 的群为 $G=\{\sigma^0,\sigma^1,\cdots,\sigma^{n-1}\}$,而 $\sigma=(12\cdots n)$.

令 $f(x)$ 的 n 个根为 $\alpha_1=\alpha,\alpha_2,\cdots,\alpha_n$,$\varepsilon$ 是一个 n 次本原单位根,考察下面的方程组

$$\begin{cases}\alpha_1+\alpha_2+\alpha_3+\cdots+\alpha_n=Y_0\\ \alpha_1+\varepsilon\alpha_2+\varepsilon^2\alpha_3+\cdots+\varepsilon^{n-1}\alpha_n=Y_1\\ \alpha_1+\varepsilon^2\alpha_2+\varepsilon^4\alpha_3+\cdots+\varepsilon^{2(n-1)}\alpha_n=Y_2\\ \vdots\\ \alpha_1+\varepsilon^{n-1}\alpha_2+\varepsilon^{2(n-1)}\alpha_3+\cdots+\varepsilon^{(n-1)^2}\alpha_n=Y_{n-1}\end{cases}\quad(2)$$

(视 $\alpha_1,\alpha_2,\cdots,\alpha_n$ 为数域 P 上的未知数)任取这个方程组中的一个方程来看

$$\alpha_1+\varepsilon^k\alpha_2+\varepsilon^{2k}\alpha_3+\cdots+\varepsilon^{(n-1)k}\alpha_n=Y_k$$

将置换

Abel-Ruffini 定理

$$\sigma = \begin{pmatrix} 1 & 2 & 3 & \cdots & n-1 & n \\ 2 & 3 & 4 & \cdots & n & 1 \end{pmatrix}$$

作用到上述方程的左端,就变成

$$\alpha_2 + \varepsilon^k \alpha_3 + \varepsilon^{2k} \alpha_4 + \cdots + \varepsilon^{(n-2)k} \alpha_n + \varepsilon^{(n-1)k} \alpha_1$$

这和用数 ε^{-k} 乘方程的左端的结果是一样的(因为 $\varepsilon^n = 1$,所以 $\varepsilon^{-k} = \varepsilon^{nk}\varepsilon^{-k} = \varepsilon^{nk-k} = \varepsilon^{(n-1)k}$). 所以

$$\alpha_2 + \varepsilon^k \alpha_3 + \varepsilon^{2k} \alpha_4 + \cdots + \varepsilon^{(n-2)k} \alpha_n + \varepsilon^{(n-1)k} \alpha_1 = Y_k \varepsilon^{-k}$$

因此置换

$$\sigma = \begin{pmatrix} 1 & 2 & 3 & \cdots & n-1 & n \\ 2 & 3 & 4 & \cdots & n & 1 \end{pmatrix}$$

将 Y_k 变为 $Y_k \varepsilon^{-k}$,而 $(Y_k)^n = (Y_k \varepsilon^{-k})^n$,所以置换 σ 不改变 $(Y_k)^n$ 的值. 由于 G 中的置换均是 σ 的乘幂,所以群 G 中的所有置换都不变(根 $\alpha_1, \alpha_2, \cdots, \alpha_n$ 的)有理函数 $(Y_k)^n$ 的值. 因而 $(Y_k)^n$ 必为基域 P 中的数. 记 $(Y_k)^n = a_k$,则 a_k 属于 P,即 $Y_k = \sqrt[n]{a_k}$,$k = 1, 2, \cdots, n-1$. 另外,由韦达公式知 $Y_0 \in P$,为一致起见,记 $a_0 = Y_0$. 所以方程组(2)可写为

$$\begin{cases} \alpha_1 + \alpha_2 + \alpha_3 + \cdots + \alpha_n = a_0 \\ \alpha_1 + \varepsilon \alpha_2 + \varepsilon^2 \alpha_3 + \cdots + \varepsilon^{n-1} \alpha_n = \sqrt[n]{a_1} \\ \alpha_1 + \varepsilon^2 \alpha_2 + \varepsilon^4 \alpha_3 + \cdots + \varepsilon^{2(n-1)} \alpha_n = \sqrt[n]{a_2} \\ \vdots \\ \alpha_1 + \varepsilon^{n-1} \alpha_2 + \varepsilon^{2(n-1)} \alpha_3 + \cdots + \varepsilon^{(n-1)^2} \alpha_n = \sqrt[n]{a_{n-1}} \end{cases}$$

(3)

(这里 $a_1, a_2, \cdots, a_{n-1}$ 均为 P 中的数).

因为(3)是 $\alpha_1, \alpha_2, \cdots, \alpha_n$ 的线性方程组,并且它的

第11章　循环型方程式·阿贝尔型方程式

系数行列式不为零^①，从而由克莱姆规则，可以用 ε 以及 $Y_0, Y_1, \cdots, Y_{n-1}$ 由加、减、乘、除四则运算将 $\alpha_1, \alpha_2, \cdots, \alpha_n$ 表示出来.

实际上还可以用下面的方法具体地来计算诸根. 以
$$1, \varepsilon^{-i+1}, \varepsilon^{-2(i-1)}, \cdots, \varepsilon^{-(n-1)(i-1)}$$
依次分别乘(3)中的各式，则得 α_k 的系数为
$$c_k = 1 + \varepsilon^{k-(i-1)} + \varepsilon^{2(k-i+1)} + \cdots + \varepsilon^{(n-1)(k-i+1)}$$
如果 $k \neq i$，令 $k - i + 1 = j$，则系数
$$c_k = 1 + \varepsilon^j + \varepsilon^{2j} + \cdots + \varepsilon^{(n-1)j}$$
于 $j = 1, 2, \cdots, n$ 时均为 0. 但 α_i 的系数则为 $c_i = n$. 故得
$$\alpha_i = \frac{1}{n}(a_0 + \varepsilon^{-i+1} \sqrt[n]{a_1} + \cdots + \varepsilon^{-(p-1)(i-1)} \sqrt[n]{a_{n-1}})$$
(4)

作为定理 2.3 的补充，我们有

定理 2.4　任何不可约循环方程式的求解，均可转化为素数次循环型方程式的求解.

证明　设 $f(x)$ 是不可约的 n 次循环方程式. 由于 $f(x)$ 的既约性，知其伽罗瓦群 G 是可迁的. 因此 G 的生成元素 s 是一个轮换，用适宜的次序来排 $f(x)$ 的诸根，则可写
$$s = (\alpha_1 \alpha_2 \cdots \alpha_n) = (12 \cdots n)$$
若 p 为 n 的一个素因子且

---

①　实际上，方程组(3)的系数行列式为一范得蒙行列式，显然非零.

Abel-Ruffini 定理

$$n = mp$$

于是集合

$$G_1 = \{I, s^p, s^{2p}, \cdots, s^{(m-1)p}\}$$

形成一个群并且是 G 的正规子群. 此时我们可构造一个预解方程式

$$g_1(y) = 0$$

其次数为 p, 并且添入其一根 β 于基域 P 后, $f(x)$ 的群化为 G_1.

若 q 为 m 的一个素因子且

$$m = hq$$

则群

$$G_2 = \{I, s^{pq}, s^{2pq}, \cdots, s^{(m-1)pq}\}$$

是 G_1 的正规子群. 我们又可构造一个预解方程式

$$g_2(y) = 0$$

其次数为 q, 而系数在 $P(\beta)$ 内. 并且 $f(x)$ 的群在更大的扩域 $P(\beta)(\gamma)$ 内化为 G_2, 其中 γ 是 $g_2(y)=0$ 的根.

以此类推, 于是, 若有 $n = p^a q^b \cdots r^c$, 其中 $p, q, \cdots, r$ 为互异素数, 则方程式

$$f(x) = 0$$

的解法, 可从 $a + b + \cdots + c$ 个预解方程式中求得: 其中 a 个次数为 p, b 个次数为 q, $\cdots$, c 个次数为 r.

现在进一步指出, 所有这些预解方程式均为循环型方程式. 事实上, 因为 G 循环, 所以预解方程式 $g_1(y)=0$ 的群 $\Lambda_1 = G/G_1$ 按第 9 章 §7 定理 7.2 是循环的 (因为 $G \sim \Lambda_1$). 类似的, $g_2(y)=0$ 的群 $\Lambda_2 = G_1/G_2$ 因 G_1 循环而循环, 对其余的预解方程式也可做这样的

第11章　循环型方程式·阿贝尔型方程式

讨论.于是,每个预解方程式的群都是循环的.

§3　阿贝尔型方程式

设 $f(x)$ 的 n 个根为 $\alpha_1 = \alpha, \alpha_2, \cdots, \alpha_n$,若其各根均能表示成在基域 P 内某根的有理函数
$$\alpha_2 = \varphi_2(\alpha), \alpha_3 = \varphi_3(\alpha), \cdots, \alpha_n = \varphi_n(\alpha)$$
且这些有理函数中的任何两个均成立交换关系
$$\varphi_i[\varphi_j(\alpha)] = \varphi_j[\varphi_i(\alpha)]$$
则称这种方程式为阿贝尔型方程式.

有理数域 $\mathbf{Q}$ 上的方程式 $x^4 - 1 = 0$ 为阿贝尔型方程式,因其诸根为 $\pm 1, \pm i$. 故得 $-1 = i^2, -i = i^3, 1 = i^4$,$(i^2)^3 = (i^3)^2$ 等.

按定义,循环型方程式为阿贝尔型方程式的特殊情形.

定理 3.1　阿贝尔型方程式对其基域的伽罗瓦群是可交换的.

证明　设 $f(x) = 0$ 为阿贝尔型方程式,则其 n 个根可设为
$$\alpha_1, \alpha_2 = \varphi_2(\alpha_1), \alpha_3 = \varphi_3(\alpha_1), \cdots, \alpha_n = \varphi_n(\alpha_1) \quad (1)$$
这里 $\varphi_2, \varphi_3, \cdots, \varphi_n$ 的系数均在基域 P 内.

由 $\varphi_i[\varphi_j(\alpha_1)] = \varphi_j[\varphi_i(\alpha_1)]$ 以及(1),得出
$$\varphi_i(\alpha_j) = \varphi_j(\alpha_i)$$
设 s_i 是诸根 $\alpha_1, \alpha_2, \cdots, \alpha_n$ 间的变 α_1 为 α_i 的任一置换,于是

$$s_i(\alpha_1)=\alpha_i=\varphi_i(\alpha_1),s_j(\alpha_1)=\alpha_j=\varphi_j(\alpha_1)$$
因此得到
$$s_j[s_i(\alpha_1)]=\varphi_i(\alpha_j),s_i[s_j(\alpha_1)]=\varphi_j(\alpha_i)$$
于此有
$$s_j[s_i(\alpha_1)]=s_i[s_j(\alpha_1)]$$

以上的推理中可将 α_1 换为任何的其他根 $\alpha_k(k=2,3,\cdots,n)$,于是得恒等式
$$s_j s_i = s_i s_j$$
即诸根间的任意置换相乘满足交换性,由此方程式的伽罗瓦群为交换群.

相反的,可以证明

定理 3.2 以交换群为伽罗瓦群的不可约方程式是阿贝尔型方程式.

证明 设 $\alpha_1,\alpha_2,\cdots,\alpha_n$ 为 $g(x)$ 的根,而 G 是它的伽罗瓦群.因为 $f(x)$ 是不可约的,所以 G 是可迁的,于是按照定理 1.3 证明过程中的 1°,除 I 外,G 内不存在使任何一根不变的置换.但按定理 1.4 推论 2,G 的阶应该等于 n.于是
$$G=\{I,s_2,s_3,\cdots,s_n\}$$
其中 s_i 为变 α_1 至 α_i 的置换.

现在添加 α_1 到基域 P 上,因为群 G 内,除单位 I 之外,不存在使 α_1 不变的置换.按照伽罗瓦群的性质 I,$g(x)$ 对于数域 $P(\alpha_1)$ 的伽罗瓦群只能是单位群 $\{I\}$.既然 $\alpha_k(k=2,3,\cdots,n)$ 都不为单位群 $\{I\}$ 的置换所变,故 α_k 可表示为域 P 上 α_1 的有理函数(第 8 章,定理 5.2 推论 1),这就证明了 $P(\alpha_1)$ 是方程式 $g(x)=0$ 的正规

第11章 循环型方程式·阿贝尔型方程式

域. 于是
$$\alpha_2 = \varphi_2(\alpha_1), \alpha_3 = \varphi_3(\alpha_1), \cdots, \alpha_n = \varphi_n(\alpha_1)$$
这些等式均可看作是 P 上诸根间的一个有理关系. 于是由等式
$$\alpha_i = \varphi_i(\alpha_1), \alpha_j = \varphi_j(\alpha_1)$$
而推得
$$s_j(\alpha_i) = \varphi_i(\alpha_j), s_i(\alpha_j) = \varphi_j(\alpha_i)$$
但
$$s_j(\alpha_i) = s_j[s_i(\alpha_1)] = s_i[s_j(\alpha_1)] = s_i(\alpha_j)$$
这式子的第二个等号用到了群 G 的交换性. 于是
$$\varphi_i(\alpha_j) = \varphi_j(\alpha_i)$$
此即
$$\varphi_j[\varphi_i(\alpha_1)] = \varphi_i[\varphi_j(\alpha_1)]^{①}$$

由于定理 3.1 与定理 3.2,交换群也称为阿贝尔群.

最后,我们来指出阿贝尔关于他的方程式的著名结果:

定理 3.3 阿贝尔型方程式的求解可化为一系列循环方程式的求解.

证明 设 G 为不可约阿贝尔型方程式 $f(x) = 0$ 的群,而 s 为 G 中除单位置换外的任意置换. 今设 $s = \sigma_1 \sigma_2 \cdots \sigma_m$,按定理 1.3,这些轮换都以 $f(x) = 0$ 的 r 个

---

① 如果引用伽罗瓦群的置换到这个等式上,则得到 $\varphi_j[\varphi_i(\alpha_k)] = \varphi_i[\varphi_j(\alpha_k)], i, j, k = 1, 2, \cdots, n$. 其中 $\varphi_i(\alpha_k) = \alpha_k$. 进一步,有理函数 $\varphi_j[\varphi_i(\alpha_k)] - \varphi_i[\varphi_j(\alpha_k)]$ 如果不等于零,则其分子必可被 $f(x)$ 所整除.

根为元素（r 为轮换的长度），所以可写
$$\sigma_1=(\alpha_1\alpha_2\cdots\alpha_r), \sigma_2=(\beta_1\beta_2\cdots\beta_r),\cdots,\sigma_m=(\gamma_1\gamma_2\cdots\gamma_r)$$
其中 $\alpha,\beta,\cdots,\gamma$ 均为 $f(x)=0$ 的根.

今以 G 内任一 s_1 对 s 做变形，由 G 的交换性知
$$s_1^{-1}\cdot s\cdot s_1=s_1^{-1}\cdot s_1\cdot s=s$$
乘积 $s_1^{-1}\cdot s\cdot s_1$ 为施置换 s_1 于 s 中各轮换而得（第9章，定理4.1）. 既然经此运算后，s 不变，所以，s_1 至多仅能改变 s 中诸轮换的次序而不变诸轮换中的元素[①].

令 G_1 表示 G 中不改变轮换 σ_1 的那些置换构成的集合，则 G_1 是群 G 的一个子群，因为 G_1 中任二置换的乘积亦不变轮换 σ_1.

取数值上（形式上）属于 r 次循环群 $\Sigma=\{\sigma_1^0,\sigma_1^1,\cdots,\sigma_1^{r-1}\}$ 的任一有理函数 $\varphi(x_1,x_2,\cdots,x_r)$ 并在 n 次置换群 G 中来考虑函数（作为根 $\alpha_1,\cdots,\alpha_r,\beta_1,\cdots,\beta_r,\cdots,\gamma_1,\cdots,\gamma_r$ 的函数）
$$\rho_1=\varphi(\alpha_1,\alpha_2,\cdots,\alpha_r)$$
容易明白，ρ_1 的值（形式）不为 G_1 中的置换所变，而且 G_1 包含了所有这种性质的置换. 如此，G_1 为 ρ_1 的数值上（形式上）的特征不变群. 于是若将 ρ_1 添入基域 P，则 $f(x)=0$ 的群即化为 G_1. 因为没有能变 α_k 为不在轮换 σ_1 的根的置换，所以 G_1 为非可迁群，从而方程式 $f(x)=0$ 在数域 $P(\rho_1)$ 内可约.

我们来证明函数 $f(x,\rho_1)=(x-\alpha_1)(x-\alpha_2)\cdots(x-$

[①] 这句话的意思是 s_1 不能将诸轮换中的元素变到另一轮换的元素. 还要注意的是 s 中诸轮换的乘积满足交换性.

第 11 章 循环型方程式·阿贝尔型方程式

α_r)的系数在 $P(\rho_1)$ 内. 既然 G_1 不变 σ_1，即是说其置换仅能使 $\alpha_1,\alpha_2,\cdots,\alpha_r$ 重新排列，所以 $f(x,\rho_1)$ 不为 G_1 的任何置换所变，按伽罗瓦群的性质 II，$f(x,\rho_1)$ 的系数在 $P(\rho_1)$ 内.

如前所述，既然 G 的置换，仅能变 s 中某些轮换为其中另一些轮换. 所以将 G 的所有置换施行于函数 $\rho_1=\varphi(\alpha_1,\alpha_2,\cdots,\alpha_r)$ 后，则得到 m 个共轭值（共轭式）

$$\rho_1=\varphi(\alpha_1,\alpha_2,\cdots,\alpha_r)$$
$$\rho_2=\varphi(\beta_1,\beta_2,\cdots,\beta_r)$$
$$\vdots$$
$$\rho_m=\varphi(\gamma_1,\gamma_2,\cdots,\gamma_r)$$

作与前面 $f(x,\rho_1)$ 同样的证明，可以知道函数

$$f(x,\rho_2)=(x-\beta_1)(x-\beta_2)\cdots(x-\beta_r)$$
$$\vdots$$
$$f(x,\rho_m)=(x-\gamma_1)(x-\gamma_2)\cdots(x-\gamma_r)$$

的各系数在 $P(\rho_2),\cdots,P(\rho_m)$ 内. 于是在 $P(\rho_1,\rho_2,\cdots,\rho_m)$ 内，$f(x)$ 可分解为诸因子

$$f(x)=f(x,\rho_1)f(x,\rho_2)\cdots f(x,\rho_m)$$

现在来找 $f(x,\rho_1)$ 的群，任取诸根 $\alpha_1,\alpha_2,\cdots,\alpha_r$ 的系数在 $P(\rho_1)$ 内的有理函数 $\phi(\alpha_1,\alpha_2,\cdots,\alpha_r)$，假设 $\phi(\alpha_1,\alpha_2,\cdots,\alpha_r)$ 的值（形式）在循环群 Σ 的所有置换下都不变，则 ϕ 可用 ρ_1 以及 $f(x,\rho_1)$ 的系数有理地表示出来(第 8 章，定理 5.2)，换句话说，$\phi(\alpha_1,\alpha_2,\cdots,\alpha_r)$ 的值含在数域 $P(\rho_1)$ 内. 按伽罗瓦群的性质 II，$f(x,\rho_1)=0$ 对于 $P(\rho_1)$ 的群为 Σ 或为其一子群，但循环群

309

不能有可迁子群①,所以不可约方程式 $f(x,\rho_1)=0$ 为循环型方程式. 同样的原因, $f(x,\rho_2)=(x-\beta_1)(x-\beta_2)\cdots(x-\beta_r)$, $\cdots$, $f(x,\rho_m)=(x-\gamma_1)(x-\gamma_2)\cdots(x-\gamma_r)$ 均为循环型方程式.

由第 8 章定理 5.3,诸值 $\rho_1,\rho_2,\cdots,\rho_m$ 为 P 内 r 次不可约方程式 $F(y)=0$ 的根. 并且由原方程式伽罗瓦群 G 的交换性知道预解方程式 $F(y)=0$ 对于 P 的群亦是交换的,就是说 $F(y)=0$ 为阿贝尔型方程式.

以上我们证明了阿贝尔型方程式的求解,可以转化为一些循环方程式以及一个较低次的阿贝尔型方程式的求解,对于后面出现的阿贝尔型方程式亦可以采用同样的方法. 由于最低次的阿贝尔型方程式 —— 二次方程式 —— 是循环的,根据归纳法最后 $f(x)=0$ 的求解可以化为一系列循环方程式的求解.

为了说明化阿贝尔型方程式为循环方程式的过程,我们来考虑方程式有理数域上的方程式 $x^4+1=0$,它的群为
$$G_4=\{I,(12)(34),(13)(24),(14)(23)\}$$
(参见第 8 章,§7)

而其根为 $\alpha_1=\dfrac{1}{2}\sqrt{2}(1+i)$, $\alpha_2=-\dfrac{1}{2}\sqrt{2}(1-i)$, $\alpha_3=-\alpha_1$, $\alpha_4=-\alpha_2$. 令 $s=(\alpha_1\alpha_2)(\alpha_3\alpha_4)$, $\sigma_1=(\alpha_1\alpha_2)$, $\sigma_2=(\alpha_3\alpha_4)$. $\rho_1=\alpha_1\alpha_2^2+\alpha_2\alpha_1^2$, $\rho_2=\alpha_3\alpha_2^2+\alpha_2\alpha_3^2$, $G_1=\{I,$

---

① 设 H 为循环群,若 H 本身可迁,则按定理 1.4 推论 2,它的阶应等于它的次数(循环群必为交换群),于是它任一真子群小于其次数而不能为可迁群;若 H 非可迁,则其子群更加不能为可迁群.

第 11 章 　循环型方程式·阿贝尔型方程式

$(\alpha_1\alpha_2)(\alpha_3\alpha_4)\}$. 这里 ρ_1 与 ρ_2 为 $y^2+2=0$ 之根, 即 $\rho_1=\sqrt{2}\,\mathrm{i}$, $\rho_2=-\sqrt{2}\,\mathrm{i}$. 则 $f(x,\mathrm{i})=x^2-\mathrm{i}=0$, $f(x,-\mathrm{i})=x^2-\mathrm{i}=0$ 二者均为循环方程式.

§4　循环方程式与不变子群·方程式解为根式的充分条件

相应于第 9 章 §3 末尾的讨论, 我们来证明

定理 4.1　若数域 P 上的方程式 $f(x)=0$ 的群 G 有一不变子群 H, 其指数为素数 p, 则存在一 p 次循环方程式, 使 P 添入其一根后, 伽罗瓦群 G 缩减为 H.

证明　设群 G 有一指数为素数 p 的不变子群 H. 今取 H 的特征不变值 φ, 并设其在 G 下的共轭值为 φ_2, φ_3, $\cdots$, φ_p. 按第 9 章定理 5.2, P 上的预解方程式

$$g(y)=(y-\varphi)(y-\varphi_2)\cdots(y-\varphi_p)=0 \quad (1)$$

的群为 G 对不变子群 H 的商群 G/H, 其阶为 p. 但素数阶的群是循环的, 于是方程式(1)是循环的. 这就找到了我们需要的方程式.

以上定理的逆叙述, 其实也是正确的. 即

定理 4.2　若数域 P 上的方程式 $f(x)=0$ 的群 G, 经素数 p 次循环方程式的一根添加而缩减为 H, 则 H 是群 G 的不变子群, 其指数为素数 p.

证明　设 $f(x)=0$ 没有重根(可约与否可不论). 令 $h(x)=0$ 为 P 上的循环方程式, 而次数为素数 p. 假定添加 $h(x)=0$ 的一个根 β, 化群 G 为其子群 H(指数

Abel-Ruffini 定理

为 v). 并设 $h(x)=0$ 的 p 个根为 $\beta_1 = \beta, \beta_2, \cdots, \beta_p$.

依第 8 章定理 6.2 的推论 $2, h(x)=0$ 的次数 p 为指数 v 的倍数. 因 p 是素数, 且 v 大于 1, 故得 $v=p$.

设 φ 属于子群 H, 则 φ 为 P 内 β 的函数 (第 8 章定理 6.2), 并且域 $P(\varphi)$ 为域 $P(\beta)$ 的子域. 按照次数定理 (第 3 章定理 6.2), 次数 $(P(\varphi):P)$ 为 $(P(\beta):P)$ 的因子, 但次数 $(P(\beta):P)$ 为素数, 故 $P(\varphi)$ 与 $P(\beta)$ 重合: $P(\varphi)=P(\beta)$. 这就是说, 不仅 φ 为 P 上 β 的函数, β 亦为 P 上 φ 的函数, 于是 β 是方程式 $f(x)=0$ 诸根的函数, 既然, $f(x)=0$ 在 $P(\beta)$ 上的伽罗瓦群为 H, 所以 β 与 φ 一样, 属于群 H.

施 G 之诸置换于函数 β, 得次之互异诸值: $\beta, \beta_2', \cdots, \beta_p'$ (注意到 $v=p$). 由第 8 章定理 5.3, 这些值为一不可约方程式的根. 这个方程式与不可约方程式 $h(x)=0$ 相同 (可能相差一个常数因子), 因为它们有公共根 β. 于是根集 $\{\beta, \beta_2', \cdots, \beta_p'\}$ 与 $\{\beta, \beta_2, \cdots, \beta_p\}$ 相同.

令 s_i 为 G 内变 β 为 β_i 的置换, 则 $\beta_2, \beta_3, \cdots, \beta_p$ 的特征不变群分别为 (第 9 章定理 3.1)

$$s_2^{-1} H s_2, s_3^{-1} H s_3, \cdots, s_p^{-1} H s_p.$$

但 $\beta, \beta_2, \cdots, \beta_p$ 为同一循环方程式的根, 按定理 2.1 可写

$$\beta_2 = g(\beta_1), \beta_3 = g(\beta_2), \cdots, \beta_p = g(\beta_{p-1}), \beta_1 = g(\beta_p)$$

这里 $g(x)$ 是系数在 P 内的某一有理函数. 于是不变 β_1 的置换亦不变 β_2, 从而

$$s_2^{-1} H s_2 \supseteq H$$

312

第 11 章　循环型方程式·阿贝尔型方程式

同样的可以得到
$$s_3^{-1} H s_3 \supseteq s_2^{-1} H s_2, \cdots, s_p^{-1} H s_p \supseteq$$
$$s_{p-1}^{-1} H s_{p-1}, H \supseteq s_p^{-1} H s_p$$
所以，最后我们得出
$$H = s_2^{-1} H s_2 = \cdots = s_p^{-1} H s_p$$
这些等式表明了 H 是 G 的不变子群.

现在我们来证明第 9 章 §3 定理 3.3 中的条件亦是充分的. 设方程式 $f(x)=0$ 关于基域 P 的伽罗瓦群 G 可解
$$G = G_0 \supseteq G_1 \supseteq G_2 \supseteq \cdots \supseteq G_k = \{I\}$$
这里 G_i 是 G_{i-1} 的正规子群，并且 $[G_{i-1} : G_i] = p_i$ 均是素数. 于是可写

伽罗瓦群	不变式	预解方程式
G	$a_1, \cdots, a_n$	
$p_1 \bigcup$		
G_1	$\beta = \beta(\alpha_1, \cdots, \alpha_n)$	$\beta^{p_1} + r_1(a_1, \cdots, a_n)\beta^{p_1-1} + \cdots = 0$
$p_2 \bigcup$		
G_2	$\gamma = \gamma(\alpha_1, \cdots, \alpha_n)$	$\gamma^{p_2} + r_2(\beta, a_1, \cdots, a_n)\gamma^{p_2-1} + \cdots = 0$
$p_3 \bigcup$		
$\vdots$	$\vdots$	$\vdots$
$p_{k-1} \bigcup$		
G_{k-1}	$\delta = \delta(\alpha_1, \cdots, \alpha_n)$	$\delta^{p_{k-1}} + \cdots = 0$
$p_k \bigcup$		
G_k	$\xi = \xi(\alpha_1, \cdots, \alpha_n)$	$\xi^{p_k} + r_k(\delta, a_1, \cdots, a_n)\xi^{p_k-1} + \cdots = 0$

按照定理 4.1 的证明过程，上面的诸预解方程式均为循环型方程式(它们的群 $G/G_1, G_1/G_2, \cdots, G_{k-1}/G_k$ 均循环). 按定理 2.3，这些方程式是可以根式求解的. 如此，原方程式 $f(x)=0$ 亦可根式求解.

这得到了伽罗瓦的著名定理的另一部分：

定理 4.3　一个代数方程式可根式求解的充分条件是它的伽罗瓦群 G 可解
$$G = G_0 \supseteq G_1 \supseteq G_2 \supseteq \cdots \supseteq G_s = \{I\}$$
这里任一群均为其前一群的不变子群，且指数为素数.

抽象的观点・伽罗瓦理论

第 12 章

§1 同构及其延拓

首先引入同构这个很重要的概念. 设已知两个集合 M 和 M', 每一个集合里面都定义了一个代数运算. 我们将把这两个集合里的运算都叫作乘法. 假如存在着一个 M 到 M' 的一一映射, 而且在这个映射之下, M 中任意元素的积与 M' 中的相应元素的积相对应. 说得明白些, 如果与 M 中的元素 a,b 相对应的 M' 中的元素是 a',b', 且

$$ab = c, a'b' = c'$$

则在这个映射下, 与集合 M 中的元素 c 相对应的, 不是 M' 中任何其他元素而恰是元素 c'. 在这样的情形下, 我们就说集合 M 和 M' 关于这个乘法同构, 简称 M 和 M' 同构. 这样一个映

射,我们称作集合 M 和 M' 之间的同构映射.集合 M 和 M' 同构这个事实,我们用记号 $M \cong M'$ 来表示.

很显然,每一个带代数运算的集合都与它自身同构:只要取这个集合的恒等自身映射当作同构映射就行了.其次,同构关系是对称的——由 $M \cong M'$,即可得出 $M' \cong M$;它也是传递的——由 $M \cong M'$,$M' \cong M''$,可得出 $M \cong M''$.相互同构的带有代数运算的集合不同之处,仅在于其元素的性质不同,或是因为运算的名称和用来表示运算的符号不一样.但从运算的性质来看,它们是完全没有区别的:即对于带运算的某一集合,凡是可以根据这运算的性质而不必利用元素的特性来证明的那些结论,都可以自动地转移到所有和这个集合同构的集合上去.因此,在今后我们将把相互同构的集合看作是带同一运算集合的不同样品,这样我们就将代数运算划分出来作为真正的研究对象.只有在造各种各样的具体例子的时候,我们才不得不讨论具体的集合以及根据这些集合中元素的特性来定义的运算.

现在再来讲同构的延拓这一很重要的概念.它在研究方程式群的进一步的性质是不可少的.

设 P 与 $\overline{P}$ 是两个数域,如果对于数的加法和乘法来说,集合 P 与 $\overline{P}$ 均同构,则我们说数域 P 与 $\overline{P}$ 同构,记为 $P \cong \overline{P}$.同样的,称多项式集合 $P[x]$ 与 $\overline{P}[x]$ 同构,如果对于多项式的加法和乘法来说,集合 $P[x]$ 与 $\overline{P}[x]$ 均同构.

如果域 P 的每个在同构 $P \cong \overline{P}$ 之下反映为 $\overline{a}$ 的元

第 12 章 抽象的观点·伽罗瓦理论

素在同构 $P[x] \cong \overline{P}[x]$ 之下仍反映为 $\overline{a}$,则我们称同构 $P[x] \cong \overline{P}[x]$ 为同构 $P \cong \overline{P}$ 的延拓.

我们指出下面这同构延拓的性质:

定理 1.1　如果 P 与 $\overline{P}$ 是同构的域,则多项式集合 $P[x]$ 可以同构反映为多项式集合 $\overline{P}[x]$,使同构 $P[x] \cong \overline{P}[x]$ 成为同构 $P \cong \overline{P}$ 的延拓.

证明　设在同构 $P \cong \overline{P}$ 之下域 P 的元素 a 反映为域 $\overline{P}$ 的元素 $\overline{a}: a \to \overline{a}$. 于是 $P[x]$ 中的任意一多项式 $f(x) = a_0 + a_1 x + \cdots + a_m x^m$ 可以令与 $\overline{P}[x]$ 中的多项式 $\overline{f}(x) = \overline{a_0} + \overline{a_1} x + \cdots + \overline{a_m} x^m$ 对应

$$f(x) = a_0 + a_1 x + \cdots + a_m x^m \to$$
$$\overline{f}(x) = \overline{a_0} + \overline{a_1} x + \cdots + \overline{a_m} x^m \tag{1}$$

读者不难验证,(1) 是 $P[x]$ 与 $\overline{P}[x]$ 间的一一映射. 我们来证明 (1) 是集合 $P[x]$ 与 $\overline{P}[x]$ 的一个同构.

事实上,如果 $g(x) = b_0 + b_1 x + \cdots + b_h x^h$ 是 $P[x]$ 中又一个任意的多项式,则

$$g(x) = b_0 + b_1 x + \cdots + b_h x^h \to$$
$$\overline{g}(x) = \overline{b_0} + \overline{b_1} x + \cdots + \overline{b_h} x^h$$

设,例如说 $h \leqslant m$. 于是

$$f(x) + g(x) = c_0 + c_1 x + \cdots + c_m x^m$$

这里 $c_i = a_i + b_i$,并且在 $h < m$ 的时候须令 $b_{h+1} = \cdots = b_m = 0$. 由此有

$$f(x) + g(x) \to \overline{c_0} + \overline{c_1} x + \cdots + \overline{c_m} x^m = \overline{f}(x) + \overline{g}(x)$$

同样可以证明,$f(x) g(x) \to \overline{f}(x) \overline{g}(x)$.

剩下只要证明,$P[x] \cong \overline{P}[x]$ 是同构 $P \cong \overline{P}$ 的延拓.

我们来考查多项式 $f(x)=a$,这里 a 是 P 的元素. 对它对应(1)取 $a \to \bar{a}$ 的形式,可见在同构 $P[x] \cong \bar{P}[x]$ 之下 P 的元素 a 仍反映为域 $\bar{P}$ 的元素 $\bar{a}$.

现在来看同构的延拓的第二种性质,我们指出,如果 $f(x)$ 是域 P 上的一个多项式,则 $\bar{f}(x)$ 我们总是理解为同构域 $\bar{P}$ 上这样的多项式,它是定理 1.1 中所说的同构 $P[x] \cong \bar{P}[x]$ 之下 $f(x)$ 的映像.

我们还指明,如果 $p(x)$ 是 P 上的一个不可约多项式,则按定理 1.1 多项式 $\bar{p}(x)$ 在 $\bar{P}$ 上亦不可约.

定理 1.2 如果 P 与 $\bar{P}$ 是同构的域,θ 是 P 上不可约的多项式 $p(x)$ 的根,而 $\bar{\theta}$ 是多项式 $\bar{p}(x)$ 的根,则同构 $P \cong \bar{P}$ 可以延拓为同构 $P(\theta) \cong \bar{P}(\bar{\theta})$,并且在这同构之下 θ 将映射为 $\bar{\theta}$.

证明 设多项式 $p(x)$ 的次数等于 k. 于是代数扩张 $P(\theta)$ 中的任意一个元素 γ 将以唯一的方式表为

$$\gamma = a_0 + a_1\theta + \cdots + a_{k-1}\theta^{k-1} \quad (a_i \text{ 是 } P \text{ 中的元素})$$

的形式(参阅第 3 章定理 5.1:简单代数扩域结构定理). 设在同构 $P \cong \bar{P}$ 之下元素 a_i 映射为 $\bar{a_i}$. 我们令元素 γ 与域 $\bar{P}(\bar{\theta})$ 的元素 $\bar{\gamma} = \bar{a_0} + \bar{a_1}\bar{\theta} + \cdots + \bar{a_{k-1}}\bar{\theta}^{k-1}$ 对应

$$\gamma = a_0 + a_1\theta + \cdots + a_{k-1}\theta^{k-1} \to$$
$$\bar{\gamma} = \bar{a_0} + \bar{a_1}\bar{\theta} + \cdots + \bar{a_{k-1}}\bar{\theta}^{k-1} \quad (2)$$

我们来证明对应(2)是一个同构 $P(\theta) \cong \bar{P}(\bar{\theta})$.

设扩张 $P(\theta)$ 的任何元素 δ 与 γ 映射为同一个元素:$\delta \to \bar{\gamma}$. 于是,如果 $\delta = b_0 + b_1\theta + \cdots + b_{k-1}\theta^{k-1}$,则

$$\delta \to \bar{b_0} + \bar{b_1}\bar{\theta} + \cdots + \bar{b_{k-1}}\bar{\theta}^{k-1} =$$

第 12 章　抽象的观点・伽罗瓦理论

$$\overline{\gamma} = \overline{a_0} + \overline{a_1}\,\overline{\theta} + \cdots + \overline{a_{k-1}}\,\overline{\theta}^{k-1}$$

但多项式 $\overline{p}(x)$ 在 $\overline{P}$ 上不可约,所以,$\overline{\gamma}$ 应该以唯一方式表为 $\overline{\theta}$ 的多项式的形式,而这多项式次数不超过 $k-1$,并且系数属于 $\overline{P}$. 因此,$\overline{a_0} = \overline{b_0}, \overline{a_1} = \overline{b_1}, \cdots, \overline{a_{k-1}} = \overline{b_{k-1}}$,即 $\delta = \gamma$.

显然,对 $\overline{P}(\overline{\theta})$ 中任何元素,可以在 $P(\theta)$ 中指出这样一个元素 γ,这元素就是 $\overline{\gamma}$ 与之成对应的.

所有这些综合起来,就表示(2)是 $P(\theta)$ 与 $\overline{P}(\overline{\theta})$ 间的一种双方单值的对应.

现在我们由扩张 $P(\theta)$ 中取两个任意的元素

$$\gamma_1 = a_0 + a_1\theta + \cdots + a_{k-1}\theta^{k-1}$$

及

$$\gamma_2 = b_0 + b_1\theta + \cdots + b_{k-1}\theta^{k-1}$$

这些元素将有代数扩张 $\overline{P}(\overline{\theta})$ 中的元素

$$\overline{\gamma_1} = \overline{a_0} + \overline{a_1}\,\overline{\theta} + \cdots + \overline{a_{k-1}}\,\overline{\theta}^{k-1}$$
$$\overline{\gamma_2} = \overline{b_0} + \overline{b_1}\,\overline{\theta} + \cdots + \overline{b_{k-1}}\,\overline{\theta}^{k-1}$$

与之对应,因此

$$\gamma_1 + \gamma_2 = (a_0 + b_0) + (a_1 + b_1)\theta + \cdots + (a_{k-1} + b_{k-1})\theta^{k-1}$$

这和将与

$$(\overline{a_0} + \overline{b_0}) + (\overline{a_1} + \overline{b_1})\overline{\theta} + \cdots + (\overline{a_{k-1}} + \overline{b_{k-1}})\overline{\theta}^{k-1} = \overline{\gamma_1} + \overline{\gamma_2}$$

对应.

同样我们可证明,乘积 $\gamma_1\gamma_2$ 应该与乘积 $\overline{\gamma_1}\,\overline{\gamma_2}$ 对应. 可见对应(2)是一个同构 $P(\theta) \cong \overline{P}(\overline{\theta})$.

我们来证明,同构 $P(\theta) \cong \overline{P}(\overline{\theta})$ 是同构 $P \cong \overline{P}$ 的延拓. 事实上,如果 γ 是域 P 的元素,则 $\gamma = a_0$,并且对这

些元素 a_0 而言对应 (2) 取 $a \to \bar{a}$ 的形式. 如此, 在同构 $P(\theta) \cong P(\bar{\theta})$ 之下域 P 的元素的映射如同在同构 $P \cong P$ 之下一样.

最后, 对应 (2) 显然把元素 θ 变为 $\bar{\theta}$.

§2 以同构的观点论伽罗瓦群

方程式的伽罗瓦群这个概念还可以由稍微不同的观点来讲它.

设 $f(x)=0$ 是数域 P 上的一个 n 次代数方程式, $\alpha_1, \alpha_2, \cdots, \alpha_n$ 是它的 n 个两两不同的复根, 而 Ω 是 $f(x)=0$ 的正规域.

正规域 Ω 到它自身上的一个一一映射, 叫作方程式 $f(x)=0$ 对 P 而言的正规域 Ω 的一个自同构: 假如对于正规域的每一对元素, 它们的和映射到和, 积映射到积, 并且域 P 的每一个元素映射到它自身. 我们通常以小写拉丁字母 h, g 等来表示自同构, 以与置换有区别. 在此如果自同构 h 把 Ω 的元素 ω 映射为 ω', 则我们把这情况写成等式的形式如下

$$\omega h = \omega'$$

如此, 上面所说自同构的性质可以写成公式

$$(\omega_1 + \omega_2)h = \omega_1 h + \omega_2 h$$

$$(\omega_1 \cdot \omega_2)h = \omega_1 h \cdot \omega_2 h$$

$$ah = a (\omega_1, \omega_2 \in \Omega, a \in P)$$

这里 $\omega_1 h$ 是在映射 h 下的元素所对应的元素.

第 12 章   抽象的观点·伽罗瓦理论

现在我们来讲述 Ω 的自同构的乘法概念. 设 h_1 与 h_2 是域 Ω 的两个任意的自同构并设
$$\omega h_1 = \omega', \omega' h_2 = \omega''$$
于是 $\omega \to \omega''$ 这对应关系是一一的对应,并且在这里有 $\omega_1 + \omega_2 \to \omega''_1 + \omega''_2, \omega_1 \omega_2 \to \omega''_1 \omega''_2$,而 P 中的元素不变,换句话说,这对应关系成为域 Ω 的一个自同构;我们将表之以 $h_1 h_2$ 并称之为自同构 h_1 与 h_2 的乘积.

我们来证明

定理 2.1   正规域 Ω 的自同构的集合 H 对于刚才所说的这种乘法运算而言形成一个群,这群在同构的观点下与方程式 $f(x)=0$ 的群重合.

我们取方程式 $f(x)=0$ 的根之间的在 P 上的任一有理关系 $r(\alpha_1, \alpha_2, \cdots, \alpha_n)=0$ 并且来考察在正规域 Ω 的自同构 h 之下这个关系如何. 既然自同构 h 保持域 Ω 的代数运算并且不变动域 P 的元素,则自同构 h 把关系 $r(\alpha_1, \alpha_2, \cdots, \alpha_n)=0$ 变为关系 $r(\alpha_1 h, \alpha_2 h, \cdots, \alpha_n h)=0$. 其次,因为 α_i 是方程式 $f(x)=0$ 的根,即 $f(\alpha_i)=0$. 于是,自同构 h 把等式 $f(\alpha_i)=0$ 变为 $f(\alpha_i h)=0$. 可见 $\alpha_i h$ 亦是方程式 $f(x)=0$ 的根,即 $\alpha_i h = \alpha_{j_i}$. 此时如果 $i \neq k$,则 $\alpha_i h \neq \alpha_k h$. 因为 h 是一一对应. 如此,自同构 h 引起方程式 $f(x)=0$ 的根的一个置换
$$s = \begin{pmatrix} 1 & 2 & \cdots & n \\ i_1 & i_2 & \cdots & i_n \end{pmatrix}$$
它使关系 $r(\alpha_1, \alpha_2, \cdots, \alpha_n)=0$ 变为关系 $r(\alpha_{i_1}, \alpha_{i_2}, \cdots, \alpha_{i_n})=0$. 换句话说,自同构 h 引起方程式 $f(x)=0$ 的群 G 的一个置换 s. 我们令这置换 s 与 h 成对应

Abel-Ruffini 定理

$$h \to s \qquad (1)$$

于是来证明，对应关系(1)是集合 H 与 G 之间的同构.

设 g 是 Ω 到自身的又一个同构且设 g 与自同构 h 同时对应于置换 $s: g \to s$. Ω 中任何元素是 P 上 α_1, $\alpha_2, \cdots, \alpha_n$ 的多项式

$$\omega = f(\alpha_1, \alpha_2, \cdots, \alpha_n)$$

所以

$$\omega h = f(\alpha_1 h, \alpha_2 h, \cdots, \alpha_n h)$$
$$= f(\alpha_{i_1}, \alpha_{i_2}, \cdots, \alpha_{i_n})$$
$$= f(\alpha_1 g, \alpha_2 g, \cdots, \alpha_n g) = \omega g$$

既然 ω 是任意的，则由此又 $h = g$.

其次，容易证明，对 G 中任一置换 s 可以指出正规域 Ω 的一个这样的自同构 h，使得 $h \to s$. 事实上，如果

$$s = \begin{bmatrix} 1 & 2 & \cdots & n \\ i_1 & i_2 & \cdots & i_n \end{bmatrix}$$

则置换 s 把 Ω 中一个任意的元素 $\omega = f(\alpha_1, \alpha_2, \cdots, \alpha_n)$ 变为 $\omega' = f(\alpha_{i_1}, \alpha_{i_2}, \cdots, \alpha_{i_n})$. 在元素 ω 以方程式 $f(x) = 0$ 的根的另一个式子 $\omega = g(\alpha_1, \alpha_2, \cdots, \alpha_n)$ 表出时置换 s 变 ω 为同一个元素 ω'. 这是因为方程式 $f(x) = 0$ 的根之间的关系

$$f(\alpha_1, \alpha_2, \cdots, \alpha_n) = g(\alpha_1, \alpha_2, \cdots, \alpha_n)$$

不应该因群 G 的置换 s 而被破坏. 如此，置换 s 引起

$$\omega \to \omega' \qquad (2)$$

这对应关系，它与 ω 的以方程式 $f(x) = 0$ 的根来表出的方法无关，并且显然如果 a 是 P 的一个元素，则 $a \to a$. 现在我们取出 Ω 的另一个元素 θ. 如果 $\theta \to \omega'$，则逆

第 12 章 抽象的观点·伽罗瓦理论

置换 s^{-1} 将变同一个元素 ω' 为不同的元素 ω 与 θ，这是不可能的，因为我们刚才证明了，群 G 的每个置换应该变 ω' 为同一个元素，与 ω' 以方程式 $f(x)=0$ 的根表出的方法无关，故在特例 s^{-1} 亦应该如此. 所以，对应(2) 不仅是单值的，而且是双方单值的. 最后，对任意一个 ω'，可以指出这样一个 ω，使 $\omega \to \omega'$. 即，这样的元素将是由 ω' 施以逆置换 s^{-1} 的结果所得的元素，如此，我们证明了对应关系(2) 无非就是一个域 Ω 在其本身上的双方单值的映射，它保持域 P 的元素不变.

我们来证明，对应关系(2) 就是所求的自同构 h. 事实上，如果 $\omega \to \omega'$ 并且 $\theta \to \theta'$，则置换 s 变和 $\omega + \theta = f(\alpha_1, \alpha_2, \cdots, \alpha_n) + g(\alpha_1, \alpha_2, \cdots, \alpha_n)$ 为

$$f(\alpha_{i_1}, \alpha_{i_2}, \cdots, \alpha_{i_n}) + g(\alpha_{i_1}, \alpha_{i_2}, \cdots, \alpha_{i_n}) = \omega' + \theta'$$

因此 $\omega + \theta \to \omega' + \theta'$. 同样可证，$\omega\theta \to \omega'\theta'$. 所有这些论证都指明对应关系(1)是集合 H 与 G 间的一种双方单值的对应关系.

剩下只要证明，对应关系(1)是否满足同构的条件. 设

$$h \to s = \begin{pmatrix} 1 & 2 & \cdots & n \\ i_1 & i_2 & \cdots & i_n \end{pmatrix}; g \to t = \begin{pmatrix} i_1 & i_2 & \cdots & i_n \\ j_1 & j_2 & \cdots & j_n \end{pmatrix}$$

于是对 Ω 中任意一元素 $\omega = f(\alpha_1, \alpha_2, \cdots, \alpha_n)$ 我们得

$$\omega(hg) = (\omega h)g = f(\alpha_{i_1}, \alpha_{i_2}, \cdots, \alpha_{i_n})g$$
$$= f(\alpha_{j_1}, \alpha_{j_2}, \cdots, \alpha_{j_n}) = \omega'$$

由此可见，元素 ω' 可由元素 ω 经置换

$$\begin{pmatrix} 1 & 2 & \cdots & n \\ j_1 & j_2 & \cdots & j_n \end{pmatrix} = st$$

而得. 所以, $hg \to st$.

这样, H 与 G 已证明是同构的. 由于这种情况我们对 G 于 H 可以不加区别并且在必要时把方程式 $f(x)=0$ 的群理解为它的正规域 Ω 关于域 P 的自同构群[①]. 既然自同构群 H 只与域 Ω 以及域 P 有关, 则我们有时将称 G(及 H) 为正规域 Ω 关于 P 的群.

§3 正规域的性质·正规扩域

在做方程式群的进一步研究之先, 我们指出正规域 Ω 及代数扩张的一些性质.

定理 3.1 正规域 Ω 的任意一个元素 ω 是某一个在 P 上不可约多项式的根.

证明 既然 ω 是域 Ω 的一个元素, 它可以用 P 上基本方程式 $f(x)=0$ 的根的多项式的形式表出之
$$\omega = F(\alpha_1, \alpha_2, \cdots, \alpha_n)$$
在 $F(\alpha_1, \alpha_2, \cdots, \alpha_n)$ 上施以对称群 S_n 的所有可能的置换, 我们得到域 Ω 的 $n!$ 个元素
$$\theta_1 = \omega, \theta_2, \cdots, \theta_{n!}$$

---

① 伽罗瓦本人是将方程式 $f(x)=0$ 的群定义为保持 $f(x)$ 的根 $\alpha_1, \alpha_2, \cdots, \alpha_n$ 之间的全部有理关系的、根集 $\{\alpha_1, \alpha_2, \cdots, \alpha_n\}$ 上的所有置换构成的群; 将方程式 $f(x)=0$ 的群定义为正规域 Ω 关于域 P 的自同构群是戴德金的贡献. 这种现代形式的定义使得伽罗瓦群的计算更具有可操作性; 因为从计算的角度看, 要确定 "$f(x)$ 的根 $\alpha_1, \alpha_2, \cdots, \alpha_n$ 之间的全部有理关系" 是困难的. 当然, 将伽罗瓦的原始思想理解清楚了也恰好是我们今天普遍使用的戴德金的定义.

第 12 章 抽象的观点·伽罗瓦理论

于是我们来做成辅助方程式

$$g(x)=(x-\theta_1)(x-\theta_2)\cdots(x-\theta_{n!})=0$$

根据对称多项式的基本定理不难证明 $g(x)$ 是 P 上的多项式. 同时 $g(x)$ 有 ω 为其根之一. 显然, ω 亦是多项式 $g(x)$ 的(在 P 中)不可约因子之一的根, 如此这定理就证明了.

定理 3.2 如果在 P 中不可约的多项式 $p(x)$ 的某根 ω 在正规域 Ω 内, 则 $p(x)$ 的所有根都在 Ω 内.

证明 像上面一样, 我们在 P 上做一个辅助多项式 $g(x)$, 使其一个根为 ω. 一方面, 多项式 $g(x)$ 的所有根都在域 Ω 内. 另一方面, $g(x)$ 与 $p(x)$ 有公共根 ω, 所以由 $p(x)$ 的不可约性知 $g(x)$ 应能被 $p(x)$ 除尽. 但在这场合 $p(x)$ 的根应该属于 $g(x)$ 的根之集合. 由此推知, $p(x)$ 的根应该在 Ω 内.

定理 3.2 表明, 正规域作为扩域具有某种特殊性质, 现在给予满足这种性质的扩域一个特殊名称.

定义 2.1 设 K 是 P 的有限扩域. 如果每一个在 P 上不可约多项式 $p(x)$ 的根或全不含在 K 内, 或全含于 K 内, 则称 K 为 P 的正规扩域.

一个域的扩张并不一定是正规扩张. 例如 $-\sqrt[4]{2}\mathrm{i}$ 是方程式 $x^4-2=0$ 的根, 但这个多项式的四个根 $\sqrt[4]{2}$, $\sqrt[4]{2}\mathrm{i}$, $-\sqrt[4]{2}$, $-\sqrt[4]{2}\mathrm{i}$ 中, $\sqrt[4]{2}\mathrm{i}$ 和 $-\sqrt[4]{2}\mathrm{i}$ 都不在 $\mathbf{Q}(\sqrt[4]{2})$ 中, 就是说 $\mathbf{Q}$ 的根式扩域 $\mathbf{Q}(\sqrt[4]{2})$ 不是正规扩域. 但更大的扩域 $\mathbf{Q}(\sqrt[4]{2},\sqrt[4]{2}\mathrm{i})$ 是 $\mathbf{Q}$ 的正规扩域.

由这个定义, 我们可以说, P 上不可约多项式

$f(x)$ 的正规域 Ω 是域 P 的正规扩域. 有趣的是, 这句话的反面也是正确的, 于是有如下定理:

定理 3.3 K 是域 P 的正规扩域当且仅当 K 是 P 上某个多项式的正规域.

条件的充分性前面已经指出. 现在来证明必要性: 事实上, 既然 K 是 P 的正规扩域, 则它首先是 P 的有限扩域, 于是可设 $K = P(\alpha_1, \alpha_2, \cdots, \alpha_n)$, 而 α_1, $\alpha_2, \cdots, \alpha_n$ 是域 P 的代数数. 就是说, 每个 $\alpha_i (i = 1, 2, \cdots, n)$ 均是域 P 上某个多项式 $f_i(x)$ 的根. 我们以 $p_i(x)$ 表示多项式 $f_i(x)$ 的那个有 α_i 为其根的在 P 上不可约的因子. 现在来考虑多项式

$$f(x) = p_1(x) p_2(x) \cdots p_n(x)$$

由于 K 是 P 的正规扩域而 $p_i(x)(i=1,2,\cdots,n)$ 在 K 中有根 α_i, 所以 $p_i(x)$ 的所有根均在 K 中, 这表明, 域 K 包含我们所考虑的多项式 $f(x)$ 在 P 上的正规域 Ω. 另一方面, 因为 $\Omega \supseteq P$, 且 Ω 含有 $\alpha_1, \alpha_2, \cdots, \alpha_n$, 所以 $\Omega \supseteq P(\alpha_1, \alpha_2, \cdots, \alpha_n) = K$. 故有 $K = \Omega$, K 是 $f(x)$ 在 P 上的正规域.

定理 3.4 如果正规域 Ω 以同构的方式映射在某一个中间域 $\Delta (P \subseteq \Delta \subseteq \Omega)$ 上, 使 P 的元素保持不变, 则 $\Delta = \Omega$.

证明 首先正规域 Ω 以及中间域 Δ 都是 P 的有限扩张[①]. 如此, Ω 将亦是 Δ 的有限扩张, 因为 Ω 的一组元素在 P 上的线性组合亦可看作是 Δ 上的线性组合.

---

① 参看第 3 章定理 6.2.

第 12 章 抽象的观点·伽罗瓦理论

按照第 3 章定理 6.4,我们可写 $\Delta = P(\alpha)$,$\Omega = \Delta(\beta)$,其中 α 为 P 上某个不可约多项式的根,β 为 Δ 上某个不可约多项式的根.

再,$\Delta = P(\alpha)$ 的任意元素可表示为
$$a_0 + a_1\alpha + \cdots + a_{n-1}\alpha^{n-1}$$
$\Omega = \Delta(\beta)$ 的任意元素可表示为
$$b_0 + b_1\beta + \cdots + b_{m-1}\beta^{m-1} \quad (1)$$
这里 $a_0, a_1, \cdots, a_{n-1}$ 是 P 的元素,$b_0, b_1, \cdots, b_{m-1}$ 是 Δ 的元素,而 $m = (\Omega : \Delta)$,$n = (\Delta : P)$.

既然 $\Delta = P(\alpha)$,于是式子 (1) 的系数可以分为两种情况:

$1°$ 所有 b_i 均不含 α,即它们均是 P 的元素;

$2°$ 某些 b_i 含有 α,即某些系数在 Δ 中而不在 P 中.

现在用反证法来证明我们的定理. 假设 Ω 与 Δ 不重合,则 $\beta \notin \Delta$. 按照定理的条件,设 g 是 Δ 与 Ω 间的任一同构,则 $P(\alpha)$ 的任一元素在 g 下的映像为
$$(a_0 + a_1\alpha + \cdots + a_{n-1}\alpha^{n-1})g = [(a_0)g] + [(a_1)g][(\alpha)g] + \cdots + [(a_{n-1})g][(\alpha)g]^{n-1} \quad (2)$$
这个等式利用到了同构的一般性质:它把和映射到和,积映射到积.

既然 g 使 P 的元素保持不变,于是我们可以把 (2) 写为
$$(a_0 + a_1\alpha + \cdots + a_{n-1}\alpha^{n-1})g$$
$$= a_0 + a_1(\alpha g) + \cdots + (a_{n-1})(\alpha g)^{n-1} \quad (3)$$
既然 α 在 g 下的映像 αg 亦属于 Ω. 注意到 (1) 并且 α 是

Abel-Ruffini 定理

Δ 中确定的元素,于是
$$ag = b_0 + b_1\beta + \cdots + b_{m-1}\beta^{m-1}$$
这里 $b_0, b_1, \cdots, b_{m-1}$ 是 Δ 中确定的元素,于此可写(3)为

$$(a_0 + a_1\alpha + \cdots + a_{n-1}\alpha^{n-1})g$$
$$= a_0 + a_1[b_0 + b_1\beta + \cdots + b_{m-1}\beta^{m-1}] + \cdots +$$
$$a_{n-1}[b_0 + b_1\beta + \cdots + b_{m-1}\beta^{m-1}]^{n-1}$$
$$\tag{4}$$

现在产生了矛盾:如果(4)中所有的 b_i 都不含 α,则 Ω 中类型 $2°$ 的元素不存在 Δ 的元素与之对应;如果(4)中某些 b_i 含 α,则 Ω 中类型 $1°$ 的元素不存在 Δ 的元素与之对应.

这个矛盾表明 Δ 不能是 Ω 的真子域,故 $\Delta = \Omega$.

利用同构延拓的性质可以证明下面这定理,它指出了多项式的正规域在同构的意义上是唯一决定的.

定理 3.5 设 P 与 $\overline{P}$ 是同构的域,Ω 为域 P 上多项式 $f(x)$ 的正规域,而 $\overline{\Omega}$ 为域 $\overline{P}$ 上多项式 $\overline{f}(x)$ 的正规域,那么同构 $P \cong \overline{P}$ 可延拓为 Ω 与 $\overline{\Omega}$ 间的同构.

证明 设 $f(x) = a(x-\alpha_1)(x-\alpha_2)\cdots(x-\alpha_n)$ 为 $f(x)$ 在 Ω 的分解.如果所有的 α_i 都属于 P,则 $\Omega = P$,因此把同构 $P \cong \overline{P}$ 直接作用于此分解即得到 $\overline{f}(x)$ 在 $\overline{\Omega}$ 中的分解.于是 $\overline{\Omega} = \overline{P}$.从而定理在这种情况下成立.

现在对不在 P 中的 n 个 α_i 来作归纳.因此可设 $n > 1$,而且假设定理对不在 P 中的根的个数小于 n 者已证明了.设 α_1 不在 P 中,以 α_1 为其根的 P 中不可约多项式设为 $p(x)$.既然 $p(\alpha_1) = 0$,就有分解式 $f(x) =$

$p(x)g(x)$,由此得 $\overline{f(x)} = \overline{p(x)}\overline{g(x)}$. 设 $\overline{f(x)} = \overline{a}(x-\beta_1)(x-\beta_2)\cdots(x-\beta_s)$ 为 $\overline{\Omega}$ 中 $\overline{f(x)}$ 的分解式. $\overline{p(x)}$ 在 $\overline{\Omega}$ 的扩域中有根 γ,从而 $\overline{f}(\gamma) = 0$;因此 $\overline{a}(\gamma-\beta_1)(\gamma-\beta_2)\cdots(\gamma-\beta_s) = 0$. 由此得 β_i 之一(为便利起见设为 β_1)就是 $\overline{p(x)}$ 的根 γ. 由定理 1.2,同构 $P \cong \overline{P}$ 可延拓为同构 $P(\alpha_1) \cong \overline{P}(\beta_1)$. 把 $f(x)$ 看作 $P(\alpha_1)$ 上的多项式,$\overline{f(x)}$($f(x)$ 的映像)看成 $\overline{P}(\beta_1)$ 上的多项式. Ω 就是 $f(x)$ 在 $P(\alpha_1)$ 上的正规域,而且 $\overline{\Omega}$ 就是 $\overline{f(x)}$ 在 $\overline{P}(\beta_1)$ 上的正规域. $f(x)$ 在 $P(\alpha_1)$ 中的根的个数至少比 $f(x)$ 在 P 中的根数多一个. 于是不在 $P(\alpha_1)$ 中的根的个数就小于 n. 由归纳假设 $P \cong \overline{P}$ 可延拓为映 Ω 成 $\overline{\Omega}$ 的同构.

推论 如果 $f(x)$ 是域 P 上的多项式,那么 $f(x)$ 的两个任意的正规域相互同构.

取 $\overline{P} = P$ 并且把 $P \cong \overline{P}$ 取为恒等映射,由定理 3.5 得到本推论.

根据这个推论,简用"$f(x)$ 的正规域"这个术语是正当的,因为 $f(x)$ 的两个任意的正规域同构. 如果 $f(x)$ 在其一个正规域内有重根,那么在另一个正规域中亦然."$f(x)$ 有重根"这个术语因此与正规域无关.

§4 代数方程式的群的性质

现在回到方程式 $f(x) = 0$ 的群上去. 我们打算来

考虑方程式群的下面这些性质.

我们知道,正规域 Ω 的任何一个元素 ω 都是某一个在 P 上不可约的多项式 $p(x)$ 的根(参阅定理 3.1). 域 Ω 的两个元素 ω 与 ω',如果它们是同一个在域上不可约的多项式 $p(x)$ 的根,则称它们是共轭的. 于是有这样的一个定理:

定理 4.1 方程式 $f(x)=0$ 的群的每个置换(自同构)把正规域 Ω 的元素 ω 变为共轭元素 ω'. 反之,如果 ω' 是 ω 的共轭元素,则在方程的群中至少有一个变 ω 为 ω' 的置换(自同构)存在.

证明 设 ω 是 P 上不可约多项式 $p(x)$ 的根,并且 s 是方程式 $f(x)=0$ 的群中的任意一个置换. 等式 $p(\omega)=0$ 是方程式 $f(x)=0$ 的根 $\alpha_1,\alpha_2,\cdots,\alpha_n$ 之间的一个有理关系,因为 ω 可以用 $\alpha_1,\alpha_2,\cdots,\alpha_n$ 的有理函数表出. 所以,施置换 s 到这个关系式上,我们根据方程式群的定义得到 $p(\omega s)=0$. 如此,$\omega'=\omega s$ 是同一多项式 $p(x)$ 的根,即元素 ω 与 ω' 共轭.

反之,设 ω' 是某一个与 ω 共轭的元素. 这就是说,ω' 与 ω 是同一在 P 上不可约多项式 $p(x)$ 的根. 现在我们利用定理 1.2:取该域 P 本身作 $\overline{P}$,而把对应 $a \to a$ 看作同构 $P \cong \overline{P}$,它保持域 P 的元素 a 不变[①]. 于是根据定理 1.2 这个同构 $P \cong \overline{P}$ 可以延拓成同构 $P(\omega) \cong P(\omega')$,它把 ω 变为 ω'. 如果 $P(\omega)=\Omega$,则由定理 3.4 扩张 $P(\omega')$ 亦应该与 Ω 重合,并且我们有域 Ω 的一个

---

① 谓域 P 与其自身的恒等同构.

把 ω 变为 ω' 的自同构.

如果 $P(\omega)$ 不与 Ω 重合,而只是 Ω 的一部分,则我们作推论如下. 由 Ω 中取一个不属于域 $P(\omega)$ 的元素 θ. 以 $p_1(x)$ 表示一个在 P 上不可约而有 θ 为其根的多项式. 在域 $P(\omega)$ 上多项式 $p_1(x)$ 可以是可约的. 设 $p_1(x)$ 在域 $P(\omega)$ 上分解为不可约因子的乘积如下

$$p_1(x) = q_1(x) q_2(x) \cdots q_r(x) \qquad (1)$$

〔因子 $q_i(x)$ 是高于一次的〕. 为确定起见我们假设 θ 是 $q_1(x)$ 的根. 根据定理 3.5 分解式(1)将与在域 $P(\omega')$ 上把 $p_1(x)$ 分解为 $P(\omega')$ 中不可约因子 $\overline{q_i}(x)$ 的分解式

$$p_1(x) = \overline{q_1}(x)\, \overline{q_2}(x) \cdots \overline{q_r}(x)$$

对应. 按定理 3.2 多项式 $p_1(x)$ 的所有根都应该在正规域 Ω 内,因此多项式 $\overline{q_1}(x)$ 的所有根亦应该在 Ω 内. 设 θ' 是 $\overline{q_1}(x)$ 的根之一. 于是按定理 1.2 有

$$P(\omega, \theta) \cong P(\omega', \theta') \qquad (2)$$

并且同构(2)是同构 $P(\omega) \cong P(\omega')$ 的延拓. 如果 $P(\omega, \theta) = \Omega$,则按定理 3.4 将亦有 $P(\omega', \theta') = \Omega$;因此(2)就是正规域 Ω 的那所求的自同构,它把 ω 变为 ω'. 如果 $P(\omega, \theta)$ 不与 Ω 重合,而只是 Ω 的一部分,则继续这种手续,最后显然我们终可得到域 Ω 的那所求的自

同构①.

我们以后这样说:正规域 Ω 的一个元素 ω,如果它在群的任何置换之下不变,则说它容忍域 Ω 的群的置换(自同构).于是由定理 4.1 产生一个重要的推论.

推论 正规域 Ω 的元素 ω 在它属于域 P 的时候,也只有在这时候,才容忍域 Ω 的群 G 的置换.

事实上,设 ω 在域 P 内.于是显然 ω 在群的任何置换之下都不变.

反之,如果 ω 在群 G 的任何置换之下不变,则按刚才所证明的定理 4.1 所有与 ω 共轭的元素应该与 ω 合一.但这只有当 ω 是一次多项式 $p(x)$ 的根的时候才可能:$p(x)=x-a$,这里 a 是 P 的元素.

这样,$\omega-a=0$ 或 $\omega=a$,可见 ω 是域 P 的元素.

定理4.2 设 Ω 是域 P 的正规扩域而 P' 是它们的中间域:$P\subseteq P'\subseteq\Omega$,则 Ω 亦是域 P' 的正规扩域②.

证明 由于 Ω 是 P 的正规扩域,所以 Ω 是 P 的有限扩域.又,P' 是中间域:$P\subseteq P'\subseteq\Omega$,从而 Ω 是 P' 的有限扩域.设 $g(x)$ 是 P' 上的任一个不可约多项式,并且它有一根 α 属于域 Ω.由 $\alpha\in\Omega$ 知,α 是 P 上某一个不可约多项式 $h(x)$ 的根,即 $h(\alpha)=0$,由于 Ω 是 P 的正规扩域,所以 $h(x)$ 的所有根均在 Ω 中.但是,$h(x)$ 亦可

---

① 这种手续的有止境可由下面这想法推知.每个扩张 $P(\omega)$,$P(\omega,\theta)$,… 可以看作是有限维空间 Ω 的子空间.但在向量空间的理论中证明,有限维空间的子空间系列,其中每一子空间都包含在其次一子空间里,这种系列不能是无穷的(这与子空间维度的有限联系着).

② 但扩域 P' 对于 P 而言未必是正规的,参阅下面的定理 4.4.

以看作是 P' 上的多项式，又，$g(x)$ 在 P' 上不可约，由 $g(\alpha)=h(\alpha)=0$ 得，$g(x)$ 整除 $h(x)$〔阿贝尔不可约定理〕. 因此，$g(x)$ 的所有根均在 Ω 中. 于是 Ω 亦是域 P' 的正规扩域.

由于这个定理，我们可以定义正规域 Ω 对于任何中间域 P' 的伽罗瓦群.

下面的三个定理将对我们以后要讲的东西起重要的作用：

定理 4.3（伽罗瓦第一基本定理） 设 Ω 是一个正规域而 G 是 P 上方程式 $f(x)=0$ 的群，于是对每一个中间域 $P'(P\subseteq P'\subseteq \Omega)$ 有一群 G 的子群 G' 与之对应，这子群也是方程式 $f(x)=0$ 的群，但已经是在域 P' 上的了，即 G' 是 G 中使 P' 的任何元素保持不变的置换的总体. 在此域 P' 唯一的被子群 G' 所决定：P' 是 Ω 的所有"容忍"G' 中的置换的元素的总体，亦即在这些置换之下保持不变的总体.

反过来，对于 G 的每一个子群 G' 都有一个域 P' 与之对应，它与 G' 有上述关系.

证明 P' 上方程式 $f(x)=0$ 的群 G' 显然是方程式的根 $\alpha_1,\alpha_2,\cdots,\alpha_n$ 的这样的置换的总体：这些置换不破坏任何一个在 P' 上 $\alpha_1,\alpha_2,\cdots,\alpha_n$ 之间的有理关系并且保持 P' 的元素不变. 因此 G' 中的置换 s 将尤其不破坏 P 上 $\alpha_1,\alpha_2,\cdots,\alpha_n$ 之间的有理关系，因为这些关系也可以看作是扩域 P' 上 $\alpha_1,\alpha_2,\cdots,\alpha_n$ 之间的关系. 所以，s 是群 G 的元素，由此知道 G' 是 G 的子群（也可能与 G 重合）.

Abel-Ruffini 定理

现在我们来证明，G' 是由群 G 中所有那些使 P' 的元素保持不变的置换所组成的. 我们以 G'' 表示这些置换的总体，显然，群 G' 将被包含在 G'' 中：$G' \subseteq G''$. 此外，容易看出，G'' 亦是一个群，因为两个保持域 P' 的元素不变的置换之乘积亦保持 P' 的元素不变.

现在设 t 是 G'' 中的某一置换. 这置换不破坏 P 上 $\alpha_1, \alpha_2, \cdots, \alpha_n$ 之间任何一个有理关系，因为 t 属于方程式 $f(x)=0$ 的群 G. 我们来考虑 P' 上某一有理关系 $r(\alpha_1, \alpha_2, \cdots, \alpha_n) = 0$. 由另一方面看，这个关系不会被置换 t 所破坏，因为把这关系的系数以方程式 $f(x)=0$ 的根表出之我们就得到 P 上 $\alpha_1, \alpha_2, \cdots, \alpha_n$ 之间的一个关系. 另一方面，$r(\alpha_1, \alpha_2, \cdots, \alpha_n) = 0$ 这个关系的系数不因置换 t 而改变. 所以，t 含在 G' 内，由此有 $G' \subseteq G''$. 比较 $G' \subseteq G''$ 与 $G' \subseteq G''$ 可见 $G'' = G'$.

要完成定理第一部分的证明，剩下只要证明由子群 G' 所决定的域 P' 是唯一的.

设 ω 是 Ω 的某一个容忍 G' 中的置换的元素，于是按定理 4.1 推知 ω 是 P' 的元素.

现在来证明第二部分. 设 $\Omega = P(\theta)$，这里 θ 是 P 上某个不可约多项式 $p(x)$ 的根；而 G' 是 P 上域 Ω 的群 G 的一个子群. 我们用 P' 表示 Ω 中被 G' 的所有置换 s 保持不变的元素的全体，因为如果 α 与 β 不被置换 s 所变，那么 $\alpha + \beta, \alpha - \beta, \alpha \cdot \beta$ 以及在 $\beta \neq 0$ 时 $\dfrac{\alpha}{\beta}$ 也具有这个性质. 于是 P' 是中间域：$P \subseteq P' \subseteq \Omega$. 再，$\Omega$ 对于 P' 的伽罗瓦群包含群 G'，因为 G' 的置换就有保持 P' 的

第12章 抽象的观点·伽罗瓦理论

元素不变的性质.假如 Ω 对于 P' 的伽罗瓦群包含群比群 G' 有更多的元素,则扩张次数 $(K:P')$ 就要比 G' 的阶来的大(参看伽罗瓦第三基本定理).

次数 $(K:P')$ 等于元素 θ 在 P' 中的极小多项式的次数,因为 $\Omega = P(\theta)$. 如果 $s_1, s_2, \cdots, s_m$ 是 G' 的全部元素,那么 θ 是 m 次方程式

$$(x - \theta s_1)(x - \theta s_2)\cdots(x - \theta s_m) = 0$$

的根,它的系数是被群 G' 保持不变的,因而属于 P'. 因此 θ 在 P' 中的极小多项式的次数不能大于 G' 的阶. 剩下唯一的可能性就是, G' 恰好是 Ω 对于 P' 的伽罗瓦群.

这定理表明了一个重要的事实:介于 P 与 Ω 之间的所有的域恰与 G 的所有子群成一对一的对应. 并且如果 P' 是 P 的某个扩张域,那么原来方程式对 P' 的群 G' 将是对于 P 的群 G 的子群. 进一步如果 P' 与 P 的取法更好的话,那么 G' 与 G 的关系还会更清楚,那就是

定理 4.4(伽罗瓦第二基本定理) 设 Ω 是 P 的正规扩域, P' 是中间域 $(P \subseteq P' \subseteq \Omega)$,则 P' 是 P 的正规扩域当且仅当 P' 上域 Ω 的群 G' 是 P 上域 Ω 的群 G 的正规子群.

证明 必要性. 首先,可设 $P' = P(\alpha)$,这里 α 是 P 上某个不可约多项式 $p(x)$ 的根. 这是因为 P' 是 P 的正规扩域因而必是有限扩域. 按定理 4.1, 对于 G 中的任一置换 g, αg 亦是 $p(x)$ 的根. 再由扩域 P' 的正规性知 $p(x)$ 的所有根应该在 P' 中,这就是说 αg 亦是 P'

的元素，于是它应该容忍 P' 上群 G' 的任意置换 h，即 $(\alpha g)h = \alpha g$，从而
$$\alpha(ghg^{-1}) = (\alpha g)(hg^{-1}) = (\alpha g)h(g^{-1})$$
$$= (\alpha g)(g^{-1}) = \alpha(gg^{-1}) = \alpha$$

既然 $P' = P(\alpha)$ 的元素均能表示为 P 上 α 的多项式的形式，于是置换 ghg^{-1} 保持 P' 的所有元素不变. 因此，$ghg^{-1} \in G'$，即 G' 是 G 的正规子群.

反过来证明充分性. 如上所述，$P' = P(\alpha)$，α 是 P 上中不可约多项式 $p(x)$ 的根. 现在我们来证明 $p(x)$ 的所有根都属于 P'. 由定理 4.1，α 在 P 上的共轭元素可以写为 αg 的形式（这里 $g \in G$）. 既然 G' 是 G 的正规子群，所以，对于任意 $g \in G$，任意 $h \in G'$，都有 $ghg^{-1} \in G'$，又 G' 是 Ω 关于 P' 的群，如此有
$$\alpha(ghg^{-1}) = \alpha$$
两边右乘置换 g，我们得到 $\alpha(gh) = \alpha g$ 或 $(\alpha g)h = \alpha g$，就是说 αg 在 h 之下不变，按照定理 4.1 的推论，这只在 $\alpha g \in P'$ 时才有可能，这样我们就证明了 P' 是 $p(x)$ 的正规域，从而，依定理 3.3 知，P' 是 P 的正规扩域.

最后我们来指出，一个方程式的群应该具有怎样的阶数.

定理 4.5（伽罗瓦第三基本定理） 设 K 是域 P 的正规扩域，则 K 对于域 P 的群 G 的阶数等于正规扩张的次数 $(K : P)$.

证明 由于 K 是域 P 的正规扩域，则必是有限扩域，于是按照第 3 章定理 6.4，存在 $\theta \in K$，使得 $K = P(\theta)$. 今设 θ 的极小多项式为 $g(x)$ 且扩张次数 $(K :$

$P)=m$,按照简单代数扩域结构定理(第 2 章定理 5.1),$g(x)$ 应为 m 次不可约多项式.既然 $g(x)$ 是不可约的,因而一定没有重根(因 $(g(x),g'(x))=1$ 的缘故).设它 m 个彼此互异的根为 $\theta_1=\theta,\theta_1,\cdots,\theta_m$.按照定理 1.2 有 $P(\theta_1)\cong P(\theta_i)(i=1,2,\cdots,m)$,并且这一同构是恒等同构 $P\cong P$(即保持域 P 的元素不变的同构)的延拓而变 θ_1 为 θ_i.既然 $P\subseteq P(\theta_i)\subseteq P(\theta_1)$,则由定理 3.4 得 $P(\theta_i)=P(\theta_1)$.由此可见,$P(\theta_1)\cong P(\theta_i)$ 是 P 上正规域 $P(\theta_1)$ 的自同构,亦即 P 上方程式 $f(x)=0$ 的群 G 的元素之一.如此,群 G 含有 m 个不同的置换 $s_1=I, s_2,\cdots,s_m$

$$\theta_1 s_1=\theta_1,\theta_1 s_2=\theta_2,\cdots,\theta_1 s_m=\theta_m$$

所以 $|G|\geqslant m$.另一方面,任取 $s\in G$,则 s 不变 P 的元素且把 $g(x)$ 的根 θ_1 变为某个根 θ_j,所以 s 必与上述置换 s_j 重合.于是 $G=\{s_1,s_2,\cdots,s_m\}$,故 $|G|=m$.而我们的定理也得到了证明.

§5 代数方程式可根式解的充分必要条件

在这一节里,我们将给出代数方程式可根式解的明确判据,这是伽罗瓦的不朽贡献.我们预先来证明几个辅助定理.

预备定理 1 如果 P 与正规域 $\Omega(P\subseteq P'\subseteq\Omega)$ 的中间域 P' 也是 P 上某多项式 $g(x)$ 的正规域,则 P 上域 Ω 的群 G 同态反映为 P 上域 P' 的群 $\overline{G}$.

证明 我们以 $\beta_1, \beta_2, \cdots, \beta_m$ 表示 $g(x)$ 的根. G 中每个置换 s 将把根 β_i 变为 β_j. 在此不同的根 β_i 与 β_k 将被置换 s 变为不同的根. 事实上, 如其在 $\beta_i \neq \beta_k$ 时 $\beta_i s$ 等于 $\beta_k s$, 则把逆置换 s^{-1} 施于等式 $\beta_i s = \beta_k s$, 我们将破坏 $\beta_i s = \beta_k s$ 这关系, 即将得到 $\beta_i \neq \beta_k$. 如此得到与 s^{-1} 属于 G 这一点相冲突的结果.

这样, 置换 s 引起多项式 $g(x)$ 的根的某一个置换

$$\bar{s} = \begin{pmatrix} \beta_1 & \beta_2 & \cdots & \beta_m \\ \beta_{i_1} & \beta_{i_2} & \cdots & \beta_{i_m} \end{pmatrix}$$

这里显然 $\bar{s}$ 将不破坏 P 上任何一个有理关系 $r(\beta_1, \beta_2, \cdots, \beta_m) = 0$ 并且将保持 P 的元素不变, 即 $\bar{s}$ 是 P 上 P' 的群 $\bar{G}$ 中的一个置换.

反之, P 上 P' 的群 $\bar{G}$ 中的任何一个置换 $\bar{s}$ 可以借助证明定理 1.2 时所采用的手续把它延拓为 P 上域 Ω 的群 G 的一个置换(自同构) s.

现在我们令置换 s 与由 s 引起的置换 $\bar{s}$ 成对应

$$s \to \bar{s}$$

容易看出, 这对应将把乘积 $s_1 s_2$ 反映为乘积 $\bar{s}_1 \bar{s}_2$, 因此它是群 G 到群 $\bar{G}$ 上的一个同态满射.

下面是第二个预备定理.

预备定理 2 设 Ω 是域 Δ 的正规扩域, $(\Omega : \Delta) = p$, p 为素数, 且 Δ 包含 p 次本原单位根, 则 Ω 可以由 Δ 经一系列根式扩张得到.

证明 由于 $(\Omega : \Delta) = p$, 所以可设 $\Omega = \Delta(\alpha)$, α 是 $\Delta[x]$ 中 p 次不可约多项式 $f(x)$ 的根. 若能证明 α 可

第 12 章 抽象的观点·伽罗瓦理论

以由 Δ 上的根式经加、减、乘、除四则运算表出,则结论成立.

设 G 是正规域 Ω 在 Δ 上的群(即 $f(x)=0$ 的伽罗瓦群). 由于 $(\Omega:\Delta)=p$,所以,由伽罗瓦第三基本定理知,$|G|=p$. 第 6 章已经证明:素数阶的群一定循环(拉格朗日定理,推论 2),于是 $f(x)=0$ 是一个循环方程式,可以根式求解(第 11 章,定理 2.2).

现在可以来叙述方程式根式求解问题了,伽罗瓦提出的判据包含在下面的定理中.

定理 5.1(伽罗瓦大定理)   设方程式 $f(x)=0$ 的系数都在域 Δ 内,并且 Δ 包含任意次单位本原根. G 是方程式 $f(x)=0$ 的伽罗瓦群,则 $f(x)=0$ 可根式求解的充分必要条件是群 G 可解[①].

证明   我们知道,"一个方程能用代数方法求解"与"它的正规域 Ω 能被包含在这样一个扩域 K 中,K 可由有理域 Δ 经有限次添加根式而生成"这件事是等价的. 这样每次添加一个根式所生成的扩域 K_i,形成一列插在 Δ 与 K 之间的中间域

$$\Delta = K_0 \subseteq K_1 \subseteq K_2 \subseteq \cdots \subseteq K_m = K \qquad (1)$$

这里每一个 K_{i+1} 是由 K_i 添加一个根式 $\sqrt[p_i]{a_i}$ 所生成的扩域(a_i 属于 K_i),即 $K_{i+1}=K_i(\sqrt[p_i]{a_i})$,并且可以假定

[①]   既然已经证明,1 的任意次根均可由有理数经过有限次加、减、乘、除与开方运算求得,所以假设 Δ 包含任意次单位本原根并不影响方程能否用代数方法求解问题的讨论. 实际上,Δ 只要包含若干素数次单位本原根就够了,参看本定理的证明.

所有的 p_i 均为素数.

我们知道方程 $x^{p_i}=a_i$ 的根,除 $\sqrt[p_i]{a_i}$ 外,还有 $\varepsilon\sqrt[p_i]{a_i}, \varepsilon^2\sqrt[p_i]{a_i}, \cdots, \varepsilon^{p_i-1}\sqrt[p_i]{a_i}$,这里 ε 是 1 的 p_i 次本原根. 这些与 $\sqrt[p_i]{a_i}$ 共轭的根显然也都属于 K_{i+1}(因 ε 已经属于 Δ),所以 K_{i+1} 是 K_i 上的方程式 $x^{p_i}-a_i=0$ 的正规域,因而是正规扩域. 所以(1)中一系列扩张域 K_1, $K_2,\cdots,K_m$ 都是正规扩张. 而且次数
$(K_1:K_0)=p_1,(K_2:K_1)=p_2,\cdots,(K_m:K_{m-1})=p_m$
都是素数.

现在我们根据正规扩张域序列(1)来分析一下,K 在 Δ 上的群 G_0 的结构.

既然 K_1 是中间域:$K_0\subseteq K_1\subseteq K$,按照伽罗瓦第二基本定理,$K$ 在 K_1 上的群 G_1 是 G_0 的子群并且还是正规的;按伽罗瓦第三基本定理和次数定理(第 3 章,定理 6.1)有

G_0 的阶数 = 正规扩张的次数$(K:K_0)$
$\qquad\qquad\quad =(K:K_1)(K_1:K_0)$

G_1 的阶数 = 正规扩张的次数$(K:K_1)$

于是
$$\frac{G_0 \text{ 的阶数}}{G_1 \text{ 的阶数}}=(K_1:K_0)=p_1$$

类似的,K 在 K_2 上的群 G_2 是 G_1 的正规子群并且
$$\frac{G_1 \text{ 的阶数}}{G_2 \text{ 的阶数}}=(K_2:K_1)=p_2$$
$$\vdots$$

最后,K 在 K_m 上的群 G_m——单位群 $\{I\}$——是 G_{m-1}

的正规子群并且

$$\frac{G_{m-1} \text{ 的阶数}}{G_m \text{ 的阶数}} = (K_m : K_{m-1}) = p_m$$

这里 G_{m-1} 是 K 在 K_{m-1} 上的群.

因此由上述的正规扩张序列(1)诱导出 G_0 的一列正规子群序列 $G_0 \supseteq G_1 \supseteq \cdots \supseteq G_m = \{I\}$,并且 $[G_{i-1} : G_i]$ 是素数. 这就是说,G_0 是可解群.

现在我们考虑扩域列

$$\Delta \subseteq \Omega \subseteq K$$

既然中间域 Ω 亦是 Δ 的正规域,于是按照预备定理 1,Δ 上域 K 的群 G_0 同态反映为 Δ 上域 Ω 的群 G. 这时按照可解性的已知性质(第 8 章,定理 7.3),由 G_0 的可解性得出 G 的可解性.

现在我们要反过来阐明,若一个方程在其有理域上的伽罗瓦群 G 可解

$$G = G_0{}' \supseteq G_1{}' \supseteq \cdots \supseteq G_r{}' = \{I\} \qquad (2)$$

其中 $G_{i+1}{}'$ 是 $G_i{}'$ 的正规子群,其中且 $[G_i{}' : G_{i+1}{}'] = p_i$($p_i$ 是素数). 则此方程必可用代数方法求解.

按照伽罗瓦第二基本定理和第三基本定理以及次数定理,对应于正规子群序列(2),有理域 Δ 和正规域 Ω 之间也有一列正规中间域

$$\Delta = K_0{}' \subseteq K_1{}' \subseteq \cdots \subseteq K_r{}' = \Omega$$

且

$$(K_{i+1}{}' : K_i{}') = p_i$$

既然 p_i 是素数,按预备定理 2,每一 $K_{i+1}{}'$ 中的数一定可用 $K_i{}'$ 中的数经过有限次加、减、乘、除与开方运算

表出,因而正规域 Ω 中的数可用有理域 Δ 中的数经过有限次加、减、乘、除和开方运算算出. 这就是说方程 $a_0 x^n + a_1 x^{n-1} + \cdots + a_n = 0$ 可用代数方法求解.

到此我们证明了定理的所有结论.

1827 年,阿贝尔证明:如果多项式 $f(x)$ 的伽罗瓦群是可交换的,则 $f(x)$ 运用根式可解(当然,伽罗瓦群还没有定义). 这个结果立即被 1830 年的伽罗瓦大定理所取代,但这是阿贝尔群名称的由来.

§6 推广的伽罗瓦大定理·充分性的证明

上节的伽罗瓦大定理中的关于单位根的假设是可以被移除的.

推广的伽罗瓦大定理　　数域 Δ 上代数方程式 $f(x)=0$ 可根式求解的充分必要条件是 $f(x)=0$ 在域 Δ 上的伽罗瓦群可解.

条件充分性的证明并不复杂. 相反,条件必要性的证明则要困难的多,我们将用一整节(§7)来完成它.

预备定理 1　　令 $P(\alpha)$ 是 P 的一个正规扩域,而域 $K \supset P$,则 $K(\alpha)$ 是 K 的正规扩域,并且 $K(\alpha)$ 在 K 上的伽罗瓦群 G' 同构于 $P(\alpha)$ 在 P 上的伽罗瓦群 G 的一个子群.

证明　　设 $f(x), g(x)$ 分别是 α 在域 P 上和 K 上的极小多项式. 既然 K 是 P 的扩域,于是 $g(x)$ 将是

$f(x)$ 的一个因子. 由于 $P(\alpha)$ 的正规性, 在 $P(\alpha)$ 中, $f(x)$ 将完全分解. 又 $K(\alpha) \supseteq P(\alpha)$, 所以, $f(x)$ 在 $K(\alpha)$ 中完全分解, 于是作为因子的 $g(x)$ 亦应该在 $K(\alpha)$ 中完全分解, 因此 $K(\alpha)$ 是 K 上多项式 $g(x)$ 的正规域. 按照定理 3.3, $K(\alpha)$ 是 K 的正规扩域.

为了证明定理的主要部分, 我们设 $f(x)$ 的全部根为 $\alpha_1 = \alpha, \alpha_2, \cdots, \alpha_n$, 不失去一般性设 $g(x)$ 的全部根为 $\alpha_1, \alpha_2, \cdots, \alpha_m (m \leqslant n$, 必要时适当调整根的次序). 于是 $K(\alpha) = K(\alpha_1, \alpha_2, \cdots, \alpha_m), P(\alpha) = P(\alpha_1, \alpha_2, \cdots, \alpha_m)$.

对于每个 $g' \in G'$, 按定义, 可写

$$g' = \begin{pmatrix} \alpha_1 & \alpha_2 & \cdots & \alpha_m \\ \alpha_{i_1} & \alpha_{i_2} & \cdots & \alpha_{i_m} \end{pmatrix}$$

这里 g' 保持 K 的元素不变, 同时不破坏 K 上 $\alpha_1, \alpha_2, \cdots, \alpha_m$ 诸根间的任何一个有理关系. 既然 P 是 K 的子域, 由此置换

$$g = \begin{pmatrix} \alpha_1 & \alpha_2 & \cdots & \alpha_m & \alpha_{m+1} & \cdots & \alpha_n \\ \alpha_{i_1} & \alpha_{i_2} & \cdots & \alpha_{i_m} & \alpha_{m+1} & \cdots & \alpha_n \end{pmatrix} \quad (1)$$

将保持 P 的元素不变且不破坏 P 上 $\alpha_1, \alpha_2, \cdots, \alpha_n$ 间的任何一个有理关系. 换句话说, g 是伽罗瓦群 G 的一个元素.

$$g' \to g$$

很明显的这是 G' 到 G 的一个单射. 并且对应的 g 对于 $P(\alpha_1, \alpha_2, \cdots, \alpha_n)$ 来说作用一样, 于是

$$g_1' g_2' \to g_1 g_2$$

又,形如(1)的置换总体构成 G 的一个子群,这样就得出了我们所需的结论.

转入定理的证明.

充分性的证明 设 $|G|=n$ 并令 $L=\Delta(\varepsilon)$, $\Sigma=\Omega(\varepsilon)$,这里 Ω 是 $f(x)$ 的正规域而 ε 是 n 次本原单位根. 既然 $\Delta(\varepsilon)$ 是 Δ 的正规扩域,并且 Ω 是 Δ 的扩域. 按预备定理 1, Σ 是 L 的正规扩域且 Σ 关于 L 的群 G' 同构于 G 的子群. 既然群 G 可解,于是 G' 亦可解(第 9 章,定理 4.3). 设 G' 有正规子群列

$$G'=G_0 \supseteq G_1 \supseteq \cdots \supseteq G_r = \{I\}$$

且 $[G_i:G_{i+1}]=p_i$ (p_i 是素数).

注意到 $|G'|=[G_0:G_r]=[G_0:G_1][G_1:G_2]\cdots[G_{r-1}:G_r]=p_0 p_1 \cdots p_{r-1}$,同时子群的阶数 $|G'|$ 是群阶数 $|G|$ 的因子,于是可写

$$n=p_0 p_1 \cdots p_{r-1} m$$

这里 m 是某个整数. 如此,域 $L=\Delta(\varepsilon)$ 应该包含 p_0, $p_1,\cdots,p_{r-1}$ 次本原单位根. 事实上,例如 p_0 次本原单位根 ε_0 可通过 n 次本原单位根 ε 自乘 $q=p_1\cdots p_{r-1}m$ 次方得到: $\varepsilon_0=\varepsilon^q$.

按照伽罗瓦大定理的证明知道,这时 Σ 可以由 L 经一系列根式扩张得到

$$L=K_0 \subseteq K_1 \subseteq \cdots \subseteq K_r = \Sigma$$

由于 L 是 Δ 的根式扩域,因此最终 Σ 可由 Δ 逐次添加根式得到. 又 Ω 是 Σ 的子域,这就得到了 $f(x)=0$ 的根式可解性.

第 12 章　抽象的观点·伽罗瓦理论

§7　推广的伽罗瓦大定理·必要性的证明

必要性的证明需要一些群论[①]中较深入的内容.

设群 G 到群 $\overline{G}$ 间存在同态映射 ϕ. 即是说,对 G 中的每个元素 a 指定了一个像 $\overline{a} = \phi(a)$,使得 G 中元素的运算能被它们的像保持:乘积 ab 总是映到乘积 $\overline{a} \cdot \overline{b}$.

如果 ϕ 是满的,即 $\overline{G}$ 的每个元素是 G 的至少一个元素 a 的像,则按照一般的称呼,ϕ 是 G 到 $\overline{G}$ 上的同态.

对于 G 到 $\overline{G}$ 上的同态映射,集合 G 中的那些元素,在同态映射之下被映成 $\overline{G}$ 中同一元素 $\overline{a}$ 者,可以归为一个类 $G_{\overline{a}}$,每个元素 a 都属于一个而且仅属于一个类 $G_{\overline{a}}$. 这就是说,集合 G 可以分解成为许多元素类,这些元素类和 $\overline{G}$ 中的元素双方单值地相对应. 类 $G_{\overline{a}}$ 称为 $\overline{a}$ 的逆象.

现在来建立同态和正规子群之间的一个重要关系.

引理 1　群 G 中被同态 $G \sim \overline{G}$ 映射成 $\overline{G}$ 中单位元素 $\overline{e}$ 的元素类 $G_{\overline{e}}$ 是 G 的一个正规子群,其余的元素类

---

① 本节的一些辅助性的定理及其证明主要来自(英)W. 莱德曼的《群论引论》(彭先愚译).

是这个正规子群的陪集.

证明 首先可证 $\overline{G_e}$ 是一个子群. 如果 a 和 b 被这个同态映射成 $\overline{e}$, 则 ab 将被映射成 $\overline{e}^2=\overline{e}$. 因此 $\overline{G_e}$ 在包含任意两个元素的同时也包含着它们的积. 其次, a^{-1} 被映射成 $\overline{e}^{-1}=\overline{e}$, 因此 $\overline{e}$ 也包含着每一个元素的逆元素.

左陪集 $a\overline{G_e}$ 中的元素全都被映射成元素 $\overline{a}\overline{e}=\overline{a}$. 反之, 如果 a' 被映射成 $\overline{a}$, 那么可以找到一个元素 x, 得
$$ax=a'$$
这时将有
$$\overline{a}\overline{x}=\overline{a}$$
即
$$\overline{x}=\overline{e}$$
这就是说, x 属于 $\overline{G_e}$, 因而 a' 属于 $\overline{G_e}$.

这样, 群 G 中被映射成元素 $\overline{a}$ 的元素类恰好就是左陪集 $a\overline{G_e}$.

完全同样地可以证明, 被映射成 $\overline{a}$ 的元素类同时也必定是右陪集 $\overline{G_e}a$. 因此, 左陪集和右陪集相重合
$$a\overline{G_e}=\overline{G_e}a$$
即 $\overline{G_e}$ 是一个正规子群, 这就完成了我们的证明.

正规子群 $\overline{G_e}$ 中的元素在所给的同态之下被映射成单位元素 $\overline{e}$, 这个正规子群称为所给同态的核. 为了强调核是所给同态映射 ϕ 的, 常记之以符号 $\ker\phi$.

引入商群[①]并建立群的同构定理. 设 H 是群 G 的正规子群(这种关系我们将以符号记之为 $H \triangleleft G$), 那么 H 的每一个右陪集 Ha 将同时是一个左陪集: $Ha = aH$. 现在考虑两个陪集 Ha 与 Hb 的积. 因为 $aH = Ha$ 及 $H^2 = H$, 我们得出

$$HaHb = HHab = Hab$$

因而两个陪集的积还是一陪集. 并且如果 a 属于陪集 Ha, b 属于陪集 Hb, 则 ab 属于陪集 $Hab = HaHb$. 因此, H 的陪集组成一个同态于 G 的集合, 因而是一个同态于 G 的群. 我们称这个群为 G 对 H 的商群, 并用记号 G/H 表示.

群的第一个同构定理是

第一同构定理 如果群 G 被同态地映射成群 $\overline{G}$, 则 $\overline{G}$ 和商群 $G/\overline{G_e}$ 同构, 其中 $\overline{G_e}$ 是同态的核; 反之, 群 G 可同态地映射成每个商群 G/H(其中 H 为正规子群).

证明 既然群 G 被同态地映射成另一群 $\overline{G}$, 那么 G 的元素和同态核 $\overline{G_e}$ 在 G 中的陪集(双方单值地)相对应. 这一对应显然是一个同构. 事实上, 如果 aH 和 bH 是两个陪集, 则它们的积将是 abH; 这三个陪集在 $\overline{G}$ 中的相应元素将是 $\overline{a}, \overline{b}$ 和 $\overline{(ab)}$, 而由同态性质可知

$$\overline{(ab)} = \overline{a} \cdot \overline{b}$$

[①] 我们让读者去验证, 这里的商群与以前的定义(第9章)就同构而言是重合的.

这样一来,我们就得出了
$$G/\overline{G_e} \cong G$$

现在可以来证明我们所需要的第一个预备定理了:

预备定理 2 设 $P \subseteq P' \subseteq \Omega$,其中 Ω 与 P' 都是 P 的正规扩域,而 G_1 是 Ω 在 P 上的群,G_2 是 Ω 在 P' 上的群,而 G_3 是 P' 在 P 上的群,则
$$G_1/G_2 \cong G_3$$

证明 任取 $\sigma \in G_1$,对于 P' 中的任何元素 a,按定理 4.1,$\sigma(a)$ 与 a 共轭,由 P' 的正规性知 $\sigma(a) \in P'$,因此 G_1 的元可诱导出 P' 的一个自同构 $\overline{\sigma}$
$$\overline{\sigma}(a) = \sigma(a), a \in P'$$

因为对于任意的 $a \in P$,都有 $\sigma(a) = a$,故 $\overline{\sigma}(a) = a$,即 $\overline{\sigma}$ 是 P' 在 P 上的自同构,也就是说,$\overline{\sigma} \in G_3$.

现在作一个 G_1 到 G_3 的对应
$$\phi : \sigma \to \overline{\sigma}$$
容易验证 ϕ 是一个同态满射.

我们来看 ϕ 的核. $\phi : \sigma \to \varepsilon$(恒等自同构)可得对于任意的 $a \in P'$ 都有 $\sigma(a) = a$,即核刚好包含 G_1 中保持 P' 元素不变的那些自同构. 因而 ϕ 的核是 G_2. 按群的第一同构定理
$$G_1/G_2 \cong G_3$$

转而讨论商群 G/H 的子群,并研究它们与 G 的子群的关系. 为了避免混淆,暂时对 G/H 的元素引入一

个稍微精致一点的记号. G/H 的一个典型元素将写为 (Hx), 以区别于由 $|H|$ 个 G 的元素组成的子集 Hx. G/H 的一个子群 A' 是某些元素的集合, 比如说

$$A' = (H) \cup (Ha) \cup (Hb) \cup \cdots$$

关于 G/H 中的合成规则它们满足群的公理. 去掉括号我们得到 G 的一个子集

$$A = H \cup Ha \cup Hb \cup \cdots \qquad (1)$$

我们断定, 事实上 A 是 G 的子群. 显然 $H \subseteq A$, 因而 $e \in A$. 其次, 假如 x 与 y 是 A 的元素, 那么 (Hx) 与 (Hy) 是 A' 的元素, 因为 A' 是一个群, $(Hxy) \in A'$, 这意味 $xy \in A$. 最后, 假如 $x \in A$, 那么 $(Hx^{-1}) \in A'$, 因而 $x^{-1} \in A$. 因此我们已经证明 A 是一个群, 更准确地说

$$H \subseteq A \subseteq G \qquad (2)$$

反之, 假如 A 是 G 的任一满足 (2) 的子群, 我们注意到, 事实上, $H \triangleleft A$. 因为关系式 $x^{-1}Hx = H$ 对所有 G 中的 x 适用, 因而特别对于所有 A 中的 x 也适用. 因此构造商群是合法的. 现在假如 (1) 是 A 对于 H 的陪集分解, 那么, 加上括号, 我们得到 A/H, 它是 G/H 的子群. 显然, G/H 的不同子群 A' 与 B' 导致 G 的不同子群 A 与 B, 它们都包含 H. 反过来也是正确的. 因而 G/H 的子群与 G 的那些包含 H 的子群之间存在一个一一对应.

了解 G/H 的正规子群关于这一点怎样描述是有趣的. 我们可以假定这样的子群以 A/H 的形式表示, 此处 A 满足 (2). 于是

Abel-Ruffini 定理

$$A/H \triangleleft G/H$$

当且仅当,对每一 $x \in G$ 及每一 $a \in A$,有

$$(Hx)^{-1}(Ha)(Hx) = (Hx^{-1}ax) \in A/H$$

这等价于条件

$$x^{-1}ax \in A$$

换句话说,$A \triangleleft G$. 我们总结这些结果如下:

引理 2 所有 G/H 的子群可以表示成 A/H,其中 $H \subseteq A \subseteq G$. 其次,$A/H \triangleleft G/H$ 当且仅当 $H \triangleleft A \triangleleft G$.

现在群的第二个同构定理表述如下

第二同构定理 设 $H \triangleleft G$ 以及 A 是 G 的正规子群,使得

$$H \triangleleft A \triangleleft G$$

那么

$$(G/H)/(A/H) \cong G/A$$

证明 考虑映射

$$f: G/H \to G/A$$

它由以下规则定义

$$f(Hx) = (Ax) \quad (x \in G) \qquad (3)$$

首先,我们必须验证(3)的确是一个有意义的定义. 不变更陪集 Hx,(3) 左边的元素 x 可以用 ux 代替,此处 $u \in H$,我们必须证明这代替不会变更(3)的右边. 因为 $H \subseteq A$,我们有 $u \in A$,所以 $Au = A$(显然,$Au \subseteq A$;另一方面,A 的任一元素 a 总可以写为 $a = (au^{-1})u$,因为 $au^{-1} \in A$ 证明 $a \in Au$,所以 $Au = A$). 从而 $Aux = Ax$,正像所要求的那样. 其次我们看到 f 是同态. 由于 A 的正规性,有

$$f(Hx)f(Hy) = (Ax)(Ay) = (Axy) = f(Hxy)$$

显然，f 是满的，因为，在(3)中，x 是 G 的任意元素，所以 A 的所有陪集都会在(3)的右边出现，因而

$$f(G/H) = G/A$$

剩下需寻求 $\ker f$. 现在 $(Hx) \in \ker f$ 当且仅当 $(Ax) = (A)$，A 是 G/A 的单位元素. 这等价于条件 $x \in A$. 因而 $\ker f$ 是陪集 (Ha) 的并集，此处 a 遍历 A，换句话说

$$\ker f = A/H$$

于是按照第一同构定理，即得

$$(G/H)/(A/H) \cong G/A$$

预备定理 3   如果有限群 G 包含正规子群 H，使得 H 与 G/H 都可解，则 G 可解.

证明   假如这些条件满足，我们有正规子群列

$$H = H_0 \supseteq H_1 \supseteq \cdots \supseteq H_r = \{e\}$$

以及

$$G/H = G_0/H \supseteq G_1/H \supseteq \cdots \supseteq G_s/H = H$$

(注意到 G/H 的任一子群可以写成 A/H，以及 H 是 G/H 的单位) 由假设，$[H_i : H_{i+1}]$ 与 $[G_j/H : G_{j+1}/H]$ $(i = 0, 1, \cdots, r-1; j = 0, 1, \cdots, s-1)$ 是素数. 特别，G_s/H 具有素数阶. 因为由第二同构定理

$$G_i/H/G_{i+1}/H \cong G_i/G_{i+1}$$

我们推断

$$G \supseteq G_1 \supseteq G_2 \supseteq \cdots \supseteq G_s \supseteq H \supseteq H_1 \supseteq \cdots \supseteq H_r = \{e\}$$

是 G 的一个正规子群列，其中相邻两群的阶数之比都是素数. 因而 G 是可解的.

预备定理 4   有限交换群都是可解的.

证明 设 G 是有限交换群.假如 $|G|=p$,这里 p 是素数,那么子群列

$$\{e\} \triangleleft G$$

指明 G 的可解性.于是我们关于阶数 $|G|$ 应用归纳法,而且假设 G 的阶数是合数.那么 G 具有真子群 B[①],B 在 G 中必然是正规的.因为 B 与 G/B 是阶数较 $|G|$ 小的交换群,归纳假设意味着 B 以及 G/B 是可解的,因而由预备定理 3 得出 G 的可解性.

还需引入 2 个预备定理,它们是关于伽罗瓦群和扩域的.

预备定理 5 如果 1 的奇数的 n 次本原根不属于域 P,则 P 上二项方程式

$$f(x)=x^n-1=0 \qquad (4)$$

的群是可交换的.

证明 设 ε 是方程式(4)的一个本原根.于是 $P(\varepsilon)$ 方程式(4)的正规域,因为方程式(4)的所有本原根都能以 ε 的有理式表示出来,亦即都是 ε 的方幂.我们以 $p(x)$ 表示的多项式 $f(x)$ 的那个有 ε 为其根的在 P 上不可约的因子.显然,$P(\varepsilon)$ 将亦是 $p(x)$ 的正规域,因此 $p(x)$ 的群将与方程式(4)的群重合.设 $\theta_1=\varepsilon,\theta_2=\varepsilon^{k_2},\cdots,\theta_m=\varepsilon^{k_m}$ 是多项式 $p(x)$ 的全部根.按定理 1.2 有 $P(\theta_1)\cong P(\theta_i)$,并且这一同构是恒等同构 $P\cong$

[①] 事实上,一个阶数为合数 pq 的有限群 G 都有真子群:如果 G 是循环群而 a 是它的生成元,则它存在由 a^q 生成的 p 阶真子群;如果 G 不是循环群而 b 是周期为 k 的元,则循环群 $\{e,b,b^2,\cdots,b^{k-1}\}$ 是它的真子群.

P(即保持域 P 的元素不变的同构)的延拓而变 θ_1 为 θ_i. 显然,既然 $P(\theta_i) \subseteq P(\theta_1)$,则由定理 3.4 得 $P(\theta_1) = P(\theta_i)$. 由此可见 $P(\theta_1) \cong P(\theta_i)$ 是 P 上正规域 $P(\theta_1)$ 的自同构,亦即 P 上方程式(4)的群 G 的元素之一. 如此,群 G 应该由 m 个不同的置换 $s_1 = I, s_2, \cdots, s_m$ 所组成

$$\theta_1 s_1 = \theta_1, \theta_1 s_1 = \theta_2, \cdots, \theta_1 s_1 = \theta_m$$

现在来计算 $\theta_1(s_i s_j)$ 和 $\theta_1(s_j s_i)$

$$\theta_1(s_i s_j) = \theta_i s_j = (\varepsilon^{k_i}) s_j = (\varepsilon s_j)^{k_i}$$
$$= (\theta_1 s_j)^{k_i} = \theta_j^{k_i} = \varepsilon^{k_i k_j}$$

同样的

$$\theta_1(s_j s_i) = \varepsilon^{k_j k_i}$$

由此 $s_i s_j = s_j s_i$,即 G 是一个可交换群.

预备定理 6 设 K 是 P 的根式扩域,则必存在 P 的正规根式扩域 K',使得 $P \subseteq K \subseteq K'$.

证明 设由 P 扩张为 K 的域列为

$$P = P_0 \subseteq P_1 \subseteq \cdots \subseteq P_r = K$$

其中 $P_{i+1} = P_i(\sqrt[n_i]{A_i}), A_i \in P_i, i = 0, 1, \cdots, r.$

我们对 r 用数学归纳法.

当 $r = 1$ 时,$K = P_1 = P_0(\sqrt[n_0]{A_0}) = P(\sqrt[n_0]{A_0}), A_0 \in P$. 设 ε_1 是 1 的 n_1 次本原根,令 $K' = P(\varepsilon_1, \sqrt[n_0]{A_0})$,则 $K' \supseteq K \supseteq P$;$K'$ 是 P 的根式扩张. 同时 K' 是 P 的正规扩张:K' 是 P 上方程式 $x^{n_1} - A_1 = 0$ 的正规域.

假设定理对于 r 成立,即是说存在 P 的正规根式扩域 K',而

$$K' \supseteq K = P_r = P_{r-1}(\rho_{r-1})$$

这里 $\rho_{r-1} = \sqrt[n_{r-1}]{A_{r-1}}$ 是方程式 $x^{n_{r-1}} - A_{r-1} = 0$ 的根, $A_{r-1} \in P_{r-1} \subseteq K'$.

令 G 是域 K' 在 P 上的群,考虑 P 上的多项式
$$g(x) = \prod_{s \in G}(x^{n_{r-1}} - s(A_{r-1}))$$
在 K' 上作 $g(x)$ 的正规域 K'',因 $K' \supseteq K$,所以 $K'' \supseteq K = P_r$. 按归纳假设,K' 是根式扩域,而 $g(x)$ 的每个根都可用开 n_{r-1} 次根号表示,故 K'' 是 P 的根式扩域.

又,$K'' = K'(\rho_{r-1}^{(1)}, \rho_{r-1}^{(2)}, \cdots, \rho_{r-1}^{(m)})$,这里 $\rho_{r-1}^{(1)}, \rho_{r-1}^{(2)}, \cdots, \rho_{r-1}^{(m)}$ 是 $g(x)$ 的全部根,并且某个 $\rho_{r-1}^{(i)} = \rho_{r-1}$,而 K' 又是 P 上某个多项式 $h(x)$ 的正规域. 所以 K'' 是 P 上 $g(x)h(x)$ 的正规域,所以 K'' 是 P 是正规扩域.

于此,我们的定理成立.

必要性的证明   设 $f(x)$ 有根式解,即是说存在 Δ 的根式扩域 K 包含 $f(x)$ 的正规域 Ω 且
$$\Delta = \Delta_0 \subseteq \Delta_1 \subseteq \cdots \subseteq \Delta_r = K$$
其中 $\Delta_{i+1} = \Delta_i(\rho_i)$,$\rho_i = \sqrt[p_i]{A_i}$,$i = 0, 1, \cdots, r-1$. A_0 属于 Δ_0,A_1 属于 Δ_1,$\cdots$,A_{r-1} 属于 Δ_{r-1}. 与此同时,我们假设 ρ_0 不在 Δ_0 内,ρ_1 不在 Δ_1 内,$\cdots$,ρ_{r-1} 不在 Δ_{r-1} 内. 按预备定理 6 可以假设扩域 K 是正规的.

设根式次数 $p_0, p_1, \cdots, p_k$(这些素数都是奇数)的最小公倍数为 m. 取 m 次本原根 ε 并考虑如下扩张系
$$\Delta \subseteq \Delta(\varepsilon) \subseteq K(\varepsilon)$$
显然 $\Delta(\varepsilon)$ 是 Δ 的正规扩域. 其次,因为 K 是 Δ 的正规扩域,所以 K 必是 Δ 上某个多项式 $g(x)$ 的正规域. 如此,$K(\varepsilon)$ 可以看作是 Δ 上多项式

$$h(x)=g(x)(x^{m-1}+x^{m-2}+\cdots+x+1)$$

的正规域.就是说,$K(\varepsilon)$ 对于 Δ 是正规的.由此 $K(\varepsilon)$ 对于中间域 $\Delta(\varepsilon)$ 亦是正规的(定理 4.2).

今设 $K(\varepsilon)$ 在 Δ 上的群为 G_1,$K(\varepsilon)$ 在 $\Delta(\varepsilon)$ 上的群为 G_2,$\Delta(\varepsilon)$ 在 Δ 上的群为 G_3.按伽罗瓦第二基本定理,G_2 是 G_1 的正规子群.按伽罗瓦大定理,G_2 是可解的.按预备定理 5,群 G_3 可交换因而可解(预备定理 4),依关系 $G_1/G_2 \cong G_3$(预备定理 2)得出 G_1/G_2 是可解的.这就是说 G_1 的正规子群 G_2 及商群 G_1/G_2 都可解.按预备定理 3,G_1 可解.

按照 §5 的预备定理 1,可解群 G_1 同态反映为正规中间域 $\Omega(\Delta \subseteq \Omega \subseteq K(\varepsilon))$ 在 Δ 上的群,即 $f(x)$ 的群 G.于是 G 亦可解.

到此我们证明了定理的所有结论.

根据第 7 章 §1 的讨论,我们把根式解的问题转变成域结构的问题.由推广的伽罗瓦大定理,我们又可把域结构的问题转变成有限群结构的问题.这就是方程式伽罗瓦理论的精神.

§8 应 用

既然域 P 上的 n 次一般代数方程式的群是对称群 S_n,又由 $n \geqslant 5$ 时对称群 S_n 不可解性,我们又得到:

鲁菲尼－阿贝尔定理 高于四次的一般代数方程式不能有一般的公式把该方程式每个根表示成

根式.

最后举一个带对称群的 $n \geqslant 5$ 次的方程式的实例. 为此我们需要利用可迁群的这种性质:

引理 次数为素数的可迁群,如果包含一个对换,则重合于整个对称群.

证明 设可迁群 G 是定义在集合 $\{a_1, a_2, \cdots, a_p\}$ 上的置换群,这里 p 是素数. 依定理的条件 G 包含一个对换 $(a_1 a_2)$. 今设 $(a_1 a_2), (a_1 a_3), \cdots, (a_1 a_m)$ 是 G 中所有含有 a_1 的对换,并设 $A = \{a_1, a_2, \cdots, a_m\}$, 既然 $(a_1 a_2) \in G$, 于是 $m \geqslant 2$.

下面来证明个数 $m = p$. 若 $m < p$, 则存在 $b_1 \in \{a_1, a_2, \cdots, a_p\}$, 但 $b_1 \notin A$. 因 G 可迁,故存在 G 中的置换 s 变 a_1 为 b_1, 设

$$s = \begin{pmatrix} a_1 & a_2 & \cdots & a_m & \cdots \\ b_1 & b_2 & \cdots & b_m & \cdots \end{pmatrix}$$

设 $B = \{b_1, b_2, \cdots, b_m\}$ ($b_1, b_2, \cdots, b_m$ 互异), 则 $A \cap B = \phi$, 这是因为 $b_1 \notin A$, 若 $b_i \in A (2 \leqslant i \leqslant m)$, 则 $(a_1 b_i) \in G$, 由此有

$$(a_1 b_i) s^{-1} (a_1 a_i) s (a_1 b_i) = (a_1 b_1) \in G$$

这与假设矛盾.

于是集合 $A \cup B$ 含有 $2m$ 个不同的元素,但它们都在集合 $\{a_1, a_2, \cdots, a_p\}$ 中,所以 $2m \leqslant p$. 但 p 是素数,故等号不能成立而 $2m < p$, 即 $(A \cup B) \subsetneq \{a_1, a_2, \cdots, a_p\}$.

任取 $c_1 : c_1 \in \{a_1, a_2, \cdots, a_p\}, c_1 \notin (A \cup B)$. 因 G 可迁,故存在 $t \in G$ 使得 a_1 变为 c_1, 设

第12章　抽象的观点·伽罗瓦理论

$$t = \begin{bmatrix} a_1 & a_2 & \cdots & a_m & \cdots \\ c_1 & c_2 & \cdots & c_m & \cdots \end{bmatrix}$$

令 $C = \{c_1, c_2, \cdots, c_m\}$ ($c_1, c_2, \cdots, c_m$ 互异),于是与前面作类似的论证,知道 $A \cap C = \varnothing$;并且可以证明同时成立 $B \cap C = \varnothing$. 事实上如果有某个 $c_i \in B (2 \leqslant i \leqslant m)$(因为已经知道 $c_1 \notin B$),则可设 $c_i = b_j$,则

$$s^{-1} t(a_i) = s^{-1}(c_i) = s^{-1}(b_j) = a_j$$

若 $s^{-1} t$ 变 a_1 为不属于 A 的元素,则 $s^{-1} t$ 必然把 a_i 变为不属于 A 的元素(证明与前面第一步类似),矛盾. 所以 $s^{-1} t(a_1) = a_k \in A$,因之 $[s(s^{-1} t)](a_1) = s(a_k) = b_k$;但 $[s(s^{-1} t)](a_1) = t(a_1) = c_1$,于是 $c_1 = b_k \in C$,这与前面 c_1 的取法不合,如此则假设不成立而我们的结论成立.

于是 $A \cup B \cup C$ 含有 $3m$ 个不同的元素,并且有 $3m < p$,如此继续下去,每做一步就增加 m 个元素,由此有 $4m < p, 5m < p, \cdots$. 但这与 p 是有限的数矛盾,因此,$m = p$.

其次,可以证明 G 含有任一对换. 由 $m = p$ 知 $A = \{a_1, a_2, \cdots, a_p\}$,于是 G 包含对换 $(a_1 a_2), (a_1 a_3), \cdots, (a_1 a_p)$,但是任何对换 $(a_i a_j) = (a_1 a_i)(a_1 a_j)(a_1 a_i)$ 也属于 G.

所以 $G = S_p$,因为对称群 S_p 中任一置换可以表示为若干对换的乘积.

利用可迁群的这种性质,我们马上可以来证明这样一个定理:

定理 8.1　任何一个次数为素数 $p \geqslant 5$ 的有理系

数方程式,如果在有理数域上不可约并且只有一对纯复根,则它不能解成根式.

证明 按第 11 章定理 1.1 这种方程式的群是可迁群.而且这群的次数是素数(p).设 $\alpha_1 = a + bi$ 及 $\alpha_2 = a - bi$ 是该方程式的纯复根;其余的根按定理的条件应该是实数.

我们来考虑有理数域上 $\alpha_1, \alpha_2, \cdots, \alpha_p$ 诸根间的任何有理关系

$$r(\alpha_1, \alpha_2, \cdots, \alpha_p) = 0 \qquad (1)$$

这关系对 $\alpha_1, \alpha_2, \cdots, \alpha_p$ 而言甚至可以看作是有理整关系.在等式(3)左边把 α_1 与 α_2 各以 $a + bi$ 及 $a - bi$ 替代之并且将实数项与虚数项分别集合起来,我们得到

$$r(\alpha_1, \alpha_2, \cdots, \alpha_p) = A + iB = 0 \,(A, B \text{ 是实数})$$

由此有 $A = B = 0$.现在我们施对换(12)于 $r(\alpha_1, \alpha_2, \cdots, \alpha_p)$.由于 α_1 与 α_2 是共轭的,这就等于改变 $r(\alpha_1, \alpha_2, \cdots, \alpha_p)$ 这式子的虚数部分的符号

$$r(\alpha_1, \alpha_2, \cdots, \alpha_p) = A - iB = 0$$

按上面的证明,已经知道 $A = B = 0$.所以

$$r(\alpha_1, \alpha_2, \cdots, \alpha_p) = 0$$

如此,对换(12)不破坏关系(1).这就表示对换(12)包含在方程式的群 G 里面.由此按照引理推知群 G 是对称的:$G = S_p$.这就是说,按照推广的伽罗瓦大定理方程式不能解成根式.

这样我们又得到了克罗内克定理.

参 考 文 献

[1] 阿廷 E. Galois 理论[M]. 李同孚,译. 哈尔滨:哈尔滨工业大学出版社,2011.

[2] 李世雄. 代数方程与置换群[M]. 上海:上海教育出版社,1981.

[3] 刘长安. 伽罗瓦理论基础[M]. 北京:科学出版社,1984.

[4] 徐诚浩. 古典数学难题与伽罗瓦理论[M]. 哈尔滨:哈尔滨工业大学出版社,2012.

[5] 梅向明. 用近代数学观点研究初等数学[M]. 北京:人民教育出版社,1989.

[6] 贾柯勃逊. 抽象代数学. 卷 3. 域论及伽罗瓦理论[M]. 李忠佩,俞曙霞,李世余,译. 北京:科学出版社,1987.

[7] 张禾瑞. 近世代数基础[M]. 北京:高等教育出版社,1978.

[8] 谢邦杰. 抽象代数学[M]. 上海:上海科学技术出版社,1982.

[9] 库洛什 А Г. 群论. 上册[M]. 曾肯成,郝鈵新,译. 北京:人民教育出版社,1964.

[10] 余介石,陆子芬. 高等方程式论[M]. 南京:正中

书局印行,1944.

[11] 迪克森.代数方程式论[M].黄缘芳,译.哈尔滨:哈尔滨工业大学出版社,2011.

[12] 伯克霍夫 G,麦克莱恩 S.近世代数概论[M].王连祥,徐广善,译.北京:人民教育出版社,1979.

[13] 马里奥·利维奥.无法解出的方程·天才与对称[M].王志标,译.长沙:湖南科学技术出版社,2008.

[14] 亚历山大洛夫 A D.数学:它的内容,方法和意义·第一卷[M].孙小礼,赵孟养,等,译.北京:科学出版社,2008.

[15] 达尔玛 A.伽罗瓦传[M].邵循岱,译.北京:商务印书馆,1981.

[16] 胡作玄.近代数学史[M].济南:山东教育出版社,2006.

[17] 吴文俊.世界著名数学家传记[M].北京:科学出版社,2003.

[18] 克莱因 M.古今数学思想[M].北大数学系翻译组,译.上海:上海科学技术出版社,1979-1981.

[19] 罗特曼 J.高等近世代数[M].章亮,译.北京:机械工业出版社,2007.

[20] 章璞.伽罗瓦理论——天才的激情[M].北京:高等教育出版社,2013.

[21] 冯承天.从一元一次方程到伽罗瓦理论[M].上海:华东师范大学出版社,2012.

[22] 聂灵沼,丁石孙.代数学引论[M].北京:高等教

育出版社,2003.

[23] 伯恩赛德,班登.方程式论[M].幹仙椿,译.哈尔滨:哈尔滨工业大学出版社,2011.

[24] 冯承天.从求解多项式方程到阿贝尔不可能性定理:细说五次方程无求根公式[M].上海:华东师范大学出版社,2014.

[25] 海因里希·德里.100个著名初等数学问题——历史和解[M].江苏省技术资料翻译小组,译.上海:上海科学技术出版社,1982.

[26] 乌兹科夫,奥库涅夫.苏俄教育科学院初等数学全书—代数[M].丁寿田,译.北京:商务印书馆,1954.

[27] 梅向明.用近代数学观点研究初等数学[M].北京:人民教育出版社,1989.

[28] 钱时惕.重大科学发现个例研究[M].北京:科学出版社,1987.

[29] 莱德曼 W.群论引论[M].彭先愚,译.北京:高等教育出版社,1987.

[30] 祝涛,纪志刚.一元五次方程求解的往事和近闻[C]//上海市科学技术史学会.上海市科学技术史学会2010年学术年会论文集,2010.

[31] 王晓斐.阿贝尔关于一般五次方程不可解证明思想的演变[J].西北大学学报(自然科学版),2011,41(3):553-556.

[32] 王宵瑜.Gauss对解代数方程的贡献[J].西北大学学报(自然科学版),2011,41(3):557-560.

[33] 王宵瑜. 代数方程论的研究[D]. 西安:西北大学数学学院,2011年硕士论文.

[34] 吴春梅. 代数型的历史研究[D]. 济南:山东大学数学学院,2008年硕士论文.

[35] 王晓斐. 阿贝尔对方程论的贡献[D]. 西安:西北大学数学学院,2011年硕士论文.

[36] 王雪峰. 算术研究. 中分圆方程理论研究[D]. 西安:西北大学数学学院,2010年硕士论文.

[37] 周畅. Bezout的代数方程理论之研究[D]. 西安:西北大学数学学院,2010年博士论文.

[38] 赵增逊. Lagrange的代数方程求解理论之研究[D]. 西安:西北大学数学学院,2011年硕士论文.